柠条林的经营和可持续利用研究

温学飞　田　英　王东清　李浩霞　杨国峰
左　忠　王　丽　王　锦　刘　华　郭永忠　著

黄河出版传媒集团
阳光出版社

图书在版编目(CIP)数据

柠条林的经营和可持续利用研究 / 温学飞, 田英,
王东清著. -- 银川 : 阳光出版社,2022.9
  ISBN 978-7-5525-6551-5

Ⅰ.①柠… Ⅱ.①温… ②田… ③王… Ⅲ.①柠条 –
森林经营 – 研究 – 中国②柠条 – 森林资源 – 利用 – 研究 –
中国 Ⅳ.①S793.3

中国版本图书馆 CIP 数据核字(2022)第 188983 号

柠条林的经营和可持续利用研究

| 温学飞 | 田 英 | 王东清 | 李浩霞 | 杨国峰 | 著 |
| 左 忠 | 王 丽 | 王 锦 | 刘 华 | 郭永忠 | |

责任编辑　谢　瑞
封面设计　晨　皓
责任印制　岳建宁

黄河出版传媒集团　阳光出版社　出版发行

出 版 人　薛文斌
地　　址　宁夏银川市北京东路 139 号出版大厦（750001）
网　　址　http://www.ygchbs.com
网上书店　http://shop129132959.taobao.com
电子信箱　yangguangchubanshe@163.com
邮购电话　0951–5047283
经　　销　全国新华书店
印刷装订　宁夏凤鸣彩印广告有限公司
印刷委托书号　（宁)0024644

开　　本　720 mm×980 mm　1/16
印　　张　22.75
字　　数　300 千字
版　　次　2022 年 9 月第 1 版
印　　次　2022 年 12 月第 1 次印刷
书　　号　ISBN 978-7-5525-6551-5
定　　价　68.00 元

前　言

柠条是豆科锦鸡儿属植物栽培种的通称,锦鸡儿属隶属于豆科山羊豆族,落叶灌木,广泛分布于欧亚大陆温带及亚热带高寒山区,是温带荒漠、半荒漠及亚热带高寒山区的重要组成物种。柠条具有耐旱、耐寒、耐瘠薄等特点,并且适应性好,成活率高,固沙、护坡能力强,因此在我国三北地区得到广泛应用,是我国干旱、半干旱地区水土保持和固沙造林的重要树种。截至2018年,宁夏柠条林面积已达43.95万hm²,在宁夏生态修复中发挥了重要的作用。

柠条在生长6~8年后,随着林龄的增加,柠条林普遍会出现林分衰老、生物量下降等现象,其经济效益和生态效益不断下降。在生产中,林业技术人员运用平茬措施对柠条进行更新复壮。适时进行平茬,有利于枝条萌发,可及时更新复壮,更好促进生长,提高防护效益,并为综合加工利用提供更多原料,增加经济收入。经过平茬后,柠条林既能增强其防风固沙、保持水土的能力,还能促进柠条林地恢复改善,提供优质饲草料,为发展畜牧业提供资源。为更好发挥平茬技术在植物生长更新中的优势,促进植株复壮、林地恢复,在平茬处理过程中应注意合理确定植物的平茬年龄、平茬季节、平茬高度及平茬间隔期等。

多年来,宁夏农林科学院在着力多学科发展过程中,突出以荒漠化治理、沙旱生植物资源保护与合理开发利用为出发点,先后实施完成了多项与柠条生态与应用有关的研究项目，积累并形成了从柠条种植、管护到可持续利用等一整套技术体系。本书内容主要来源于世界银行贷款项目宁夏黄河东岸防沙治沙项目"柠条林的经营和可持续利用研究"成果，希望这一成果能对促进柠条资源保护与可持续利用提供理论和技术支撑。

在宁夏黄河东岸防沙治沙项目实施过程中，得到了兰泽松、王峰、李志刚等多位领导的大力支持，项目组成员李浩霞、杨国峰、左忠、王丽、王锦、刘华、郭永忠等同志也为项目的实施和本书的编写给予的支持并参与了书稿编撰工作。借本书出版之际，特向关心项目组研究工作的各位前辈致以崇高的敬意，向项目组成员表示感谢，向仍在从事柠条生态与应用研究的科研人员表示真挚的问候。感谢宁夏大学李小伟教授对本书稿的审阅修改。本书能够顺利出版，也得到了家人的支持和理解，在此一并表示感谢。书中引用到的部分作者的观点和认识，由于篇幅原因未能列出参考文献标识，敬请谅解。因科研水平有限，书中难免有不足之处，烦请各位同仁和读者谅解并批评指正。

温学飞

2021 年 10 月

目　录

第一章　宁夏柠条资源分布及生态价值

第一节　柠条种质资源

柠条是豆科锦鸡儿属植物栽培种的通称,锦鸡儿属(*Caragana* Fabr.)隶属于豆科山羊豆族[Galegeae(Br.)Torrey et Grar],落叶灌木,广泛分布于欧亚大陆温带及亚热带高寒山区,是温带荒漠、半荒漠及亚热带高寒山区的重要组成物种。

一、锦鸡儿属植物地理分布

锦鸡儿属植物为落叶灌木。叶在长枝上互生,在短枝上簇生,偶数羽状复叶或假掌状复叶,叶轴脱落或宿存并硬化成针刺,小叶2~10对,全缘;托叶小,脱落或宿存硬化成针刺。花单生或簇生,花梗具关节;萼筒形或钟形,基部偏斜,稍成浅囊状凸起,萼齿5,不等大;花冠黄色,稀白色或浅红色,旗瓣直立,向外反卷,基部具爪,翼瓣与龙骨瓣具爪和耳;雄蕊10,2体;子房近无柄,胚珠多数,花柱细长,柱头小。荚果圆筒形或扁平,2瓣开裂。

据中国英文版(Flora of china)《植物志》记载:亚欧温带地区大约有100种;中国有66种,其中32种为特有种。锦鸡儿属主要集中分布于亚洲大陆温带地区与青藏高原,所以锦鸡儿属是温带亚洲分布型,但有少数种类扩展到欧洲(4种)、亚洲亚热带(1种)和北极寒带地区(1种)(周道玮,1996)。其种类分布大体上是随降水量的增加和温度的升高而减少, 随降水量的减少和海拔的升高而增加(赵一之,1991)。1974年Sanchir对当时已知的分布于欧亚大陆的

图 1-1　柠条基本形态

86 种锦鸡儿属植物进行区系成分的研究,他将本属划分为三个分布区类型,其下又分设了若干亚型,亚型下设区系组,最终将本属分为二十三个区系组(贾丽等,2001)。1990 年我国学者杨昌友等在此基础上对全世界分布的本属已知 105 种植物进行了分布区类型的划分,共划分了二十个分布区类型,其中属青藏高原分布的种类 18 种,喜马拉雅山分布 12 种,中国华北和天山山地分布各 10 种。中国分布 80 种,约占全属总数的 76.32%,中国特有种 43 种。

　　中国锦鸡儿属植物的分布多度中心有三个地区, 一是西北地区 31 种,二是西南地区 18 种,三是华北地区 13 种(赵一之,1991)。1992 年刘仲龄对分布于我国境内的 80 余种锦鸡儿属植物做了分布区图,讨论了各个系内每个种的分布规律及各组内各系的分布规律,并讨论了全属的分布特点,1999 年牛西午研究了中国锦鸡儿属植物的资源分布,并对该属 66 种植物的特性、习性及分布进行了详细描述。柠条的分布很广,东起西伯利亚,西至我国新疆均有生长。在黄河流域以北的干旱半干旱地区,即我国吉林、辽宁、河北、山东、山西、内蒙古、陕西、宁夏、甘肃、青海、新疆等省(区)均有分布,其中以内蒙古西部和陕北地区比较集中。柠条垂直分布于海拔 1 000~2 500 m 之间的沙漠绿洲或黄土丘陵区,海拔 3 800 m 的祁连山也有生长,并有大面积的人工林。在甘肃、宁夏的腾格里沙漠和巴丹吉林沙漠东南部,内蒙古鄂尔多斯市、陕西的毛乌素沙漠以及宁夏河东沙地等地区分布较多,通常呈块状分布在固定、半固定沙地和剥蚀丘陵低山上,并常与沙蒿、沙冬青等混生。少数种类分布在长江下游及长江以南。本属植物在饲用、药用、防风固沙、水土保持方面具有重要作用。

二、宁夏锦鸡儿属植物种质资源

宁夏锦鸡儿属植物种类及分布。依据《宁夏植物志》和《中国植物志(英文版)》对宁夏锦鸡儿属植物进行了修订,共有 13 种 2 变种(表 1-1),分别是白毛锦鸡儿、甘肃锦鸡儿、甘蒙锦鸡儿、短脚锦鸡儿、细叶锦鸡儿、鬼箭锦鸡儿、甘青锦鸡儿、甘宁锦鸡儿、藏青锦鸡儿、荒漠锦鸡儿、柠条锦鸡儿、小叶锦鸡儿、中间锦鸡儿。

表 1-1　宁夏锦鸡儿属种资源分布

名称	学名	分布地点	生长环境
细叶锦鸡儿	*C. stenophylla*	贺兰山、同心、海原、中卫	向阳干旱山坡
白毛锦鸡儿	*C. licentiana*	盐池、同心	向阳的干旱山坡或沟谷
甘肃锦鸡儿	*C. kansuensis*	吴忠、灵武、海原	草原地区的沟谷坡地
甘蒙锦鸡儿	*C. opulens*	贺兰山、中卫、海原	散生于山地、丘陵及山地的沟谷
鬼箭锦鸡儿	*C. jubata*	六盘山、贺兰山	山坡灌丛或高山林缘

续表

名称	学名	分布地点	生长环境
双耳鬼箭锦鸡儿	*C. jubata* var. *biaurita*	贺兰山	山坡或高山林缘茎、叶药用
弯耳鬼箭锦鸡儿	*C. jubata* var. *recurva*	贺兰山	山坡
荒漠锦鸡儿	*C. robovskyi*	贺兰山、灵武、盐池、中卫等	山坡、石砾滩地、山谷间干河床
小叶锦鸡儿	*C. microphylla*	盐池麻黄山	山坡,饲用植物
柠条锦鸡儿	*C. korshinskii*	盐池、灵武、中卫、海原	固定、半固定,沙地、戈壁等
中间锦鸡儿	*C. liouana*	盐池	固定、半固定沙丘
短角锦鸡儿	*C. brachypoda.*	盐池、灵武、中宁、中卫等	多生于向阳山坡及山麓路边
甘青锦鸡儿	*C. tangutica*	六盘山	生于海拔 2 200 m 左右的山坡林缘
甘宁锦鸡儿	*C. erinacea*	贺兰山、西吉、隆德等县	多生于干旱山坡及石质滩地
藏青锦鸡儿	*C. tibetica*	贺兰山及盐池、中卫、海原等	生于向阳干旱山坡或山麓石质沙地

三、3S 技术在柠条林面积调查中的应用

在过去的年代中，森林资源的调查和规划方案都存在一定程度的限制范围,首先人们需要对森林资源进行块的划分处理,随后再对森林的块逐个实行森林资源调查工作。这种方式的森林资源调查模式需要特别强大的人力资源,而且工作量也特别巨大,但是这种工作很容易让人们产生工作疲劳,从而降低工作效率。由于社会的技术不断进步,3S 技术也运用到了森林资源的调查中,这不仅节约了大量的人力资源,还降低了工作人员的工作量,从而提高了工作人员的工作效率。3S 技术的运用使我国的森林资源更加规范有条理, 管理方式也更加系统专业,完善森林资源的管理系统是调查人员的主要工作内容,加强森林资源的管理,得出更完美的森林资源图像。

(一)3S 技术在林业调查中的发展和进步

3S 是地理信息系统 GIS（Geographical Information System）、遥感 RS

(Remote Sensing)和全球定位系统 GPS(Global Positioning System)的统称,是空间技术、传感器技术、卫星定位与导航技术和计算机技术、通讯技术相结合,多学科高度集成的对空间信息进行采集、处理、管理、分析、表达、传播和应用的现代信息技术。

结合实际发现, 全球定位系统已经成为当前世界应用最为广泛的导航定位系统。在这其中,地理信息系统主要作用就是处理与空间相关的计算机信息系统。在林业资源调查工作中,GPS 技术能够帮助相关工作人员对林业资源进行定位,促使其能够更好地掌握林业资源情况。而对于 RS,能够直接应用在对各种数据信息源、生态调查和动态监测中。关于 GIS 技术在林业资源调查工作中所具有的优势,能够深入分析各种不同空间尺度中的数据;可探索出植物群落的变化规律。由此可见,3S 技术在我国林业资源的调查工作中越来越重要。在该技术的不断发展下, 不仅能够帮助相关单位更加全面地调查林业资源情况,还能够掌握和了解现代我国在林业资源上的具体分布和各个种类。

随着我国数字化科技信息技术的不断成熟与完善, 柠条林调查在科技的带领下变得更加便捷、快速和安全,在工作中 3S 技术的广泛应用,使柠条林的数据采集、利用、管理和经营都变得精确化和数量化,并且 3S 技术可以在柠条工作管理中同时运用,实现 3S 技术一体化,保证柠条林可持续利用,增加林业工作的经济效益,促进宁夏生态发展和经济增长。

(二)3S 技术在 2018 年柠条资源的应用

2018 年宁夏柠条林调查工作根据遥感影像以及内业比对提取的变化信息,叠加已有资料包括林业土地调查、林业退耕还林还草调查等,以 2018 年的数据成果为工作底图,叠加其他资料进行分析对比。作业中通过影像判读、矢量数据叠加、GPS 外业实测、基础数据匹配、联接、关联、提取等技术手段,进行作业。在此基础上,开展柠条林地资源现状汇总与统计分析,并按照相关标准要求开展标准时点统一变更和调查成果评价、应用等工作。

柠条林资源调查,通过遥感图像或图像处理技术,提取线状地物、图斑、不一致图斑,进行工作底图、专题图件的制作。利用现势性最新的 RS 正射影像图可以对土地利用现状进行大范围的核查和更新，以RS正射影像图为工作底图进行内业信息提取时，可用RS正射影像图与土地利用现状数据库及国家下发图斑进行套合，通过逐地块分析DOM纹理、色调、区位，按照"三调"工作分类标准判读图斑地类，依据影像特征提取土地利用图斑，提取变化信息，实地核实调查疑似图斑和不一致图斑地类。利用GPS技术进行有变化的权属界线、地类图斑、新增地物补测，达到快速定位，获取更新数据的空间坐标。GIS技术主要用于土地利用数据和图件的制作和管理，能够准确、快速地储存、查询、分析和处理数据。利用GIS软件能够较为便捷地进行图形编辑，构建数据库，进行原始数据的录入、删除、编辑、查询，在土地利用现状数据库的基础上，借助GIS的相关功能，进行数据的查询、提取、统计和计算。通过对土地利用规模、结构、各类用地布局方面分析，更为客观科学地分析和评价区域的土地利用现状。另外，以GIS为基础建立空间数据库，有助于实现土地成果的信息化管理、自动化与共享。RS为GIS提供可靠的数据源，GPS为GIS在外业调查中获取更新数据，GIS对RS和GPS提供的数据源进行详细的信息分析与应用，保持调查成果的现势性。将遥感、全球定位卫星系统和地理信息系统紧密结合在一起的3S一体化技术应用于柠条林调查内、外业工作中，可以更加高效、精确、方便、经济地完成工作。

（三）柠条资源调查技术流程

对收集的数据和图纸进行坐标转换、地类代码转换、用途范围划定、线状地物图斑化处理、地类图斑、权属界线转绘进行调查底图制作。外业调查底图内容主要包括：经过内业转绘的国家不一致图斑界线及地类，经内业重新判读解译与原年度变更库数据不一致的图斑界线及地类，最新遥感影像，权属界线等数据。基于GIS技术的内业数据库的建立，按照建库软件及数据库标准要求，导入处理后的基础地理数据、地类图斑数据、土地权属数据。基于外业补充调查后形成的不一致图斑相关信息，对地类图斑层进行地类修改，包括图斑分割、图斑合并、图斑边线调整、地类修改和细化标注等。叠加地类图斑数据与权属数据，根据空间关系更新地类图斑层的权属信息。数据处理包括图形数据处理和属性数据处理。图形数据处理包括地类图斑处理、行政区处理等图形拓扑检查及拓扑错误修改、碎小图斑处理等,属性数据处理包括属性关联赋值、空间关系赋值、自动编号等,通过计算图幅的理论面积。把经过处理、符合数据库设计要求的数据进行正式入库,形成正式的数据库成果。

四、宁夏柠条资源状况

宁夏林地面积为 170.78 万 hm²,占宁夏土地面积的 25.72%。宁夏林地面积中,乔木林面积占 12.65%,共有 21.61 万 hm²,疏林地面积占 1.14%,共有 1.94 万 hm²,灌木林地(含未成林)面积占 64.13%,共有 109.53 万 hm²,苗圃等其他占 22.08%,共 39.64 万 hm²。

通过 3S 技术对宁夏 2018 年柠条林调查分析。该技术不仅有效推动宁夏柠条资源工作的有序开展,还有助于相关工作人员更加全面地了解和掌握柠条林业资源情况,进而作出针对性的管理决策。

(一)柠条资源面积及生物量

截至 2018 年(表 1–2),全区柠条林面积已达 43.95 万 hm²,生物量为 177.20 万 t。根据林分、林龄、资源量的区域分布来看,具有开发利用面积大、生物贮量多和可持续利用的优势和特点。

天然柠条存林面积为 2.60 万 hm²,占全区柠条林面积的 5.92%;人工种植的柠条林面积累计达到 41.35 万 hm²,占全区柠条总面积的 94.08%。柠条成林面积 72.67%,未成林地占 27.33%。柠条成林生物量为 153.63 万 t,占所有生物量的 86.71%。若以 3 年为一个平茬复壮更新周期,未成林不可利用,柠条成林可利用面积为 10.60 万 hm²,可生产柠条饲料 51.21 万 t。加工利用率为 80% 和每只羊补饲量以 500 kg/年计算,可补饲羊只 81.94 万只。到 2025 年全区可利用面积达到 14.65 万 hm²,年生产柠条饲料约 70.78 万 t,可满足113 万羊只的补饲利用。因此,开发柠条资源,发展柠条饲料产业,使其成为推动我区特别是中部干旱带农牧业、农村经济建设的重要产业,已具备良好的物质条件。

表 1-2　宁夏 2018 年柠条林地面积及分布情况统计表

序号	县市	面积/hm²			地上生物量/t		
		柠条林地	未成林地	总计	柠条林地	未成林地	总计
1	兴庆区	12.95	224.92	237.87	62.29	440.84	503.13
2	永宁县	36.02	25.30	61.32	173.26	49.59	222.85
3	贺兰县	13.68	349.43	363.11	65.80	684.88	750.68
4	灵武市	27 306.93	24 870.55	52 177.48	131 346.33	48 746.28	180 092.61
5	大武口区	11.68	14.30	25.98	56.18	28.03	84.21
6	惠农区	36.63	96.36	132.98	176.19	188.87	365.06
7	平罗县	2.91	1.11	4.02	14.00	2.18	16.18
8	利通区	1 136.60	4 720.10	5 856.70	5 467.05	9 251.40	14 718.45
9	红寺堡区	23 571.47	6 020.87	29 592.34	113 378.77	11 800.91	125 179.68
10	盐池县	129 274.28	32 811.28	162 085.56	621 809.29	64 310.11	686 119.40
11	同心县	33 175.84	23 790.35	56 966.19	159 575.79	46 629.09	206 204.88
12	青铜峡市	31.74	0.00	31.74	152.67	0.00	152.67
13	原州区	28 280.67	827.85	29 108.52	136 030.02	1 622.59	137 652.61
14	西吉县	8 198.48	1 069.87	9 268.34	39 434.69	2 096.95	41 531.64
15	隆德县	22.74	1.76	24.50	109.38	3.45	112.83
16	泾源县	0.49	0.00	0.49	2.36	0.00	2.36
17	彭阳县	13 144.78	739.59	13 884.37	63 226.39	1 449.60	64 675.99
18	沙坡头区	21 458.60	13 927.25	35 385.85	103 215.87	27 297.41	130 513.28
19	中宁县	4 099.00	966.59	5 065.60	19 716.19	1 894.52	21 610.71
20	海原县	29 574.68	9 618.72	39 193.41	142 254.21	18 852.69	161 106.90
	合计	319 390.17	120 076.20	439 466.37	1 536 266.72	235 349.35	1 771 616.07

(二)柠条林地区域分布情况

柠条林主要分布在盐池县、同心县、灵武市,存林面积分别为 16.21 万 hm²、5.70 万 hm²、5.22 万 hm²,分别占全区天然柠条的 36.88%、12.97%、11.88%,三个县市柠条林面积占宁夏总面积的 61.73%；其他县市柠条林面积占全区的 38.27%。由此看出，全区柠条林主要分布在中、东部干旱风沙区，其次是南部黄土丘陵沟壑区(图 1-2)。

宁夏柠条林地分布图(2018)

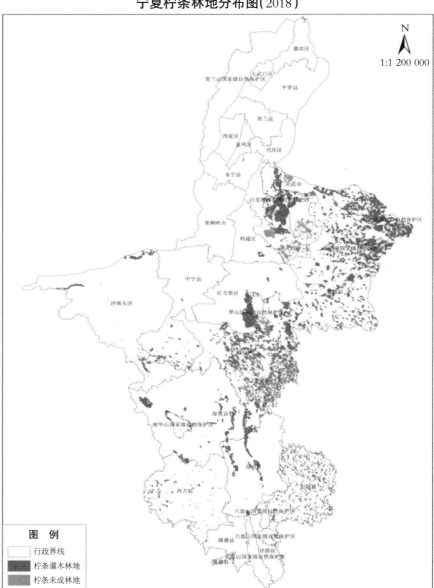

图 1-2　宁夏柠条林地分布

中部干旱带是我区农牧交错带,草畜业较为发达,同时又是我区生态最为脆弱的地区之一,主要包括 10 县(市、区)的干旱荒漠地区,土地面积 3.035 万 km²占全区总面积的 58.6%;草原面积 205.1 万 hm²,占全区总面积的 63%;沙漠化土地面积达 110.08 万 hm²,占全区土地总面积的 24.3% 左右。柠条作为中部干旱带防风固沙林、水土保持林、薪炭林、荒漠草原植被恢复和立体复合草场建设的先锋树种,对于稳定本地区生态环境、保护农田和确保畜牧业的可持续发展起到了积极作用,并且全区 60% 的羊只集中在中部干旱带,因此开发柠条饲料和发展舍饲养殖业,对促进中部干旱带区域经济的发展和农民增收意义重大。

五、盐池县柠条林调查

盐池县位于宁夏回族自治区东部,地处陕、甘、宁、蒙四省交界带,东邻陕西省定边县,南与甘肃省环县接壤,北邻内蒙古自治区鄂托克前旗,地理坐标为北纬 37°04′~38°10′,东经 106°30′~107°41′,全县南北长约 110 km,东西宽约 66 km,总面积 8 377.29 km²。

2018 年,盐池县柠条林地面积占宁夏的 36.88%,为宁夏柠条林面积最大的县。盐池县从 2002 年开始实施退耕还林还草工程以来,荒山荒地大面积造林,柠条林的面积从 2004 年基期的 10.37 万 hm² 增加到 2018 年的 16.21 万 hm²,14 年增长了 5.84 万 hm²,年增长 4 171.43 hm²。盐池县的高程范围在 1 279~1 954 m,相对其他几个柠条林面积大的县市便于平茬利用。结合林业厅项目管理中心世界银行贷款项目,项目组从 2016 年开始一直在盐池县开展相关技术研究。

盐池县柠条林的景观特征与各乡镇地形地貌及柠条林营造类型有关,地形平缓、高程较低的中北部花马池镇、高沙窝镇、王乐井乡以营造集中连片营造防风固沙林为主,而沟壑丘陵较多、高程较高的麻黄山南部则以破碎化退耕还林为主,这是导致盐池县柠条林景观南北差异较大的原因。2001 年与 2018年相比(表 1-3),盐池县各乡镇的柠条林面积比例基本一致,变化不大。面积最大的是花马池镇为 38 868.12 hm²,占全县的 23.98%;最小的是麻黄山乡

表 1-3　盐池县柠条林面积

地名	2004 年		2018 年	
	面积/hm²	占比/%	面积/hm²	占比/%
花马池镇	26 299.90	25.36	38 868.12	23.98
高沙窝镇	15 234.44	14.69	21 087.33	13.01
王乐井乡	12 403.26	11.96	18 429.13	11.37
冯记沟乡	12 392.89	11.95	18 218.42	11.24
青山乡	9 209.11	8.88	15 495.38	9.56
惠安堡镇	10 681.74	10.30	17 456.61	10.77
大水坑镇	15 058.14	14.52	27 813.88	17.16
麻黄山乡	2 437.10	2.35	4 732.90	2.92
盐池县	103 706.22	100.00	162 085.56	100.00

为 4 732.90 hm²,占全县的 2.92%。为了更好地了解和掌握盐池县现有柠条林地资源的分布、长势和利用等情况,先后对大水坑镇、高沙窝镇、青山乡、王乐井镇、花马池镇等乡镇进行了调查,共调查了 7 个乡镇 23 个自然村 30 个小地块,现将调查结果总结如下(表 1-4)。

表 1-4　盐池县成林柠条生长现状调查表

林龄	密度/(株·亩⁻¹)	鲜重/(kg·株⁻¹)	折合亩产/(kg·亩⁻¹)	立地类型	林龄	密度/(株·亩⁻¹)	鲜重/(kg·株⁻¹)	折合亩产/(kg·亩⁻¹)	立地类型
5	37	3.40	125.8	低洼覆沙地	15	35	2.58	90.3	低洼覆沙地
5	48	1.14	54.72	硬梁地	15	71	2.13	151.23	硬梁地
8	54	1.14	61.56	硬梁地	17	38	4.80	182.40	覆沙地
10	94	0.77	72.38	硬梁地	20	34	23.30	792.20	低洼覆沙地
12	41	1.50	61.50	硬梁地	21	38	1.67	63.46	低洼覆沙地
14	65	3.30	214.5	覆沙地	23	102	3.33	339.66	梁滩地
16	160	4.29	686.4	沙地	24	260	2.19	569.4	梁地
20	120	3.45	424.4	梁地	34	64	3.60	230.4	沙地
30	140	0.96	134.4	梁地	40	130	1.87	243.1	梁地

1. 利用率极低,老化程度严重

被抽查的成林柠条中约有 50% 以上的从未平过茬,而且约有 30%~40% 都已存在不同程度的老化,如立地条件较好的青山乡猫头梁行政村、柳杨堡的冒寨子和日元项目区、高沙窝的大疙瘩等村,成林柠条地径粗度在 1.5 cm 以上的占全村总成林柠条面积的一半以上,部分地径甚至达到 4.0 cm。高利乌素王记沟村、苏步井村一些梁地柠条矮化严重。由于地径过粗和木质化程度严重,给今后的平茬工作带来了很大的难度,明显降低了柠条原料质量。

2. 成林柠条单位面积产量相差悬殊

调查密度及产量采用了造林规格加 30 m 带长存林数折合后所得,单株鲜重采用选择抽查的方式,即每种类型通过目测的方式选择代表性的植株 5 株,测其相关生长性状后再称其鲜重,地点选择随机抽取。被调查的成林为林龄在 5 年以上的柠条,单株鲜重为 0.06~25.5 kg,折合亩产 54.72~792.2 kg/亩不等。调查中得知(表 1-5),立地条件是决定柠条产量的决定性因素,沙地柠条生物量平均为 5.87 kg/丛,亩生物量为 298.18 kg;梁地柠条生物量比沙地丛生物量要低,平均为 1.85 kg/丛,亩生物量为 211.24 kg 比沙地低 86.94 kg/亩。其次是密度和林龄,梁地柠条密度比沙地高 80.03%。同时,上次平茬时间也较明显的影响着柠条的产量。

表 1-5　盐池县成林柠条生长现状分析表

项目	林龄/年	密度/ (株·亩⁻¹)	鲜重/ (kg·株⁻¹)	折合亩产/ (kg·亩⁻¹)
梁地平均	18.7	106	1.848	211.235
标准差	10.325 2	61.091 7	0.896 3	170.098 5
CV	55.22	57.63	48.50	80.53
沙地平均	17.75	58.88	5.87	298.18
标准差	7.644 4	40.045 1	6.649 9	261.676 0
CV	43.07	68.02	113.33	87.76

3. 新老柠条林保存率差异大、林带质量不一

从调查数据来看，上世纪在 80 年代及以前种植的老柠条退化程度较严重，密度为 34~160 株/亩，单位面积产量也差异较大。1999 年及以后种植的柠条，由于这一时期种植的主要为退耕还林和"三北"四期的，无论是整地质量、保苗率，还是实测面积与验收面积数据，都达到了前所未有的高质量、高标准程度。

4. 冷季平茬造成柠条的饲喂利用率低

经传统冷季平茬后得到的枝条大部分是纤维含量较高的枯枝，营养成分含量相对较低。这不仅使得宝贵的柠条林得不到充分的利用而造成浪费，也使得当地的农牧民守着优良的饲用灌木资源却无法进行利用，造成禁牧舍饲后饲草料的严重短缺。

柠条在我区主要有三种用途：第一，作为饲料。柠条多在干旱的山区、丘陵区和风沙地带，这些地区多是一些交通不便的地区，多饲养有牛、羊等草食动物，在未实行退耕还林以前，牛、羊的饲养主要依靠放牧，所以，柠条的利用方式主要是放牧利用。但是近年来，由于部分地区实施封山禁牧政策，使得柠条的利用率更低，造成大部分柠条资源的浪费。第二，作为燃料。大部分柠条均以燃料的形式利用。在生产落后的山区，农牧民主要依靠燃烧农作物秸秆、柠条，甚至大量砍伐其他天然林木来解决生活能源问题，这种利用方式较为粗放，同样也没有发挥出柠条灌木资源较高的经济价值。第三，在部分地区将柠条加工成栽培基质以及肥料，但在数量上所占比例很小，对柠条的利用起不到实质性的作用。

第二节 柠条林灌木生态效益评估

一、灌木生态效益评估

按照林业建设主导思路，以宁夏灌木林自然生产为重点考量条件，准确掌

握主要灌木的生态功能量化指标(防风固沙、固碳释氧、生物多样性保育、土壤改良、经济效益),明确林地功能提升示范区主要建设内容。在植被耗水、防风固沙、固碳释氧和生物多样性等林地生态系统指标量化、监测与功能评价基础上,结合国家退耕还林工程生态效益监测国家报告的林业生态效益综合效益计算方法,估算宁夏灌木的各类生态、经济与社会等功能综合效益。

(一)生态效益评估方法

评估指标主要依据《退耕还林工程生态效益监测与评估规范》(LY/T 2573-2016),采用北方沙化土地退耕还林工程生态连清体系,依托地区现有的退耕还林工程生态观测站,采取定位监测技术和分布式测算方法,参考森林生态服务功能及其价值评估相关研究方法与成果,从宁夏灌木林防风固沙、净化大气、固碳释氧、植物多样性保护、涵养水源、保育土壤和林木积累营养物质七项功能指标开展生态效益评价。将宁夏灌木林分林龄进行测算,而后依据研究目标以及对象分类叠加,获得森林生态系统服务功能评估的结果。上述七项功能指标物质量和价值量的评估公式与模型参见《退耕还林工程生态效益监测与评估规范》(LY/T 2573-2016)。计算价值量所用参数为我国权威机构所公布的社会、经济公共数据,包括《中国水利年鉴》《中华人民共和国水利部水利建筑工程预算定额》、中国农业信息网(http://www.agri.cn/)、国家卫生健康委员会网站(http://www.nhc.gov.cn/)、中华人民共和国国家发展和改革委员会第四部委 2003 年第 31 号令《排污费征收标准及计算方法》等相关部门统计公告。

(二)森林生态功能修正系数

当用现有的野外实测值不能代表同一生态单元同一目标林分类型的结构或功能时,就需要采用森林生态功能修正系数(forest ecological function cor-rection coefficient,简称 FEF-CC)。其理论公式为:

$$FEC\text{-}CC=Be/Bo=BEF \times V/Bo$$

式中:$FEF\text{-}CC$ 为森林生态功能修正系数,Be 为评估林分的生物量($kg \cdot m^{-3}$),Bo 为实测林分的生物量($kg \cdot m^{-3}$),BEF 为蓄积量与生物量的转换因子,V 为评估林分的蓄积量(m^3)。实测林分的生物量可以通过人工林生态功能指标的实测手段来获取，而评估林分的生物量通过评估林分蓄积量和生物量转换因子来测算评估。

二、宁夏灌木林地生态系统服务功能总价值量评估

(一)宁夏灌木林生态服务价值

宁夏特殊的地区环境形成了以水分因素为主导的植物生态条件的差异和不同类型的植被带,因此宁夏在树种选择方面侧重于树种的抗逆性、耐旱性、抗寒冷、耐盐碱、抗病虫害等。灌木是一种具有木质化茎干但没有发展成明显主干的植物。茎干从土壤表面上部或下部的基部进行分枝,通常包括矮灌木、半灌木和爬地植物。灌木在植物物种多样性方面扮演着重要角色,因为它扩大了物种生产力来源,增加了多种用途的机会,增强了生态稳定性。

根据国家退耕还林工程生态效益监测 2014—2016 年报告汇总（表 1-6），

表 1-6　宁夏灌木生态系统服务物质量评估

序号	项目		单位	灌木	柠条	灌木效益价值/(元·hm⁻²)	柠条效益价值/(元·hm⁻²)
1	涵养水源		万 m³/a	1 255.28	168.28	13 994.08	1 733.28
2	保育土壤	固土	t/a	223 032.94	217 775.83	5 130.37	4 837.68
		固氮	t/a	590.12	88.19		
		固磷	t/a	80.05	662.64		
		固钾	t/a	4 158.28	383.40		
		固定有机质	t/a	4 364.14	66.79		
3	固碳释氧	固碳	t/a	16 431.84	950.13	6 184.81	6 027.30
		释氧	t/a	35 381.98	225.61		
4	林木积累营养物质	氮	t/a	260.75	227.52	690.76	586.91
		磷	t/a	22.87	11.37		
		钾	t/a	82.34	72.05		

续表

序号	项目		单位	灌木	柠条	灌木效益价值/（元·hm⁻²）	柠条效益价值/（元·hm⁻²）
5	净化大气环境	负离子	t/a	49 043.92	49 250.00	77.77	78.10
		吸收污染物	t/a	1 916.74	3 036.24	4.57	7.24
		TSP	t/a	163 650.50	1 419.53	331.66	2.88
		PM₁₀	t/a	20 455.17	1 111.40	4 897.07	266.07
		PM₂₅	t/a	8 181.61	129.01	5 640.44	88.94
6	森林防护	固沙量	万 t/a	80.00	65.13	6 427.26	5 232.59
7	生物多样性				6 564.50	6 564.50	
合计						49 943.29	25 425.49

对宁夏灌木林进行生态效益监测及评估，宁夏灌木林防护、涵养水源、保育土壤、固碳释氧、林木积累营养物质和净化大气环境以及生物多样性功能七个类别十八个分项系统服务功能总价值量的评估，总价值为 49 943.29 元/hm²。灌木林涵养水源价值最大为 13 994.08 元/hm²，占 28.02%；其次为净化大气环境为 10 951.51 元/hm²，占 21.93%；生物多样性第三为 6 564.50 元/hm²，占 13.14%；森林防护第四为 6 427.26 元/hm²，占 12.87%；固碳释氧第五为 6 184.81 元/hm²，占 12.38%；林木积累最小为 690.76 元/hm²，占 1.38%。宁夏灌木林生态系统各项服务价值比例充分体现出该地区的人工林生态系统服务特征，宁夏灌木林特殊的土壤质地，容易发生风蚀沙化和水土流失，所以人工灌木林营造可以很好地缓解风蚀造成的水土流失，同时还能更好地改善环境，增加生物多样性。

由表 1-7 可知，随着宁夏天然林资源保护、退耕还林、三北防护林、野生动植物保护及自然保护区、天然林保护五大重点林业工程的实施，为宁夏林业实现跨越式发展创造了有利条件，宁夏的灌木林面积得到了明显提高。宁夏灌木林生态效益从 1990 年的 61.03 亿元增加到 2018 年的 301.01 亿元，增加了 239.98 亿元，年增长 8.57 亿元。宁夏生态效益价值与年份之间回归：

表 1-7　宁夏灌木面积及生态效益价值

年份	灌木面积/万 hm²	生态效益价值/亿元
1990 年	12.22	61.03
1995 年	17.46	87.20
2000 年	27.91	139.39
2005 年	39.98	199.67
2010 年	43.70	218.25
2018 年	60.27	301.01

$y=8.717\ 5x-17\ 293(R^2=0.987\ 7)$。

(二)宁夏柠条林生态服务价值

根据国家退耕还林工程生态效益监测 2014—2016 年报告(表 1-8),宁夏柠条林防护、涵养水源、保育土壤、固碳释氧、林木积累营养物质和净化大气环境以及生物多样性功能七个类别十八个分项系统服务功能总价值量的评估,总价值为 25 425.49 元/hm²。柠条生态服务价值仅为全区灌木林平均服务价值一半。最主要的差别在于涵养水源,南部山区山桃、山杏以及中部枸杞等对宁夏南部山区涵养水源发挥了重要作用。柠条主要生长在宁夏的沙区,主要目的是以防风固沙,所发挥的涵养水源价值相对较低,这也是柠条林生态服务价值低于其他灌木的最主要原因。

生物多样性最大,为 6 564.50 元/hm²,占 25.82%;固碳释氧第二,为 6 027.30 元/hm²,占 23.71%;森林防护第三,为 5 232.59 元/hm²,占 20.58%;保育土壤第四,为 4 837.68 元/hm²,占 19.03%;涵养水源第五,为 1 733.28 元/hm²,占 6.82%;林木积累第六,为 586.91 元/hm²,占 2.31%;净化大气环境第七,为 443.23 元/hm²,占 1.74%。柠条生态系统各项服务价值比例充分体现柠条在宁夏中部干旱带的人工林生态系统服务特征,宁夏中部干旱带土壤质地,容易发生风蚀沙化,所以柠条林营造可以很好地缓解风蚀造成的水土流失,同时还能更好地改善环境,增加生物多样性。柠条林土壤沙化严重土壤养分较低,植被建植不仅能防风固沙同时改善土壤养分条件,而且能更好地固定空气中的

CO_2 释放O_2。

由表1-8可知,柠条林生态效益从2004年的97.94亿元增加到2018年的219.50亿元,增加了121.56亿元,年增长8.68亿元。如果以地上生物量全部用来制作饲料价值,直接经济价值由2004年的8.22亿元增加到2018年的19.49亿元,增加了11.27亿元。生态价值与直接经济价值比值平均为12.17:1。

表1-8 宁夏柠条林面积及生态服务价值

年份	面积/万 hm²	饲料量/万t	直接经济价值/亿元	生态效益价值/亿元	生态价值与直接价值比
2004年	19.61	74.73	8.22	97.94	11.91:1
2010年	40.76	145.08	15.96	203.57	12.76:1
2016年	45.36	161.39	17.75	226.54	12.76:1
2018年	43.95	177.17	19.49	219.50	11.26:1

三、灌木碳汇效益研究

灌木林作为生态系统的一个重要组成部分,在生态保护、恢复和重建中起至关重要的作用,同时也在替代能源与群落演替过程中扮演重要角色,柠条灌木林的生态幅度较乔木林广,是森林资源的重要组成部分。柠条在宁夏林业生态物种多样性方面扮演着重要角色。截至2018年,全区柠条资源面积已达43.95万 hm²,生物量为131.62万 t。根据林分、林龄、资源量的区域分布来看,具有开发利用面积大、生物贮量多和可持续利用的优势和特点。

(一)灌木碳汇研究

灌丛植被能丰富群落多样性、蓄土保水、降碳降温,从而改善生态环境,对森林生态系统的补充有重要意义。灌丛在森林生态系统中还有其他乔木不能比拟的功能,与乔木林相比,虽植株矮小,但根系发达、生命力强、繁殖快。灌木3~5年就能形成的灌丛,因此灌木林对改善生态环境等都具有重要作用,其碳汇能力的大小也就更值得深入研究。为系统全面地评价我国森林生态系统对全球碳平衡及固碳量的大小及作用,我国诸多学者等先后估算了中国森林植被、灌丛植被以及草地植被的碳储量和固碳率。我国西北干旱、半干旱荒漠区是典型的荒漠生态系统,在西北部的荒漠化地区,植被的主要组成部分是灌丛,它对于维持这些特定区域内生态系统的稳定有重要作用,包括生物多样性、物质与能量的循环、生态服务功能、CO_2 的固定等都离不开灌木。

全国灌木林地总面积占全国林地总面积的 16.02%,灌木林主要集中在内蒙古、西藏、新疆三省,占全国特殊灌木林总数的 48.90%。研究表明,全国灌丛碳储量有 16.8±1.2 亿 t,占森林碳储量的 27%~40%,灌木层植物生物量及碳储量占到整个森林生态系统的 10%~30%,对灌木生物量及碳储量的估算是森林生态系统研究的重要组成部分。众多学者对荒漠植被上的代表性灌木做了深入研究。宁夏灌丛碳储量 76.25 万~272.69 万 t(李欣,2014),内蒙古灌丛碳储量 0.2 亿 t,甘肃灌丛碳储量 0.11 亿 t,西藏灌丛碳储量 0.73 亿 t,可见灌丛碳储量在西北地区各省的生态系统中都占有重要地位,且中国灌丛的碳汇总量对全球的气候变化也有着重要的影响。郑朝晖等对克拉玛依地区的灌木碳储量研究发现柠条为 5.185 t/(hm²·年)。赵灿在宁夏隆德县退耕还林实施区,选择 7 年生沙棘、柠条和山毛桃灌木林,设置样地,分析各组分及土壤碳密度的变化,结果表明沙棘、柠条、山毛桃灌木林生态系统碳密度分别为 63.29 t/hm²、52.82 t/hm² 和 77.78 t/hm²。

(二)灌木生态系统中碳汇的主要测定方法

由于国内柠条灌木的生物量和资料较少,大多数关于灌木的碳储量研究都参照森林项目的计算方法。吴林世 2016 在《灌丛植被碳储量及计量方法研究进展》对灌木碳汇测定方法进行整理,认为:灌木林作为森林生态系统的主要下层结构,除了能够丰富林下植被外,还能够为大量动植物提供天然的安全屏障及恶劣环境的庇护所,对于区域生态安全及全球气候变化也起到了重要作用。早期进行的灌木碳汇研究方法分为三类,样地清查法、生物量法或蓄积量方法,随着人们对生态系统碳汇研究的深入,对植被群落的碳储能力及碳汇量的估算方法越来越多元化,针对不同类型的生态系统有不同的估算方法,不同测算方法的优缺点,统计后将不同灌丛植被碳储量的测定方法主要以下六种。

1. 样地清查法

灌丛植被样地清查法:先设立标准样地,调查样地中的灌丛植被、凋落物及土壤等碳库的碳储量,然后通过不间断观测及调查,获取定期内的碳储量变化情况,进行推算的方法。这种方法一般应用于小尺度森林生态系统的研究。首次使用该方法进行碳汇估算的是刘存琦等用样地清查法测定了一定面积上植被的生物量,该方法能精确地测定生物量,但费时费力,现采用率低。

2. 生物量法

生物量法是目前碳汇测定运用范围最广的一种测定方法,主要是根据单位面积生物量、灌丛面积、不同器官生物量的分配比例及各器官平均碳含量等参数计算而成。方精云(2000)通过采用生物量法对中国森林植被碳储量进行推算,结果表明:我国陆地植被的总碳量为 $6.1 \times 10^9 t$,碳储量含量最高的为森林 $4.5 \times 10^9 t$,其次就是疏林灌木丛 $0.5 \times 10^9 t$,且荒漠的碳储量含量也有 $0.2 \times 10^9 t$。蓄积量法是通过测定以样地范围内灌丛蓄积量数据为基础的一种碳汇估算方法。其主要原理就是在灌丛中对优势树种抽样实测,计算出灌丛中优势种的平均容重(t/m^3),在根据前期测定的总蓄积量以求出对应生物量,最后根据生物量与固碳量的转换系数求出灌丛的总固碳量。

3. 生物量清单法

灌丛植被生物量清单法就是通过实地调查的生态学资料与全国森林普查资料的数据结合运算的一种方法。首先算出样地内灌木植被的碳密度,在结合灌丛植被的生物量与该生态系统中总的生物量的比例,最终得出该区域总固碳量。王效科(2000)利用生物量清单法对中国森林生态系统中的幼龄林、中龄林、近熟林、成熟林和过熟林五种不同林的碳贮存密度进行估算,得出现有森林生态系统的碳贮量为 3.255~3.724 PgC。

4. 模型模拟法

该方法主要是采用数学模型对森林生态系统的生物量及碳储量进行估算。目前,通过不同的模型,可以将模型模拟法分为碳平衡模型、生物生理模型、生物地理模型和生物地球化学模型四种。

5. 遥感估算法

利用地面遥感、航空遥感、航天遥感等遥感手段获得各种植被状态参数,将 ArcGIS、ENVI/IDL 等遥感图像处理软件的应用与地面调查的外业数据相结合,通过内业分析,估算卫片中大范围内陆地生态系统的碳储量。这一方法通常结合了数据模型模拟法进行。这一方法多用在乔木林。

6. 基于微气象学法

基于微气象学的方法估算森林生态系统中碳储量的方法主要有四种,这些方法的主要共同点都是对 CO_2 通量直接进行动态测定,其后将结果代入相关数学公式使估算量尽可能精确。

四、宁夏柠条碳储量及其价值估算

(一)宁夏柠条存林面积

20 世纪 80 年代,宁夏造林逐步增大了灌木林的比例,特别是在 2000 年,实施退耕还林工程中,灌木林所占比例较大。截至 2002 年共完成退耕还林面积 18.93 万 hm^2。其中,以柠条、沙棘等为主的灌木林面积达 14.93 万 hm^2 以上,占 78.8%。仅 2000—2003 年,宁夏退耕还林区新发展以柠条为主的灌木林 23.3 万 hm^2。根据宁夏林草局森林资源统计（表 1-9）,宁夏柠条林面积由 2004 年 19.61 万 hm^2 增加到 2018 年的 43.95 万 hm^2,14 年增长了 24.34 万 hm^2,年增长 1.74 万 hm^2,未成林比例占总面积的 37% 左右。

(二)柠条碳汇估算方法

根据宁夏地理条件的特殊性、柠条灌木林类型的多样性及灌木林内部组成结构的差异化程度,结合文献中的参数,依此作为计算柠条灌木林生物量的标准,初步估算宁夏灌木碳储量,并在此基础上,利用市场价值法估算灌木碳

表 1-9　宁夏柠条林面积

年份	面积/万 hm²		比例/%		总计
	柠条林地	未成林地	柠条林地	未成林地	
2004 年	12.73	6.89	64.92	35.08	19.61
2010 年	22.87	17.90	56.11	43.89	40.76
2016 年	25.44	19.91	56.08	43.92	45.36
2018 年	31.94	12.01	72.67	27.33	43.95
平均	23.25	14.18	62.45	37.56	37.42

储量价值。根据所检索到的文献资料(表 1-10)假设同一柠条灌木林单位生物量的各研究数据是从同一总体中随机抽取的一个独立样本,用随机抽样估计方法计算出宁夏柠条林平均单位面积生物量及标准差。

表 1-10　柠条生物量及其分配

序号	生物量/(t·hm⁻²)		分配率/%		生物量合计/ (t·hm⁻²)	来源	作者
	地上	地下	地上	地下			
1	5.47	4.46	55.09	44.91	9.93	延安	马海龙
2	5.13	3.53	59.24	40.76	8.66	定边	景宏伟
3	1.91	1.97	49.23	50.77	3.88	定边	景宏伟
4	5.04	8.71	36.65	63.35	13.75	内蒙古 5 个盟	曾伟生
5	5.75	2.25	71.88	28.13	8.00	朔州市	李 刚
6	4.74	1.72	73.37	26.63	6.46	兴安盟	魏江生
7	12.50	3.69	77.21	22.79	16.19	固原市	李 璐
8	4.96	2.03	70.96	29.04	6.99	盐池县	徐 荣
9	5.12	5.67	47.45	52.55	10.79	盐池县	徐 荣
10	2.90	2.36	55.13	44.87	5.26	盐池县	徐 荣
平均	4.81	3.19	60.13	39.87	8.00		
标准差	2.643 0	2.077 3	12.656 5	12.655 6	3.607 4		

十个样地中有三个距离宁夏有些远,其他几个样地在宁夏或周边。样地有沙地、黄土丘陵区、荒漠草原,所调查样本可以代表宁夏柠条生物量信息。柠条林地上生物量平均为 5.81 t/hm²,地下生物量 3.92 t/hm²。分配率地上为 60.13%,地下为 39.87%。

表 1-11 中调查到七个样地柠条含碳率,柠条林地上生物量含碳率平均为 44.91%,地下生物量含碳率为 41.42%。

表 1-11 柠条含碳率

单位:%

序号	地上生物量	地下生物量	平均	来源	作者
1	42.04	38.43	40.24	陕北	马海龙
2	45.09	37.57	41.33	科右前旗	石 嵩
3	45.36	40.29	42.83	科右中旗	石 嵩
4	45.24	39.73	42.49	兴安盟	魏江生
5	49.26	40.26	44.76	新疆	郑朝晖
6	36.70	43.48	40.09	固原市	李 璐
7	50.70	50.20	50.45	盐池县	何建龙
平均	44.91	41.42	43.17		

(三)宁夏柠条碳储量及变化

未成林生物量主要是以 5 年以下柠条为主,生物量要比成林相对较低,根系发展也不完善。生物量的测算上成林按照文献结果 4.81 t/hm²,地下生物量平均为 3.19 t/hm²。未成林生物量根据我们在实际调查结果进行,未成林地上生物量平均为 1.96 t/hm²,地下生物量平均为 2.03 t/hm²,与景洪伟在定边调查结果接近。

根据测算后,可以看出(表 1-12),与 2004 年相比,宁夏柠条碳汇量由 2004 年的 56.18 万 t 增加到 2018 年的 131.87 万 t,14 年共增长了 75.69 万 t。2000 年以来,宁夏实施的生态移民工程,有效缓解了人口对当地土地和环境资源的压

表 1-12　宁夏柠条林面积及碳储量变化

年份	面积/ 万hm²	地上生物 量/万 t	地下生物 量/万 t	生物总 量/万 t	地上碳储 量/万 t	地下碳储 量/万 t	碳储总 量/万 t
2004 年	19.61	74.73	54.6	129.33	33.56	22.62	56.18
2010 年	40.76	145.08	109.3	254.38	65.16	45.27	110.43
2016 年	45.36	161.39	121.57	282.96	72.48	50.35	122.83
2018 年	43.95	177.17	126.27	303.44	79.57	52.30	131.87

力;封山禁牧使宁夏局部地区的生态环境得到明显的改善,水土流失和沙化面积逐渐减少。天然林资源保护、退耕还林、三北防护林、野生动植物保护及自然保护区、天然林保护五大重点林业工程的实施,为宁夏林业实现跨越式发展创造了有利条件,宁夏的柠条碳汇潜力得到了明显提高。

柠条碳密度地上、地下分别为 1.68 t/hm²、1.15 t/hm²,分配率地上、地下分别为 59.55%、40.45%(表 1-13)。与文献中(表 1-14)相比,柠条碳储量估算值低于文献所计算的量,主要是估算中柠条未成林生物量相对较小,并且占总面积 37%,从而影响了碳密度。

表 1-13　柠条碳密度及其分配

年份	碳储量/(t·hm⁻²)		分配率/%		碳储总量/ (t·hm⁻²)
	地上	地下	地下	地下	
2004 年	1.71	1.15	59.79	40.21	2.86
2010 年	1.60	1.11	59.04	40.96	2.71
2016 年	1.60	1.11	59.04	40.96	2.71
2018 年	1.81	1.19	60.33	39.67	3.00
平均	1.68	1.14	59.55	40.45	2.82

表1-14　文献柠条碳密度及其分配

序号	碳储量/(t·hm⁻²)		分配率/%		碳储总量/ (t·hm⁻²)	地方	作者
	地上	地下	地下	地下			
1	4.29	2.61	62.17	37.83	6.90	陕北	马海龙
2	2.42	0.51	82.59	17.41	2.93	科右前旗	石亮
3	3.19	0.90	78.00	22.00	4.09	科右中旗	石亮
4	2.17	0.77	73.81	26.19	2.94	兴安盟	魏江生
5	4.37	1.56	73.69	26.31	5.93	隆德	李璐
平均	3.29	1.27	72.15	27.85	4.56		

(四)各县市柠条碳储量及变化

从表1-15中,可以看出,各市县碳储量以盐池县最大为50.653万t,占全区柠条碳储量的38.41%,其次依次为同心县、灵武市、海原县、原州区、沙坡头,碳储量分别为15.645万t、13.787万t、11.952万t、9.988万t、9.868万t,分别占11.86%、10.46%、9.06%、7.57%、7.48%。这六个县市柠条总碳储量为111.893万t,占全区柠条总碳储量的84.86%。

表1-15　2018年各县市柠条林面积、生物量及碳储量变化

序号	县市	柠条林地/ 万hm²	地上生物量/万t	地下生物量/万t	总生物量/万t	地上碳储量/万t	地下碳储量/万t	总碳储量/万t
1	银川市	0.024	0.050	0.050	0.100	0.023	0.021	0.043
2	永宁县	0.006	0.022	0.017	0.039	0.010	0.007	0.017
3	贺兰县	0.036	0.075	0.075	0.150	0.034	0.031	0.065
4	灵武市	5.218	18.009	13.760	31.769	8.088	5.699	13.787
5	大武口区	0.003	0.008	0.007	0.015	0.004	0.003	0.007
6	惠农区	0.013	0.037	0.031	0.068	0.016	0.013	0.029
7	利通区	0.586	1.472	1.321	2.793	0.661	0.547	1.208
8	红寺堡区	2.959	12.518	8.742	21.260	5.622	3.621	9.243

续表

序号	县市	柠条林地/万 hm²	地上生物量/万 t	地下生物量/万 t	总生物量/万 t	地上碳储量/万 t	地下碳储量/万 t	总碳储量/万 t
9	盐池县	16.209	68.612	47.899	116.511	30.814	19.840	50.653
10	同心县	5.697	20.620	15.413	36.033	9.261	6.384	15.645
11	青铜峡市	0.003	0.015	0.010	0.025	0.007	0.004	0.011
12	原州区	2.911	13.765	9.190	22.955	6.182	3.806	9.988
13	西吉县	0.927	4.153	2.832	6.986	1.865	1.173	3.038
14	隆德县	0.002	0.011	0.008	0.019	0.005	0.003	0.008
15	彭阳县	1.388	6.468	4.343	10.811	2.905	1.799	4.704
16	沙坡头区	3.539	13.051	9.673	22.724	5.861	4.006	9.868
17	中宁县	0.507	2.161	1.504	3.665	0.971	0.623	1.593
18	海原县	3.919	16.111	11.387	27.498	7.235	4.716	11.952
	合计	43.947	177.162	126.261	303.423	79.563	52.297	131.861

从表 1-16 中,可以看出,各市县碳密度最大为隆德县为 4.00 t/hm²,兴庆区最小仅为 1.79 t/hm²,最大最小极差为 2.21 t/hm²;盐池县为 3.12 t/hm²,全区为 3.00 t/hm²。碳储量分配率地上碳储量最大为青铜峡市为 63.49%,最小是贺兰县为 51.93%;极差为 11.56%;盐池县为 60.90%,全区为 60.33%。

表 1-16 2018 年宁夏各市县柠条碳密度及其分配

序号	县市	柠条林地/(t·hm⁻²)	碳密度/(t·hm⁻²)			分配率/%	
			地上	地下	总量	地上	地下
1	银川市	0.024	0.96	0.88	1.79	53.63	46.37
2	永宁县	0.006	1.67	1.17	2.83	59.01	40.99
3	贺兰县	0.036	0.94	0.86	1.81	51.93	48.07
4	灵武市	5.218	1.55	1.09	2.64	58.71	41.29
5	大武口区	0.003	1.33	1.00	2.33	57.08	42.92

续表

序号	县市	柠条林地/(t·hm⁻²)	碳密度/(t·hm⁻²)			分配率/%	
			地上	地下	总量	地上	地下
6	惠农区	0.013	1.23	1.00	2.23	55.16	44.84
7	利通区	0.586	1.13	0.93	2.06	54.85	45.15
8	红寺堡区	2.959	1.90	1.22	3.12	60.90	39.10
9	盐池县	16.209	1.90	1.22	3.12	60.90	39.10
10	同心县	5.697	1.63	1.12	2.75	59.27	40.73
11	青铜峡市	0.003	2.33	1.33	3.67	63.49	36.51
12	原州区	2.911	2.12	1.31	3.43	61.81	38.19
13	西吉县	0.927	2.01	1.27	3.28	61.28	38.72
14	隆德县	0.002	2.50	1.50	4.00	62.50	37.50
15	彭阳县	1.388	2.09	1.30	3.39	61.65	38.35
16	沙坡头区	3.539	1.66	1.13	2.79	59.50	40.50
17	中宁县	0.507	1.92	1.23	3.14	61.15	38.85
18	海原县	3.919	1.85	1.20	3.05	60.66	39.34
全区		43.95	1.81	1.19	3.00	60.33	39.67

(五)宁夏柠条碳储量价值估算

森林碳汇是指森林生态系统吸收大气中的 CO_2,并将其固定在植被和土壤中,从而减少大气中 CO_2 浓度的过程,森林碳汇价值是森林固碳量和碳汇市场价格的乘积。而根据植被光合作用的定义:绿色植物通过叶绿体,利用光能,把 H_2O 和 CO_2 转化成储存能量的有机物(主要是糖类),释放出 O_2 的过程,因此,生态系统吸收 O_2 仅考虑植被地上部分。根据文献,采用市场价值法对宁夏柠条碳储量和氧气价值进行估算,具体方法如下:

吸收 CO_2 量=总碳储量×(44/12);

释放 O_2 量=植被碳储量×(32/12)

采用国际 CO_2 价格 3 美元/t，则每吨碳的价格为 3×(44/12)=11 美元，O_2 价格采用工业 O_2 售价人民币 1 200 元/t。美元与人民币汇率按 1:7.080 8 计算。

根据宁夏柠条多年来的固碳量，计算出近 14 年来宁夏柠条林的碳储量和氧气的价值（表 1-17）。固碳总价值从 2004 年的 11.28 亿元增加到 2018 年的 26.49 亿元，增加了 15.21 亿元，年增加 1.086 4 亿元。

表 1-17　柠条碳密度及其分配

年份	碳储总量/万t	吸收 CO_2/万t	释放 O_2/万t	总价值/亿元
2004 年	56.18	0.44	10.85	11.28
2010 年	110.43	0.86	21.32	22.18
2016 年	122.83	0.96	23.71	24.67
2018 年	131.87	1.03	25.46	26.49
平均	105.33	0.82	20.33	21.15

对柠条固碳价值与年份之间进行线性回归后：

$$y=1.025\ 2x-2\ 041.5(R^2=0.904\ 8)$$

数学模型表明，每年宁夏柠条固碳价值在 1.025 2 亿元左右。预测值与实际值误差在 5.97%。

本研究使用的数据来自公开发表的文献，还有一些采用了与宁夏自然环境相近生态区的观测数据。因此这部分数据不一定完全真实地反映宁夏的实际情况，可能对宁夏柠条碳储量的估算结果会有些影响。因此，如何科学合理地完善宁夏生态环境监测体系，结合遥感等技术，开展碳汇监测评估的方法研究，深入理解气候变化对生态环境的影响和生态环境改变对宁夏气候变化的反馈作用，都有待于进一步研究和讨论。

第二章　柠条生长季平茬研究

第一节　项目区基本概况

盐池县位于宁夏回族自治区东部,地处陕、甘、宁、蒙四省交界带,东邻陕西省定边县,南与甘肃省环县接壤,北邻内蒙古自治区鄂托克前旗,地理坐标为北纬 37°04′~38°10′,东经 106°30′~107°41′,全县南北长约 110 km,东西宽约 66 km,总面积 8 377.29 km²。盐池县北与毛乌素沙地相连,南靠黄土高原,在地

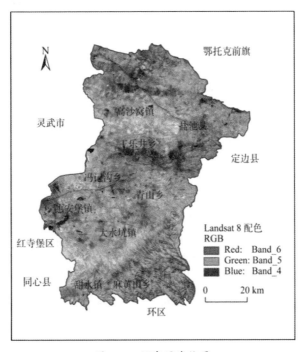

图 2-1　研究区域位置

理位置上是一个典型的过渡地带，自南向北在地形上是从黄土高原向鄂尔多斯台地(沙地)过渡,在气候上是从半干旱区向干旱区过渡,在植被类型上是从干草原向荒漠草原过渡,在资源利用上是从农区向牧区过渡。这种地理上的过渡性造成了盐池县自然条件资源的多样性和脆弱性特点。

一、盐池县气象概况

(一)气温变化

通过盐池县平均气温变化图 2-2 可以看出,1987 年以前平均气温在8.1℃以下波动,之后呈逐年上升趋势,增温特征明显。盐池县多年极端高温平均值为 35.18℃,多年极端低温平均值为-24.21℃,极端高温、级端低温呈逐年上升趋势,增温特征明显,极端高温与极端低温波动基本趋势一致。

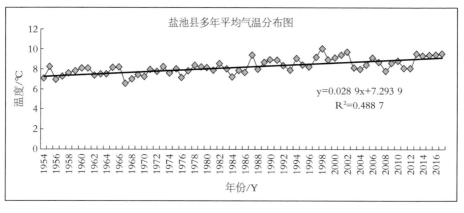

图 2-2　盐池县多年平均气温动态

(二)盐池县降水量分析

按中国气候分区来看,盐池县位于贺兰山—六盘山以东,属于中温带大陆性气候,这种气候特点是四季少雨多风、干旱、蒸发强烈、日照充足。根据盐池县降水量资料分析:1954—2017 年 60 年平均降水量为 290.87 mm, 且分布不均,一般来说,南部比北部降水量略大。多年平均蒸发量为 2 008.72 mm 左右,是降水量的 6.91 倍。年际间降水量变率大,降水量最大年约为最小年的 4 倍,年平均降水量变异系数为 0.290 0,平均数的置信区间,95%置信区间为 269.075 8~

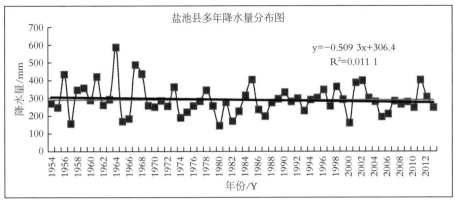

图 2-3 盐池县多年降水量动态

312.660 8,99%置信区间为 261.879 6~319.857 1。全年降水保证率,>140 mm 降水保证率为 100%;>200 mm 降水保证率为 86.67%;>300 mm 降水保证率为 28.33%;>400 mm 降水保证率为 11.67%。60 年间降水高峰年份出现了十八次,平均 3.3 年出现一次降水高峰,同时干旱年份也呈现周期性变化规律,平均 3.3 年出现一次大旱。在降水时间的分配上,大部分降水集中在 5 月至 9 月,其中第三季度的降水量能占到全年降水量的 60%以上,春耕播种季节反而降水量极少,这也成为制约该县农作物生产能力的主要限制性气候因子之一。

由盐池县多年降水量平均值分析(图 2-4),年均降水量主要集中在 5—9 月,这几个月的降水量占全年的 82.47%,而农作物适宜生长季 4—9 月间平均降雨量为年均总量的 87.09%。其中 4—5 月降水量仅占生长季的 15.29%,8 月

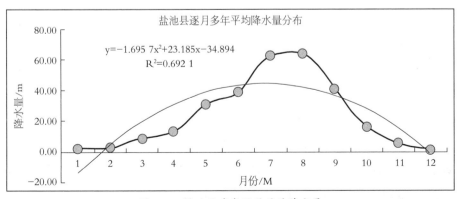

图 2-4 盐池县多年逐月平均降水量

份最高,达 63.897 0 mm,不同月份降水量变异系数 1、2、3、11、12 月份变异系数都超过 100%以上,尤其是 4—5 月份旱情频发且持续时间较长,十分不利于春季作物适期播种保苗和苗期生长。

(三)盐池县风沙活动调查

风是形成沙尘暴的动力条件,统计盐池局部地区沙尘暴出现时最大风速可以看到(表 2-1),最大风速集中在 5.1~15.0 m/s 之间,最大风速的最大值 3 月为 14.4 m/s,4 月为 14.7 m/s、5 月为 14.1 m/s, 最大风速的最小值 3 月为 7.0 m/s、4 月为 6.7 m/s、5 月为 4.7 m/s, 局部地区沙尘暴最大风速没有一次达到大风的标准(17.2 m/s), 就是持续时间在 9 h 以上的两次局地沙尘暴最大风速也只有11.0 m/s 和 13.0 m/s。春季各月最大风速的最大值比较接近,只相差 0.3~0.6 m/s;而最大风速的最小值却相差 0.3~2.3 m/s, 3 月最大风速的最小值明显比 5 月偏大。这是因为 3 月份多数时间土壤还冻结,地表沙粒不容易移动,需要较大的风速才能被吹起;而 5 月土壤解冻、地表裸露,加之降水稀少、地表干燥疏松,气温回升增强了地气相互作用,提高了沙尘的输送能力,只需较小的风速就能将沙尘卷上天空。这说明在春季,盐池的特殊地貌大大增加了发生局部地区沙尘暴的机率。

表 2-1　盐池县春季各月局部地区沙尘暴出现时最大风速次数

单位:m/s

最大风速	0~5.0	5.1~10.0	10.1~15.0	15.1~20.0
3 月	0	25	30	0
4 月	0	39	29	0
5 月	1	28	30	0

从盐池春季各月局部地区沙尘暴不同风向频率分布图（图 2-5）可以看到,各月局地沙尘暴风向频率分布有一定的规律性:风向频率集中出现在 N-W 方向范围,但各月也存在着明显的差异,3 月局部地区沙尘暴风向频率集中出现在 WNW-W 方向上,SW、SE-ESE、ENE-NE 方向未出现,4 月集中出现

在 N、WNW-W 方向上,SE-NE 方向未出现,5 月集中出现在 N-NNW 方向上,SW、NE 方向未出现,其中 NE 方向在整个春季均未发生局地沙尘暴。从时间变化上看,3—5 月局地沙尘暴主要风向有从西向北偏转的趋势。

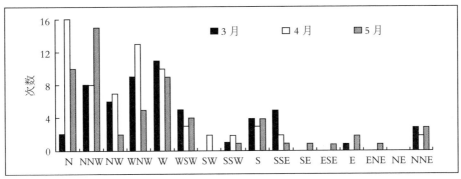

图 2-5　盐池县春季沙尘暴风向频率分布图

二、盐池县土壤

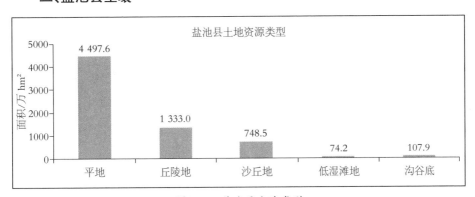

图 2-6　盐池县土地类型

盐池县主要类型：主要以平地为主（图 2-6），面积为 4 497.6 万 hm²,占 66.52%;丘陵地面积为 1 333.0 万 hm²,占 19.72%;沙丘地面积为 748.5 万 hm²,占 11.07%;低湿滩地和沟谷地面积为 182.1 万 hm²,占 2.69%。

盐池县土壤以灰钙土为主,其次是黑垆土和风沙土,此外有黄土,少量的盐土、白浆土等。灰钙土分布在盐池县中、北部及萌城一带,土层较厚,有机质含量约 1% 左右,有机质层厚约 15~30 cm,表层以下,多有石灰淀积,质地多轻壤,耕性尚好,农用地多分布在黄土区及川、盆、涧沟等低平处。土层一般厚约

70~80 cm,沙性木,保水保肥力差,农用地较分散,多分布在浅滩、坑洼、沟涧等夜潮地上。

南部黄土高原丘陵区以黑垆土为主, 面积 10.5 万多 hm², 占当地面积的86.5%,其次为灰钙土,面积约 1.33 万 hm²。

北部鄂尔多斯缓坡丘陵区以风沙土、灰钙土为主,风沙土面积为 25.8 万 hm², 占本地区面积的 46.5%;灰钙土面积为 25.2 万 hm²,占本地区面积的 45%,灰钙土分为普通灰钙土、淡灰钙土、侵蚀灰钙土个亚类。另有盐土 1.4 万 hm²,其中白盐土 333 hm²,松盐土 9 000 hm²。

盐池土壤结构松散,肥力较低。黄土高原丘陵区成土母质为黄土,表层土壤具有黄土的特征,容易被暴雨冲蚀。鄂尔多斯缓坡丘陵区,土壤含沙量大,易受风蚀而沙化。南部有机质含量:草地 1%左右,耕地 0.84%。水解氮含量:草地 49.4 mg/kg,耕地 45.17 mg/kg。严重缺磷,草地速效磷仅为 1.85 mg/kg,耕地为 4.4 mg/kg。中、北部地区有机质含量:草地 0.66%,耕地 0.57%。水解氮含量:草地 27.15 mg/kg,耕地 29.79 mg/kg,明显低于南部。含磷量也很少,但较南部地区为多,速效磷含量一般草地为 4.26 mg/kg,耕地 7.88 mg/kg 左右。

三、盐池县草原状况

(一)草地资源

盐池县植被在区系上属于亚欧草原区, 共有 57 个植物科,221 个植物属,331 个植物种,植被组成上,禾本科最多,共 47 种,常见的有冰草、狗尾草赖草中华隐子草等,此外,菊科、黎科、豆科所占比例也较大。植被类型有灌丛、草原、沙地植被、草甸和荒漠植被,其中灌丛、草原、沙地植被所占比例较大、分布较广。由于盐池县降雨量分布不均、地形上也呈现明显的过渡特征,因此植被类型的过渡特征也较为明显。全县范围内无天然乔木林,仅有部分人工林,中北部的流沙地多为沙柳灌丛及梓条林,以 300 mm 等降水量线为界,北部地区多为荒漠草原,林草覆盖率在 30%左右,南部黄土丘陵区为干草原。

盐池县天然草场植物有 175 种,分属于 36 科,113 属,菊科、禾本科、豆科、藜科分布较广。可饲用的植物有 156 种,占 89%;有毒有害植物 11 种,占总数的 6.3%。在可饲用植物中,适口性好、饲用价值高、在生产上起作用的有103 种,占 58.9%;较差的低、劣牧草有 72 种,占 41.1% 。盐池县草场总面积为55.70 万 hm²,其中可利用草场面积为 47.65 万 hm²。全县草场分为干草原草场、荒漠草原草场、沙生植被草场和盐生植被草场四类。

干草原草场面积约 14.17 万 hm²,占草场总面积的 25.4%,主要分布在南部山区和中部的部分地区。饲用植物主要有甘草、长芒草(*Stipa bungeana*)、牛枝子(*Lespedez a potaninii*)、蒿属(*Artemisia*)、冰草等。这类草场产草量偏低, 但牧草质量和利用率比较高,是盐池县主要的牧业用地。

盐池县荒漠草原草场面积约为 13.30 万 hm², 占草场总面积的 23.9%, 主要分布于中部与北部的退化土地。该类草场地处缓坡丘陵, 植物除了短花针茅、牛枝子、长芒草、糙隐子草等优良牧草外,还生长有甘草、苦豆子和藜科(*Chenopo diaceae*)植物,以及饲用价值低的猫头刺、牛心朴子等,牧草产量和质量都很低下,大部分都是低劣草场。

沙生植被草场有 26.63 万 hm², 占草场总面积的 47.8%, 集中分布于盐池县西北部沙地,除南部山区外,各种草场类型内的沙化土地上均有分布。主要物种有黑沙蒿、杨柴(*Hedysarum laeve*)、沙米(*Agirophyllum squarrosum*)、苦豆子、甘草、中亚白草等。柠条(*Caragana intermedia*)是豆科灌木,作为优良的灌木饲料和重要的固沙植物,在盐池县有大面积人工种植。

盐生植被草场面积 1.60 万 hm²,占草场总面积的 2.9%,主要分布在中、北部的盐渍化盐土上或轻度碱化的土壤上,主要植物种类有芨芨草(*Achnatherum splendens*)、寸草苔(*Carex duriuscula*)、盐爪爪(*Kalidium foliatum*)、白刺(*Nitraria tangutorum*)、碱蓬(*Suaeda corniculata*)等。此类草场产量高,多数盐生植物多汁、盐分含量高、饲用价值低下, 仅芨芨草、赖草、寸草苔等群落饲用价值比较高。有毒有害草主要有小花棘豆 (*Oxytropis glabra*)、披针叶黄华(*Thermopsis lanceolata*)、乳浆大戟(*Euphorbia esula*)、骆驼蓬 (*Peganum harmala*)、蒺藜等,苦豆子、苦马豆(*Swainsona salsula*)、披针叶黄华等在鲜嫩时有一定的毒性。

(二)天然草场产草量

盐池县可利用草场的主要群落类型有芨芨草+赖草/杂类草、柠条+杂类草、苦豆子+甘草/杂类草、黑沙蒿+杂类草、甘草+禾草/杂类草、牛心朴子+杂类草、白刺+杂类草、盐生类、禾草类等。放牧草地利用率的确定是草地合理利用的重要环节,也是确定适宜载畜量、防止草地退化的重要依据。草地利用率的限制因素主要有牧草的耐牧性、生长时期、生草土壤发育状况、地形、坡度、水土流失状况、家畜种类、草地管理水平等。盐池县天然草地平均产量1.38 t/hm²。参照有关文献和当地实际,芨芨草群落草场、干草原草场和荒漠草原草场取50%,沙生植被草场和盐生植被草场取35%。

根据各类牧草产量、利用率以及家畜日食量,标准羊单位日食量1.8 kg标准干草,计算得出盐池县天然草场的理论载畜量为40.85万标准羊单位。

表2-2 盐池县各类天然草地的面积及产草量

群落类型	面积/hm²	可食干草产量/(kg·hm⁻²)	总产量/万 t
柠条+杂类草	27 079.91	1 729.98	4.685
甘草+杂草类	546.57	1 905.01	0.104
苦豆子+杂类草	35 087.95	1 734.55	5.898
芨芨草+赖草/杂类草	1 760.16	4 307.31	0.758
禾草类	76 691.61	1 348.16	10.339
牛心朴子+杂类草	32 764.36	493.54	1.617
黑沙蒿+杂草类	251 181.19	1 067.24	26.807
白刺+杂类草	808.49	4 442.38	0.359
盐生类	22 350.12	7 073.10	11.288
合计	448 270.35		61.810

备注:王庆,盐池县天然草场产草量与载畜量调查研究,2007。

四、盐池林业资源

全县林业用地面积 224 271.64 hm²，占土地总面积 39.3%，森林覆盖率 19.08%。活立木蓄积量 188 034.7 万 m³。在林业用地面积中：有林地面积 6 756.04 hm²，占林业用地总面积的 3.01%；疏林地面积 1 115.47 hm²，占林业用地总面积的 0.5%；灌木林地面积 102 108.61 hm²，占 45.53%；未成林造林地面积31 719.34 hm²，占 14.14%；宜林地面积 80 974.16 hm²，占 36.11%；无立木林地面积 1 476.2 hm²，占 0.66%、苗地 121.82 hm²，占 0.05%。有林地面积中全部为乔木林，灌木林地面积中全部为国家特别规定灌木林。

盐池县有疏灌林地总面积为 109 980.12 hm²，树种可分为乔木树种、灌木树种两大类。乔木树种总面积为 7 871.51 hm²，占纳入树种统计总面积的 7.16%，其中乔木经济林面积为 1 450.76 hm²，乔木生态林 6 420.75 hm²，以柳树、杨树为主，在林分结构上以阔叶林为主，占乔木面积的 81.24%；经济树种以苹果为主；灌木树种面积 102 108.61 hm²，占纳入统计总面积的 92.84%，其中以柠条、花棒、白茨为主。

第二节　柠条平茬研究现状

一、柠条资源利用存在的问题

(一)柠条林管理存在的问题

柠条的主要用途为饲料,柠条多在干旱的山区、丘陵区和风沙地带,这些地区多是一些交通不便的地区,多饲养有牛、羊等草食动物,在未实行退耕还林以前,牛、羊的饲养主要依靠放牧,所以,柠条的利用方式主要是放牧利用。但是近年来,由于部分地区实施封山禁牧政策,使得柠条的利用率更低,造成大部分柠条资源的浪费。并且封山禁牧以来,柠条林的管护和利用方式都较为粗放,在一定程度上造成了柠条生态效益和经济效益低下,其中存在的问题主要有以下几个方面。第一,柠条主枝老化程度严重,利用率极低。牛、羊在放牧采食过程中主要采食柠条的细枝嫩叶,其他部分得不到充分利用。主枝由于得不到很好的采食利用,枝条便越来越粗,出现枝条老化现象。成林柠条中有50%以上的从未平过茬,30%~40%都已存在不同程度的老化,某些立地条件较好的地区,成林柠条地径粗度在 1.5 cm 以上的占总柠条成林面积的 50%以上,部分地径达到 4 cm。由于地径过粗和木质化程度严重,给今后的平茬工作带来了很大的难度,明显降低了柠条原料的饲用价值。第二,成林柠条单位面积产量相差悬殊。成林即林龄在 5 年以上的柠条中单株鲜重为 0.6~25.5 kg,单位面积鲜生物产量在同林龄间相差悬殊。而立地条件是决定柠条产量的决定性因素,其次是密度和林龄,此外,平茬间隔期也较明显地影响着柠条的产量。第三,传统的冷季平茬造成柠条的饲喂利用率低。经冷季平茬后得到的枝条大部分是纤维含量较高的枯枝,营养成分含量相对较低。这不仅使得宝贵的柠条资源得不到充分的利用而造成浪费,也造成舍饲养殖饲草料的严重短缺。

(二)传统平茬存在的问题

目前,大多数柠条饲用加工利用技术采用的原料是传统的秋末冬初平茬后的柠条,其饲用价值和经济价值不高。关于柠条平茬技术,大多数研究成果均是单纯的强调生态保护作用方面的技术,且均为传统的冷季平茬技术。代表性成果有蔡继琨(2000)、邬玉明(2001)等发表的论文。其他人均强调,冷季平茬的必要性和重要性。近年来,相关科研人员就平茬措施对柠条的影响进行了有益探索,方向文(2006)等人认为,地上部分枝条去除后柠条具有一定的生殖补偿能力,郑士光(2010)等人通过研究平茬措施对柠条根系的影响,认为平茬可以大幅度提高柠条根系的生长。左忠等(2005)对放牧柠条草场柠条平茬利用技术进行了研究,发现柠条在平茬后能够更新复壮,在短期内能获得较大的生物量,因此平茬是对柠条进行利用和更新复壮的有效途径(王玉魁,1999),在不同环境条件下柠条灌木林的平茬时间存在一定的差异,王世裕等(2011)认为,柠条的平茬间隔期为 35 年,柠条不同生育期各种成分的含量是不同的,平茬的时期要综合考虑柠条生育期,平茬目的和综合效益等,刘强、董宽虎(2005)等人也认为,在结实期平茬柠条采用揉碎加工处理后,测定的柠条有机物质、粗蛋白质、中性洗涤纤维和酸性洗涤纤维的降解率与消化率均较高,平均日增重最高,成本最低,效益最好。

柠条在生长 6~8 年后,随着林龄的增加,柠条林普遍会出现林分衰老、生物量下降、林分老化等现象,其经济效益和生态效益不断下降,同时,生长年限较长的柠条,枝条变粗,木质化程度明显增高,生长势衰退,再生性能下降,抗逆性大大降低,极易遭受病虫危害,柠条林的经济效益、生态效益不断下降,在生产中,林业技术人员运用平茬措施对柠条进行更新复壮。国内外开发应用的柠条饲用产品也基本上都是以柠条的干枯枝条加工而成,该类饲草由于其自身的木质素含量高,可消化营养物质含量少,只能作为家畜果腹的低质粗饲料。根据柠条的生理特点,从开始萌芽到趋于成熟这个阶段,不宜进行平茬。牛西午等研究结果:如在 9 月份用砍刀进行平茬,植株仅有 21%的发芽率;如在 12 月份在同一块地用砍刀进行平茬,其发芽率可达到 93%,年生长量也可达到 0.60 m。柠条是萌生能力很强的树种。它在定植后第四年,萌生能力会增强,如果不及时进行平茬复壮,就会出现植株衰老、生长缓慢等现象。因而对柠条的平茬复壮势在必行。柠条冬季平茬,柠条已经完全停止生长,大量营养物质贮藏于根部,而树木根系又处于冻土层之内,因而剪除植株不会伤害到柠条的根系,从而有利于来年春季的萌发。如果在土壤解冻后再进行平茬,由于地表解冻,土壤质地疏松,容易造成大量根系死亡,从而影响平茬的效果。

综上所述,目前国内从事柠条方面的研究大多数是单一的提高生态性或经济性方面的研究,把柠条的平茬复壮和饲喂利用作为两个割裂的问题进行研究。而在实际生产中,由于存在柠条生态治理区农牧民生产生活方式与生态保护措施不同步、不协调的问题,单纯的生态治理而无经济效益的技术或单纯的经济发展而破坏生态环境的技术均无法在实际生产中实施。因此,进行柠条灌木地生长季刈割技术的研究是当前迫切需要解决的问题。柠条平茬后有明显的增产效应,并且平茬不会对生态环境造成破坏。对柠条资源的开发利用,大多数以单一地提高生态效益或经济效益,把柠条的平茬复壮和药用、饲用及生态价值等作为割裂的问题进行研究,单纯的生态治理而无经济效益的技术或单纯的经济发展而破坏生态环境的技术均无法在实际生产中实施。

(三)柠条生长季平茬的可行性

传统的柠条平茬研究表明，柠条的适宜平茬时间是在立冬后至翌年早春解冻之前进行，即冷季平茬，生长季严禁平茬。但是通过本试验对柠条生长季刈割关键技术及效果的全面系统的研究，可以得出结论：柠条可以在生长季进行刈割，并且刈割后其枝条的营养价值要高于传统的冷季刈割。生长季平茬技术，不仅不会影响柠条的生长，而且会增加柠条的嫩枝条和株丛的茂密度，可使灌木地的饲用价值大大增加，这就打破了只有在冷季平茬的传统做法。刘强、董宽虎等人也认为：在结实期刈割柠条采用揉碎加工处理后，测定的柠条有机物质、粗蛋白质、中性洗涤纤维和酸性洗涤纤维的降解率与消化率均较高，平均日增重最高，成本最低，效益最好。柠条刈割后有明显的增产效应，并且柠条平茬不会对生态环境造成破坏。近年来关于柠条类植物营养特点及其营养物质含量的研究报道非常多，2000年以后就有近百篇的相关文献。对这些文献归纳总结后，可以得出如下几点共同的特点：第一，营养研究主要集中在小叶锦鸡儿、柠条锦鸡儿、中间锦鸡儿、狭叶锦鸡儿等几种主要的造林用品种，该类研究文献约占柠条营养研究文献的90%；第二，对营养物质含量的研究比较多，对其饲用特性研究的相对较少；第三，常规营养成分分析的占大多数，少部分研究涉及到了氨基酸、微量元素、维生素等营养物质的分析。所以，生长季及时平茬，改善灌木草地的质量。为了充分发挥柠条林的防风固沙、水土保持等生态效益及经济效益，并达到柠条林的资源化利用，进行合理的平茬复壮显得尤为重要。对柠条林定期平茬可促进其稳定生长，从而保持灌木林生态功能的可持续性。一般在生长期内需要进行平茬、复壮和自然更新，得到的嫩绿枝条无论其营养物质含量，还是消化利用率都会远高于干枯枝条。经青贮、微贮等贮藏加工后更加适于作为家畜的饲料来源，并且可以解决冬季饲草不足等问题，使柠条成为生态治理区农牧民可用的饲草资源。

二、柠条平茬后再生长机理

柠条的地上组织被人为干预或遭到自然因素破坏后，首先引起的是植物体内激素含量的变化。由于柠条平茬后去掉一部分地上组织，导致其顶端优势会完全消失，从而使体内的细胞分裂素含量显著增加，有力地促进了细胞的分裂及侧芽萌发。同时，柠条平茬后还能促使植物体内酶活性显著提高，最终将根系储存的淀粉进行水解，为地上枝条的快速恢复提供必要的营养物质。平茬的作用机理在于：灌木栽植后，从土壤中吸收大量水分和养料，输送到枝干和叶片，通过光合作用制造养分，满足自身消耗后，将多余的养分运送至根部积累起来。到冬季，根部积累的养分达到最大量，加之灌木的生长具有顶端优势的生物学特性。经过平茬的刺激作用，其根颈部上端第一个不定芽，在根部积累的大量养分供应下，直线生长，直达最高点。因此，在灌木栽种 2~3 年内，根部积累的养分越多，平茬后主干生长越快、越高。由于多年积累，所以平连后新生的枝条不仅长得高，而且通直。平茬的优点在于经过平茬的苗木，不仅通直，而且粗壮。根际处很少萌生蘖苗与其争夺养分。由于生长旺盛，也能减少病虫危害，苗木优质程度大大提高。所以适时进行平茬，有利于萌发大量枝条，更好地促进植株生长，提高防护效益，并为综合加工提供原料，增加当地农牧民经济收入。

对于大多数萌生性植物而言，在受到外界人为干预或来自不可预知的自然环境被破坏时，如人为砍伐、自然霜冻、动物践踏等行为，就会对破坏的植物组织进行补偿再生长，这就是植物所特有的组织再生长机制。柠条植株平茬后，通过对其根、茎、叶等营养器官再生能力的比较分析，可知由于体内不同部位游离氨基酸含量的差异，导致其不同部位的作用也存在很大差异。柠条叶中、根中游离氨基酸含量大致为平茬前植株的 1.5 倍以上，而在茎中差异却不显著。由此可见，柠条植株在生长季节叶和根中较高的游离氨基酸含量可为其地上组织的快速愈合提供必备的物质条件，是平茬后柠条能迅速再生生长的重要原因。

植物补偿再生长有多种形式,经常见到的有抑制生长、精确生长和超生长三种不同的表现方式,其中超生长对人们的实际生产、生活影响重大,应用也较多。柠条的植物组织被破坏后,其防御能力也会相应增强。平茬能起到促进萌蘖分枝、促进茎叶生长、更新复壮株丛、延缓衰老的作用,传统的平茬方法是在立冬至翌年春季解冻前,用锋利刀具齐地面平茬掉全部枝条,有条件可用灌木平茬机进行(高天鹏,2009)。对柠条灌木进行平茬可以促进萌蘖分枝,增加嫩枝数,平茬后的嫩枝数约比未平茬的提高10%左右,并使其向半灌木方向发展。平茬植株比不平茬植株冠幅增加27%~116%,新枝增加140%~297%,新枝高度可达到40~70 cm(刘朝霞,2004)。平茬还可增加柠条的可食产量,刺激更新芽形成更多的新枝,使单位面积的可食灌木产量提高30%~40%。平茬还能够增加家畜的采食量和消化率,形成较多的新枝、嫩叶,木质化程度降低,家畜喜食,且易消化。适当的平茬有利于控制灌丛高度,将灌丛高度控制在50~60 cm,便于羊的采食利用。并有利于形成下繁形株丛,增强其防风固沙和保持水土的作用(孙清华,2007)。从柠条第一次平茬开始,以后每隔3.0年要平茬1次,这样做的目的既能促进柠条的植株复壮,又能延长柠条寿命。柠条平茬后,要把割倒后的柠条捆成捆,按长短进行堆放,并加工成动物饲料,可作为过冬动物冬季及早春重要的补充饲料。柠条平茬后,其生长速度会显著加快,等平茬后的柠条再次长出新的枝条后,就可以作为优良的家畜饲料来使用。

第三节　沙地柠条生长季平茬研究

一、柠条生长季平茬设计

从2017年3—10月(生长季)采取逐月平茬。平茬留茬高度设置5 cm、10 cm、15 cm、20 cm、25 cm,五个处理逐月定时平茬,每个处理15丛柠条。平茬时观察柠条长势并定期测量柠条株高、冠幅、地径、生物量等指标。沙地选择在花马池镇柳杨堡村北5 km,林龄35年(1984年造)的柠条成林。种植方式为带植,柠条林带距6 m 宽,一带两行(行距 1 m),2 700 丛/hm²。

二、不同留茬高度柠条灌丛高度调查

不同留茬高度灌丛高度之间差异不显著(表 2-3),最高留茬高度 5 cm 为 143.28 cm,留茬高度 10 cm 最低为 133.21 cm。灌丛高度逐月之间存在差异,8 月与 10 月存在极显著差异。灌丛最高 8 月为 154.47 cm,最低 10 月为 117.73 cm,沙地柠条灌丛高度在 103~175 cm,极差 72 cm,整体平均为 138.47 cm。

表 2-3 沙地不同月份柠条平茬不同留茬高度灌丛高度调查

单位:cm

月份	5 cm	10 cm	15 cm	20 cm	25 cm	平均
3 月	111.67	108.67	173.60	152.40	134.53	136.17ab
4 月	131.60	166.53	117.40	140.93	137.13	138.72ab
5 月	148.93	134.53	143.73	117.33	122.58	133.42ab
6 月	172.67	128.93	133.91	140.48	131.68	141.53ab
7 月	175.33	143.33	121.00	155.13	135.33	146.02ab
8 月	162.00	146.67	141.33	158.67	163.67	154.47a
9 月	140.67	121.67	137.00	144.33	154.67	139.67ab
10 月	103.33	115.33	122.00	112.00	136.00	117.73b
平均	143.28a	133.21a	136.25a	140.16a	139.45a	138.47

不同留茬高度之间生物量之间存在极显著差异(表 2-4),留茬高度 5 cm 与留茬高度 20 cm、25 cm 之间存在极显著差异,最高留茬 5 cm 生物量最大为 6.40 kg/丛,留茬高度 25 cm 最低为 4.38 kg/丛,极差 2.02 kg/丛。逐月平茬之间灌丛高度之间存在差异,灌丛生物量 7 月最大为 8.31 kg/丛,最低为 10 月为 3.60 kg/丛,极差为 4.71 kg/丛。整体平均为 5.50 kg/丛。

不同留茬高度、不同月份平茬,5 月与 10 月之间存在显著差异,其他柠条分枝数之间存在不存在显著差异(表 2-5),分枝数在 31~69 枝/丛,整体平均为 43.46 枝/丛。变异 19.91%,99%置信区间为 39.76~47.17 枝/丛。

表 2-4 沙地不同月份柠条平茬不同留茬高度灌丛生物量调查

单位:kg/丛

月份	5 cm	10 cm	15 cm	20 cm	25 cm	平均
3 月	5.71	4.78	4.29	3.63	2.86	4.25bc
4 月	5.37	4.24	4.71	3.99	3.12	4.29bc
5 月	6.54	7.32	6.58	7.07	4.51	6.40abc
6 月	7.93	8.26	7.77	5.60	6.04	7.12ab
7 月	8.85	10.21	8.24	6.16	8.08	8.31a
8 月	6.93	8.09	5.11	4.05	4.79	5.79abc
9 月	5.15	3.28	5.79	3.61	3.32	4.23bc
10 月	4.70	2.98	4.41	3.58	2.34	3.60c
平均	6.40a	6.15ab	5.86abc	4.71bc	4.38c	5.50

表 2-5 沙地不同月份柠条平茬不同留茬高度灌丛分枝数调查

单位:枝/丛

月份	5 cm	10 cm	15 cm	20 cm	25 cm	平均
3 月	35.60	36.00	48.13	51.93	39.20	42.17Aab
4 月	39.27	44.40	36.00	48.86	47.40	43.19Aab
5 月	31.27	32.07	40.67	36.00	55.73	39.15Ab
6 月	41.53	46.60	36.05	37.47	49.18	42.17Aab
7 月	45.67	47.07	36.87	45.00	44.40	43.80Aab
8 月	43.47	38.80	30.60	54.00	51.40	43.65Aab
9 月	47.27	31.53	40.13	49.27	39.40	41.52Aab
10 月	42.93	52.47	31.87	69.93	63.07	52.05Aa
平均	40.88ABab	41.12ABab	37.54ABab	49.06Aa	48.72Aa	43.46

不同留茬高度冠幅之间差异不显著(表 2-6),最高留茬 25 cm 冠幅最大为 171.57 cm,留茬 10 cm 冠幅最小为 151.50 cm。冠幅逐月之间存在差异,灌丛最大 7 月为 181.65 cm, 最小 10 月为 145.57 cm,7 月与 10 月存在差异极显

著。沙地柠条冠幅在 104~200 cm,极差 96 cm,整体平均为161.64 cm。

表 2-6 沙地不同月份柠条平茬不同留茬高度灌丛冠幅调查

单位:cm

月份	5 cm	10 cm	15 cm	20 cm	25 cm	平均
3 月	147.34	104.00	189.37	140.64	166.70	149.61ab
4 月	151.37	144.67	159.20	150.67	161.47	153.48ab
5 月	168.54	153.67	161.20	156.34	166.17	161.18ab
6 月	171.14	162.04	152.26	199.37	170.88	171.14ab
7 月	178.67	190.99	156.40	190.18	192.00	181.65a
8 月	168.34	170.67	152.34	179.30	185.00	171.13ab
9 月	141.67	154.00	147.33	176.67	177.67	159.47ab
10 月	131.00	132.00	139.17	173.00	152.67	145.57b
平均	157.26a	151.50a	157.16a	170.71a	171.57a	161.64

不同留茬高度、不同月份平茬,柠条地径之间存在不存在差异显著(表 2-7),地径在 8.10~11.84,整体平均为 10.14 mm。变异 19.91%,99%置信区间为

表 2-7 沙地不同月份柠条平茬不同留茬高度灌丛地径调查

单位:mm

月份	5 cm	10 cm	15 cm	20 cm	25 cm	平均
3 月	10.00	10.45	8.10	8.74	9.54	9.37
4 月	10.76	9.33	9.10	9.61	9.73	9.71
5 月	10.62	9.45	9.79	10.46	9.22	9.91
6 月	11.09	9.32	10.11	10.83	10.15	10.30
7 月	10.53	11.84	11.14	10.76	10.39	10.93
8 月	11.07	11.28	10.74	9.84	10.53	10.69
9 月	10.96	10.57	9.85	10.56	9.80	10.35
10 月	10.18	9.24	9.14	10.36	10.36	9.86
平均	10.65	10.19	9.75	10.15	9.97	10.14

9.81~10.47 mm。不同月份以 7 月最大为 10.93 mm，3 月最低为 9.37 mm。地径变化曲线与生长曲线基本一致。

三、不同留茬高度灌丛高度当年生长恢复调查

(一)生长高度恢复情况

2017 年 3—7 月逐月平茬后，8 月份调查柠条平茬当年灌丛恢复高度（表2-8）：不同留茬高度之间差异不显著；以留茬高度 25 cm 恢复最好为 66.16 cm，留茬高度 20 cm 恢复最差为 60.29 cm，不同留茬高度平均为 63.37 cm；不同月份之间存在差异，各个月之间都存在差异极显著。

表 2-8　2017 年不同月份不同留茬高度柠条生长恢复调查

单位:cm

月份	5 cm	10 cm	15 cm	20 cm	25 cm	平均
3 月	59.67	60.13	60.13	59.80	61.53	60.25c
4 月	94.00	94.67	94.67	86.67	91.00	92.20a
5 月	66.00	64.67	64.67	71.33	71.43	67.62b
6 月	60.00	58.00	58.00	43.00	61.33	56.07c
7 月	37.33	40.00	40.00	40.67	45.53	40.71d
平均	63.40	63.49	63.49	60.29	66.16	63.37

对生长调查:7 月生长速度最大为 40.71 cm/月（表 2-9），依次为 6 月（28.04 cm/月）、5 月(22.54 cm/月)、4 月(23.05 cm/月)，4 月和 5 月之间差异不显著。3 月份平茬后生长速度最低为 12.05 cm/月。3 月平茬后到 8 月生长高度为 60.25 cm，仅为 4 月(92.20 cm)的 65.35%。3 月中旬柠条正处于萌动期，平茬后会影响恢复生长。

3—7 月平茬，当年生长恢复到平茬前的 27%~67%(表 2-10)。7 月份平茬1 月后就恢复到平茬前的27.88%;而 3 月仅恢复到平茬钱的 44.25%，平均恢复为 45.78%。2018 年 8 月份对 2017 年 3—10 月逐月平茬柠条灌丛恢复高度调查

表 2-9 2017 年不同月份不同留茬高度柠条生长速度调查

单位:cm/月

月份	5 cm	10 cm	15 cm	20 cm	25 cm	平均
3 月	11.93	12.03	12.03	11.96	12.31	12.05d
4 月	23.50	23.67	23.67	21.67	22.75	23.05c
5 月	22.00	21.56	21.56	23.78	23.81	22.54c
6 月	30.00	29.00	29.00	21.50	30.67	28.04b
7 月	37.33	40.00	40.00	40.67	45.53	40.71a
平均	24.95	25.25	25.25	23.92	27.01	25.28

表 2-10 沙地不同月份灌丛高度调查

月份	2017 平茬前/cm	2017 年 8 月/cm	恢复/%	2018 年 8 月/cm	恢复/%	年净增长/cm	生长速度/(cm·月⁻¹)
3 月	136.17ab	60.25	44.25	80.08cd	58.81	19.83	4.215
4 月	138.72ab	92.20	66.46	96.14a	69.31	3.94	5.341
5 月	133.42ab	67.62	50.68	93.71ab	70.24	26.09	5.512
6 月	141.53ab	56.07	39.62	87.01abc	61.48	30.94	5.438
7 月	146.02ab	40.71	27.88	92.35ab	63.24	51.64	6.167
8 月	154.47a	—	—	81.53bcd	52.78	—	5.824
9 月	139.67ab	—	—	71.20de	50.98	—	5.477
10 月	117.73b	—	—	65.80e	55.89	—	5.483
平均	138.47	63.37	45.78	83.47	60.28	26.49	5.432

（表 2-10）:不同月份平茬,平茬后 1 年,高生长恢复到平茬前的 50%~70%,平均恢复为 60.28%。年净增长以 7 月为最高,为 51.64 cm,最低为 4 月,为 3.94 cm。从生长速度来看,以 7 月份最高为 6.167 cm/月,3 月最低为 4.215 cm/月。9 月、10 月平茬后第二年柠条灌丛高度较其他几个月灌丛低。

不同留茬高度,当年平茬后灌丛恢复到平茬前的 43%~48%(表 2-11)。留茬高度为 10 cm 恢复效果最好,为 47.66%,留茬高度为 20 cm 恢复效果最差,为43.02%，平均为45.76%。第二年留茬高度10 cm恢复效果仍是最好，为62.89%，留茬高度5 cm恢复效果最差，为56.27%，平均为60.28%。

表2-11 沙地不同留茬高度灌丛高度调查

长度	2017年平茬前/cm	2017年8月/cm	恢复/%	2018年8月/cm	恢复/%	年净增长/cm
5 cm	143.28	63.40	44.25	80.63	56.27	17.23
10 cm	133.21	63.49	47.66	83.77	62.89	20.28
15 cm	136.25	63.49	46.60	80.80	59.30	17.31
20 cm	140.16	60.29	43.02	85.38	60.92	25.09
25 cm	139.45	66.16	47.44	86.79	62.24	20.63
平均	138.47	63.37	45.76	83.47	60.28	20.10

(二)冠幅恢复情况

不同月份平茬后(表2-12)，冠幅当年恢复到平茬前的34%~48%，平均恢复为42.10%，冠幅平均为68.23 cm。平茬后1年，冠幅恢复到第一年的49.10%，冠幅平均为79.37 cm。年净增长以7月为最高，为25.83 cm，3月最低，为10.63 cm。

表2-12 沙地不同月份灌丛冠幅调查

月份	2017平茬前/cm	2017年8月/cm	恢复/%	2018年8月/cm	恢复/%	年净增长/cm	生长速度/(cm·月⁻¹)
3月	149.61ab	68.78	45.97	79.41abc	53.08	10.63	4.179
4月	153.48ab	73.20	47.69	90.95a	59.26	17.75	5.053
5月	161.18ab	70.63	43.82	90.00ab	55.84	19.37	5.294
6月	171.14ab	66.87	39.07	78.70abc	45.99	11.83	4.919
7月	181.65a	61.67	33.95	87.50ab	48.17	25.83	5.833
8月	171.13ab	—	—	75.56bc	44.15	—	5.397
9月	159.47ab	—	—	66.20c	41.51	—	5.092
10月	145.57b	—	—	66.67c	45.80	—	5.556
平均	161.64	68.23	42.10	79.37	49.10	17.08	5.165

从生长速度来看,以7月份最高,为5.833 cm/月,3月最低,为4.179 cm/月。

表2-13　沙地不同留茬高度灌丛冠幅调查

月份	2017平茬前/cm	2017年8月/cm	恢复/%	2018年8月/cm	恢复/%	年净增长/cm
5 cm	157.26	72.10	45.85	80.09	50.93	7.99
10 cm	151.50	68.74	45.37	83.18	54.90	14.44
15 cm	157.16	67.28	42.81	77.06	49.03	9.78
20 cm	170.71	66.97	39.23	76.56	44.85	9.59
25 cm	171.57	66.07	38.51	79.98	46.62	13.91
平均	161.64	68.23	42.21	79.37	49.10	11.14

不同留茬高度(表2-13),冠幅当年恢复到平茬前的39%~46%,平均恢复为42.21%。当年调查:留茬高度越高,冠幅恢复越差。平茬后1年,冠幅恢复到第一年的49.10%,以留茬10 cm恢复效果最好,为54.90%,以留茬20 cm效果最差,为44.85%。年净增长5 cm、10 cm、15 cm、20 cm、25 cm分别为7.99 cm、14.44 cm、9.78 cm、9.59 cm、13.91 cm。冠幅与丛高之间存在直线相关:$y=1.084\,1x-2.572\,9$($R^2=0.933\,3$)。

(三)生长分枝数恢复情况

不同月份平茬后,分枝数都比平茬有所增加(表2-14),平茬前分枝数平均为43.46枝,平茬后为60.46枝,增加了17枝,增加39.15%。平茬1年后,7—10月份平茬的柠条分枝数都比平茬前有所减少, 减少最多的是10月为27.36枝,最少的是8月为0.84枝。3—6月平茬枝条都有增加,5月增加最多为26.73枝,6月最少为3.52枝。分枝数与丛高之间存在直线相关:Y(丛高)$=0.603\,7x$(分枝数)$+56.692$($R^2=0.751\,4$)。

不同留茬高度,分枝数都比平茬有增加(表2-15),增加最多的是留茬高度15 cm时,为24.06枝,其余依次为留茬高度10 cm(19.84枝)、5 cm(19.84枝)、25 cm(13.05枝),留茬高度20 cm最低,为10.45枝。平茬1年后,分枝数

表 2-14 沙地不同月份灌丛分枝数调查

月份	2017 年平茬前/cm	2017 年 8 月/cm	2018 年 8 月/cm	与平茬前比/cm	增减/%
3 月	42.17	62.72	46.67	4.5	10.67
4 月	43.19	60.87	65.76	22.57	52.26
5 月	39.15	68.37	65.88	26.73	68.28
6 月	42.17	60.71	45.69	3.52	8.35
7 月	43.80	49.61	39.88	−3.92	−8.95
8 月	43.65	—	42.81	−0.84	−1.92
9 月	41.52	—	24.81	−16.71	−40.25
10 月	52.05	—	24.69	−27.36	−52.56
平均	43.46	60.46	43.14	−0.32	−0.74

表 2-15 沙地不同留茬高度分枝数调查

单位:cm

月份	平茬前	2017 年 8 月	与平茬前比	2018 年 8 月	与上年 8 月比	与平茬前比
5 cm	40.88	58.45	17.57	40.20	−18.25	−0.68
10 cm	41.12	60.96	19.84	48.60	−12.36	7.48
15 cm	37.54	61.60	24.06	48.58	−13.02	11.04
20 cm	49.06	59.51	10.45	36.78	−22.73	−12.28
25 cm	48.72	61.77	13.05	41.54	−20.23	−7.18
平均	43.46	60.46	17.00	43.14	−17.32	−0.32

与上年 8 月相比都有减少,以留茬高度 20 cm 减少最多为 22.73 枝,留茬高度 10 cm 最低为 12.36 枝,平均减少为 17.32 枝。(图 2-7)与平茬前相比只有留茬高度 10 cm、15 cm 分枝数有增加。说明平茬留茬高度越高,不利柠条萌发分枝。说明第一年分枝数徒长,随着对营养成分的需求,随着地径、株高等生长的逐渐增大,部分分枝开始自然稀疏,这说明从以保证植株生长所需的养分、水分,造成一部分分枝会死亡凋落。

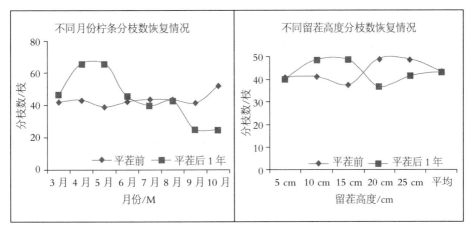

图 2-7 柠条不同处理分枝数

(四)生长地径恢复调查

不同月份平茬后(表 2-16),第二年地径恢复到平茬前的 34%~41%,各月之间差异不显著,平均为 38.95%。以 6 月平茬地径最大,为 4.95 mm,3 月平茬地径最低,为 3.43 mm,其余依次为:5 月>8 月>9 月>4 月>10 月>7 月,平均为 3.95 mm。

表 2-16 沙地不同月份柠条平茬不同留茬高度灌丛地径调查

月份	2017 年平茬前/mm	2018 年 8 月/mm	与平茬前比/%
3 月	9.37	3.43	36.61
4 月	9.71	3.83	39.44
5 月	9.91	4.06	40.97
6 月	10.30	4.95	48.06
7 月	10.93	3.67	33.58
8 月	10.69	4.00	37.42
9 月	10.35	3.85	37.20
10 月	9.86	3.82	38.74
平均	10.14	3.95	38.95

不同留茬高度(表2-17),当年恢复到平茬前的33.14%,以留茬高度10 cm最大,为3.46 mm,最低为留茬高度20 cm,为3.29 mm。平茬一年后不同留茬高度恢复到平茬前的37.28%~41.03%,以15 cm最好,为41.03%,最低为5 cm,为37.28%。

表2-17　沙地不同留茬高度地径调查

月份	2017年平茬前/mm	2017年8月/mm	与平茬前比/%	2018年8月/mm	与平茬前比/%
5 cm	10.65	3.31	31.08	3.97	37.28
10 cm	10.19	3.46	33.95	3.99	39.16
15 cm	9.75	3.41	34.97	4.00	41.03
20 cm	10.15	3.29	32.41	3.84	37.83
25 cm	9.97	3.34	33.50	3.96	39.72
平均	10.14	3.36	33.14	3.95	38.95

四、小结

(一)不同月份恢复的影响

柠条高生长恢复到平茬前的50%~70%。年净增长以7月为最高,为51.64 cm,最低为4月,为3.94 cm。生长速度以7月份最高,为6.167 cm/月,3月最低,为4.215 cm/月。冠幅恢复年净增长以7月为最高,为25.83 cm,3月最低,为10.63 cm。从生长速度来看,以7月份最大为5.833 cm/月,3月最低为4.179 cm/月。

不同月份平茬后分枝数都比平茬有增加,平茬前分枝数平均为43.46枝,当年再生为60.46枝,增加了17枝。生长1年后,分枝数都比平茬前有所减少,减少最多的是10月,为27.36枝,最少的是8月,为0.84枝。3—6月平茬枝条都有增加,5月增加最多为26.73枝,6月最少为3.52枝。以6月平茬地径最大为4.95 mm,3月平茬地径最低为3.43 mm。逐月平茬之间灌丛高度之间存在差异,灌丛生物量7月最大,为8.31 kg/丛,最低为10月,为3.60 kg/丛,极差为

4.71 kg/丛。整体平均为 5.50 kg/丛。

因此，建议以 7 月平茬效果最好，3 月份萌动期不要平茬。

（二）不同留茬对恢复的影响

柠条当年平茬后灌丛丛高恢复到平茬前的 43%~48%。留茬高度为 10 cm 恢复效果最好，为 47.66%，留茬高度为 20 cm 恢复效果最差，为 43.02%。第二年留茬 10 cm 恢复效果仍是最好，为 62.89%，5 cm 恢复效果最差，为 56.27%。平茬后 1 年，冠幅恢复到第一年的 49.10%，以留茬 10 cm 恢复效果最好，为 54.90%，以留茬 20 cm 效果最差，为 44.85%。

分枝数都比平茬有增加，当年增加最多的是留茬高度 15 cm，为 24.06 枝，留茬高度 20 cm 最低，为 10.45 枝。平茬 1 年后，分枝数与上年相比都有减少，以留茬高度 20 cm 减少最多，为 22.73 枝，留茬高度 10 cm 最低，为 12.36 枝，平均减少为 17.32 枝。与平茬前相比只有留茬高度 10 cm、15 cm 分枝数有增加。说明平茬留茬高度越高，不利于柠条萌发分枝。地径恢复平茬一年后以留茬高度 15 cm 最好，为 41.03%，留茬高度 5 cm 最低，为 37.28%。

不同留茬高度之间生物量之间存在差异极显著，留茬高度 5 cm 与留茬高度 20 cm、25 cm 之间存在差异极显著，留茬高度 5 cm 生物量最大为 6.40 kg/丛，留茬 25 cm 最低为 4.38 kg/丛，极差 2.02 kg/丛。因此，建议柠条平茬留茬高度 10~15 cm。

第四节　梁地柠条平茬动态变化

平茬方式同沙地柠条，样地选择在花马池镇德胜墩村西 3 km，林龄 25 年（1995 年）的柠条成林。种植方式为带植，柠条林带距 6 m 宽，一带两行（行距 1 m），3 900 丛/hm²。

一、不同留茬高度灌丛高度

柠条逐月平茬，不同留茬高度灌丛高度（表 2-18）之间差异不显著，留茬高度 25 cm 最高，为 96.61 cm，留茬高度 5 cm 最低，为 94.03 cm。逐月平茬之间灌丛高度之间存在差异，灌丛最高为 8 月，为 100.60 cm，最低为 3 月，为 89.47 cm，6 月、7 月、8 月与 3 月存在差异极显著。沙地柠条灌丛高度在 84~107 cm，极差 23 cm，整体平均为 95.24 cm。

表 2-18　梁地不同月份柠条平茬不同留茬高度灌丛高度调查

单位:cm

月份	5 cm	10 cm	15 cm	20 cm	25 cm	平均
3 月	87.00	83.67	92.00	94.00	90.67	89.47b
4 月	89.60	86.40	99.00	94.33	97.40	93.35ab
5 月	101.33	94.00	94.36	90.67	92.67	94.61ab
6 月	95.67	106.33	96.00	98.00	100.33	99.27a
7 月	98.67	99.67	98.56	106.67	93.33	99.38a
8 月	102.20	103.33	100.73	96.93	99.80	100.60a
9 月	91.33	89.33	87.67	97.67	99.33	93.07ab
10 月	86.47	94.00	91.33	90.00	99.33	92.23ab
平均	94.03a	94.59a	94.96a	96.03a	96.61a	95.24

不同留茬高度之间生物量(表 2-19)存在差异极显著，留茬高度 5 cm 与留茬高度 15 cm、20 cm、25 cm 之间存在差异极显著，留茬高度 5 cm 生物量最大，为 3.16 kg/丛，留茬高度 25 cm 最低，为 2.27 kg/丛，极差 0.89 kg/丛。逐月平茬之间灌丛高度之间存在差异，灌丛生物量 7 月最大，为 4.16 kg/丛，最小为 10 月，为 1.20 kg/丛，极差为 2.96 kg/丛，整体平均为 2.66 kg/丛。

不同留茬高度、不同月份平茬，柠条分枝数(表 2-20)之间存在不存在差异显著，分枝数在 31~69 枝/丛，整体平均为 43.46 枝/丛。

不同留茬高度、不同月份平茬，柠条地径(表 2-21)之间不存在差异显著，地径在 8.95~12.90，整体平均为 10.32 mm。不同月份以 7 月地径最大，为 11.68 mm，10 月最小，为 9.49 mm。地径曲线与灌丛高度、生物量曲线基本一致。

表 2-19　梁地不同月份柠条平茬不同留茬高度灌丛生物量调查

单位:kg/丛

月份	5 cm	10 cm	15 cm	20 cm	25 cm	平均
3 月	0.92	1.32	1.10	1.49	0.80	1.13c
4 月	2.94	3.33	2.78	2.71	1.89	2.73b
5 月	3.61	3.98	2.18	2.68	2.37	2.96b
6 月	4.11	4.64	5.07	2.94	2.80	3.91a
7 月	5.88	4.32	3.11	3.80	3.68	4.16a
8 月	3.60	2.74	2.67	2.37	3.28	2.93b
9 月	2.48	2.19	2.19	2.08	2.26	2.24b
10 月	1.71	1.43	0.87	0.97	1.04	1.20c
平均	3.16a	2.99ab	2.50bc	2.38c	2.27c	2.66

表 2-20　梁地不同月份柠条平茬不同留茬高度灌丛分枝数调查

单位:枝/丛

月份	5 cm	10 cm	15 cm	20 cm	25 cm	平均
3 月	22.60	29.73	29.22	31.40	32.33	28.12a
4 月	31.13	32.80	31.76	34.73	21.40	30.33a
5 月	27.20	30.00	43.48	45.27	38.47	38.61a
6 月	30.00	46.20	37.58	29.80	25.13	34.68a
7 月	29.33	36.67	33.71	44.67	27.53	35.16a
8 月	47.93	26.60	31.84	28.67	23.60	32.45a
9 月	28.73	23.40	24.74	30.73	30.60	28.15a
10 月	27.93	31.00	32.58	36.60	30.93	33.09a
平均	30.61a	32.05a	33.11a	35.23a	28.75a	32.57

柠条逐月平茬,不同留茬高度冠幅(表 2-22)之间差异不显著,最高留茬 20 cm 冠幅最大为 118.35 cm,留茬 5 cm 最低为 109.21 cm。逐月平茬之间冠幅之间存在差异,灌丛最大 7 月为 137.11 cm,最低 3 月为 99.86 cm,7 月与 6

表 2-21　梁地不同月份柠条平茬不同留茬高度灌丛地径调查

单位:mm

月份	5 cm	10 cm	15 cm	20 cm	25 cm	平均
3 月	10.53	10.08	9.97	8.95	9.79	9.86bc
4 月	11.11	10.55	10.19	9.86	10.56	10.45b
5 月	10.34	9.81	11.61	9.62	9.25	10.13bc
6 月	11.10	9.92	9.58	10.84	10.39	10.37b
7 月	12.54	10.28	12.90	10.86	11.81	11.68a
8 月	10.17	11.08	9.88	10.87	10.50	10.50b
9 月	10.31	10.87	9.84	10.55	9.80	10.27b
10 月	9.68	9.96	9.17	9.32	9.31	9.49c
平均	10.60a	10.32a	10.39a	10.11a	10.18a	10.32

表 2-22　梁地不同月份柠条平茬不同留茬高度灌丛冠幅调查

单位:cm

月份	5 cm	10 cm	15 cm	20 cm	25 cm	平均
3 月	92.00	102.30	93.31	104.10	107.60	99.86d
4 月	95.00	93.00	93.08	100.87	119.67	100.32d
5 月	132.60	116.57	111.94	126.74	106.67	118.90bc
6 月	110.74	137.84	110.36	133.27	134.67	125.38ab
7 月	134.33	138.84	143.20	156.84	112.33	137.11a
8 月	120.00	114.67	100.73	100.00	109.84	109.05cd
9 月	95.30	99.50	113.86	129.67	101.67	108.00cd
10 月	93.67	98.67	99.59	95.34	112.67	99.99d
平均	109.21a	112.67a	108.26a	118.35a	113.14a	112.33

之间差异不显著,与其他 6 月存在差异极显著。6 月与 3 月、4 月、8 月、9 月、10月之间存在差异极显著,沙地柠条冠幅在 92~157 cm,极差 65 cm,整体平均为112.33 cm。

二、不同留茬高度灌丛高度当年生长恢复调查

(一)生长高度恢复调查

不同留茬高度之间存在差异显著(表 2-23),留茬高度 20 cm 与留茬高度 10 cm 之间存在差异极显著;以 20 cm 恢复最好为 58.76 cm,10 cm 恢复最差为 49.83 cm,不同留茬高度平均为 54.90 cm;不同月份之间存在差异,各个月之间都存在差异极显著。以 7 月生长速度最大,为 44.36 cm/月,其次依次为 6 月(27.20 cm/月)、5 月(17.70 cm/月)、4 月(15.97 cm/月),4 月和 5 月之间差异不显著。3 月份平茬后生长速度最低,为 11.75 cm/月。3 月平茬后到 8 月生长高度为 58.74 cm,仅为 4 月平茬 63.88 cm 低 5.14 cm。梁地柠条与沙地柠条恢复规律一致。

表 2-23 梁地柠条 2017 年不同月份生长恢复调查

单位:cm

月份	5 cm	10 cm	15 cm	20 cm	25 cm	平均
3 月	61.07	56.07	57.07	58.67	60.80	58.74ab
4 月	60.00	51.93	74.07	67.07	66.33	63.88a
5 月	55.60	51.67	50.20	50.60	57.47	53.11b
6 月	55.67	52.07	50.13	59.20	54.93	54.40b
7 月	38.47	37.40	40.93	58.27	46.73	44.36c
平均	54.16ab	49.83b	54.48ab	58.76a	57.25ab	54.90

从生长速度来看(表 2-24),不同月份之间存在差异,以 7 月份最快,为 44.36 cm/月,依次为 6 月(27.20 cm/月)、5 月(17.70 cm/月)、4 月(15.97 cm/月),3 月最慢,为 11.75 cm/月。

3—7 月平茬,当年生长恢复到平茬前的 44.64%~68.43%。7 月份平茬 1 月后就恢复到平茬前的 44.64%,而 3 月仅恢复到平茬前的 65.65%,平均恢复为 57.93%。

表 2-24 梁地柠条 2017 年不同月份生长速度

单位:cm/月

月份	5 cm	10 cm	15 cm	20 cm	25 cm	平均
3 月	12.21	11.21	11.41	11.73	12.16	11.75d
4 月	15.00	12.98	18.52	16.77	16.58	15.97cd
5 月	18.53	17.22	16.73	16.87	19.16	17.70c
6 月	27.84	26.04	25.07	29.60	27.47	27.20b
7 月	38.47	37.40	40.93	58.27	46.73	44.36a
平均	22.41ab	20.97b	22.53ab	26.65a	24.42ab	23.40

2018 年 8 月份调查(表 2-25):不同月份平茬,平茬后 1 年,丛高生长恢复到平茬前的 72.62%~83.55%, 平均恢复为 79.04%。年净增长以 7 月为最大,为 38.84 cm,最低为 4 月,为 5.09 cm。

表 2-25 梁地柠条不同月份丛高调查

月份	平茬前/cm	当年生长/cm	再生效果/%	第二年/cm	再生效果/%	净增长/cm
3 月	89.47b	58.74	65.65	64.97c	72.62	6.23
4 月	93.35ab	63.88	68.43	68.97bc	73.88	5.09
5 月	94.61ab	53.11	56.14	70.52bc	74.54	17.41
6 月	99.27a	54.40	54.80	81.41a	82.01	27.01
7 月	99.38a	44.36	44.64	83.20a	83.72	38.84
8 月	100.60a	—	—	80.47a	79.99	—
9 月	93.07ab	—	—	77.76ab	83.55	—
10 月	92.23ab	—	—	75.60ab	81.97	—
平均	95.24	54.90	57.93	75.36	79.04	18.92

不同留茬高度(表 2-26),当年平茬后灌丛恢复到平茬前的 24.57%。留茬高度 20 cm 恢复效果最好,为 27.75%,留茬高度 10 cm 恢复效果最差,为 22.17%。第二年恢复效果:留茬高度 15 cm(81.88)>留茬高度 5 cm(80.86)>留茬高度

表 2-26 梁地不同留茬高度灌丛高度调查

月份	平茬前/cm	当年生长/cm	再生效果/%	第二年/cm	再生效果/%	净增长/cm
5 cm	94.03	22.41	23.83	76.03	80.86	53.62
10 cm	94.59	20.97	22.17	74.34	78.59	53.37
15 cm	94.96	22.53	23.73	77.75	81.88	55.22
20 cm	96.03	26.65	27.75	75.43	78.55	48.78
25 cm	96.61	24.42	25.28	73.27	75.84	48.85
平均	95.24	23.40	24.57	75.36	79.13	51.96

10 cm(78.59)>留茬高度 20 cm(78.55)>留茬高度 25 cm(75.84),平均为 79.19%。净增长以留茬高度 15 cm 最大,为 55.22 cm,留茬高度 20 cm 最低,为 48.78 cm。

(二)冠幅再生恢复调查

不同月份平茬 1 年后,冠幅(表 2-27)再生到平茬前的 50%~65%,平均再生为 54.15%,从生长速度来看,以 9 月份最快,为 5.077 cm/月,其余依次为 8 月>10 月>7 月>6 月>5 月>4 月,3 月最慢,为 2.671 cm/月。

表 2-27 梁地不同月份灌丛冠幅调查

月份	2017 年平茬前/cm	2018 年恢复/cm	再生效果/%	再生速度/(cm·月⁻¹)
3 月	99.86d	50.74f	50.81	2.671
4 月	100.32d	55.58e	55.40	3.088
5 月	118.90bc	60.14d	50.58	3.538
6 月	125.38ab	64.60c	51.52	4.038
7 月	137.11a	68.80ab	50.18	4.587
8 月	109.05cd	70.37a	64.53	5.026
9 月	108.00cd	66.00bc	61.11	5.077
10 月	99.99d	58.40de	58.41	4.867
平均	112.33	60.83	54.15	4.112

不同留茬高度,冠幅(表 2-28)平均恢复为 60.83 cm。恢复到平茬百分率依次为 15 cm(57.43)>25 cm(55.97)>5 cm(55.95)>10 cm(54.85)>20 cm(51.28)。

表 2-28 梁地不同留茬高度灌丛冠幅调查

月份	2017 平茬前/cm	2018 恢复/cm	再生效果/%	与平茬前差值/cm
5 cm	109.21	61.10	55.95	48.11
10 cm	112.67	61.85	54.89	50.82
15 cm	108.26	62.17	57.43	46.09
20 cm	118.35	60.69	51.28	57.66
25 cm	113.14	63.33	55.97	49.81
平均	112.33	60.83	54.15	51.50

(三)柠条分枝数再生恢复调查

表 2-29 梁地不同月份灌丛分枝数调查

月份	2017 年平茬前/cm	2017 年 8 月/cm	2018 年 8 月/cm	与平茬前比/cm	增加/%
3 月	28.12a	78.08	29.52	1.4	4.98
4 月	30.33a	67.62	32.23	1.9	6.26
5 月	38.61a	66.63	39.07	2.46	6.37
6 月	34.68a	66.08	36.37	−10.31	−29.73
7 月	35.16a	67.75	37.09	−9.87	−28.07
8 月	32.45a	—	31.08	−1.37	−4.22
9 月	28.15a	—	24.44	−3.71	−13.18
10 月	33.09a	—	33.43	1.74	5.26
平均	32.57	69.23	32.90	−2.21	−6.79

不同月份平茬后(表 2-29),3—7 月平茬,分枝数都比平茬有增加,平茬前分枝数平均为 32.57 枝,平茬后为 69.23 枝,增加了 36.66 枝,增加 1 倍以上。平

茬 1 年后,所有处理分枝数都减少近 1 倍。3 月、4 月、5 月、10 月平茬的柠条分枝数都比平茬前有所增加。6—9 月份平茬与平茬前相比分枝数都有减少。

不同留茬高度(表 2-30),当年分枝数都比平茬有增加,增加最多的是 15 cm,为 45.24 枝,其余依次为 10 cm(41.18 枝)、5 cm(34.95 枝)、20 cm(34.78 枝),25 cm 最低为 30.26 枝。平茬 1 年后,分枝数与上年 8 月相比都减少近一半。与平茬前相比只有留茬高度 20 cm 分枝数有减少,其他四个处理都有少许增加。

表 2-30　梁地不同留茬高度分枝数调查

单位:cm

月份	平茬前	2017 年 8 月	与平茬前比	2018 年 8 月	与上年 8 月比	与平茬前比
5 cm	30.61	65.56	34.95	32.38	−33.18	1.77
10 cm	32.05	73.23	41.18	35.12	−38.11	3.07
15 cm	33.11	78.35	45.24	33.39	−44.96	0.28
20 cm	35.23	70.01	34.78	31.56	−38.45	−3.67
25 cm	28.75	59.01	30.26	32.07	−26.94	3.32
平均	32.57	69.23	36.66	32.90	−36.33	0.33

(四)地径再生恢复调查

不同月份平茬后,第二年地径(表 2-31)恢复到平茬前的 35%~45%,平均为 41.28%。不同月份之间存在显著差异,8 月平茬地径最大为 5.03 mm,5 月平茬地径最小为 3.60 mm。8 月与其他 7 个月之间存在显著差异;6 月与 3 月、4 月、10 月之间存在差异显著;5 月与 3 月、4 月之间存在显著差异;平均为 4.26 mm。

不同留茬高度(表 2-32),当年恢复到平茬前的 32.56%,以留茬高度 10 cm 最大,为 3.46 mm,最低为留茬高度 20 cm,为 3.29 mm。平茬 1 年后不同留茬高度恢复到平茬前的 37.28%~41.03%,以 15 cm 最好,为 41.03%,最低为 5 cm,为 37.28%。自地上 5 cm 处平茬效果最好,可最大限度地促进柠条生长、利于更新,且能有效防止因留茬过低而造成的风蚀现象。

表 2-31　梁地不同月份柠条平茬灌丛地径再生调查

月份	2017 年平茬前/mm	2018 年 8 月/mm	与平茬前比/%
3 月	9.86bc	4.02c	40.77
4 月	10.45b	4.19c	40.10
5 月	10.13bc	3.60d	35.54
6 月	10.37b	4.60b	44.36
7 月	11.68a	4.24bc	36.30
8 月	10.50b	5.03a	47.90
9 月	10.27b	4.28bc	41.67
10 月	9.49c	4.10c	43.20
平均	10.32	4.26	41.28

表 2-32　梁地不同留茬高度地径调查

月份	2017 年平茬前/cm	2017 年调查/cm	与平茬前比/%	2018 年恢复情况/cm	与平茬前比/%
5 cm	10.60a	3.17	29.91	4.21a	39.72
10 cm	10.32a	3.40	32.95	4.21a	40.79
15 cm	10.39a	3.42	32.92	4.32a	41.58
20 cm	10.11a	3.35	33.14	4.31a	42.63
25 cm	10.18a	3.47	34.09	4.24a	41.65
平均	10.32	3.36	32.56	4.26	41.28

三、小结

(一)不同月份对恢复的影响

逐月平茬之间灌丛高度存在差异,灌丛生物量 7 月最大,为 4.16 kg/丛,最低为 10 月,为 1.20 kg/丛,极差为 2.96 kg/丛,整体平均为 2.66 kg/丛。以 7 月生长速度最大为 44.36 cm/月,其次依次为 6 月(27.20 cm/月)、5 月(17.70 cm/月)、

4月(15.97 cm/月)。3月份平茬后生长速度最低,为11.75 cm/月。平茬后1年,高生长恢复到平茬前的72.62%~83.55%。年净增长以7月为最大,为38.84 cm,最低为4月,为5.09 cm。冠幅再生到平茬前的50%~65%,平均再生为54.15%,从生长速度来看,以9月份最大,为5.077 cm/月,其余依次为8月>10月>7月>6月>5月>4月,3月最低,为2.671 cm/月。生长季平茬后分枝数都比平茬有增加,平茬前分枝数平均为32.57枝,平茬后为69.23枝,增加了36.66枝。平茬1年后,所有处理分枝数都减少近1倍。3月、4月、5月、10月平茬的柠条分枝数都比平茬前有所增加。6—9月份平茬与平茬前相比分枝数都有减少。

(二)不同留茬对恢复的影响

不同留茬高度生物量之间存在极显著差异,留茬高度5 cm与留茬15 cm、20 cm、25 cm之间存在极显著差异,留茬高度5 cm生物量最大为3.16 kg/丛,留茬高度25 cm最低为2.27 kg/丛,极差0.89 kg/丛。第二年恢复效果:15 cm(81.88)>5 cm(80.86)>10 cm(78.59)>20 cm(78.55)>25 cm(75.84),平均为79.19%。净增长以15 cm最大,为55.22 cm,20 cm最低,为48.78 cm。冠幅平均恢复为60.83 cm。恢复到平茬百分率依次为15 cm(57.43)>25 cm(55.97)>5 cm(55.95)>10 cm(54.85)>20 cm(51.28)。不同留茬高度,当年分枝数都比平茬有增加,增加最多的是留茬高度15 cm为45.24枝,留茬高度25 cm最低为30.26枝。平茬一年后不同留茬高度恢复到平茬前的37.28%~41.03%,以留茬高度15 cm最好,为41.03%,留茬高度5 cm最低,为37.28%。自地上留茬高度5 cm处平茬效果最好。

四、讨论与分析

平茬是依据柠条具有极性生长的生物学特性,除去植株部分地上部分,通过刺激植株的生长优势聚积在顶部芽上,使主干形成速度加快的一种技术措施。平茬是防护林维护管理中常用的关键技术,可以促进防护林老化衰败林分的更新,保障防护林防护效益的可持续发挥。平茬复壮不仅能够为饲料、燃料,造纸纸浆用材等生产提供原料,更重要的是对植物能起到促进生长发育的作用，这也是将平茬复壮作为更新抚育的重要手段的依据。平茬后植株水分条件明显优于未平茬植株，使萌蘖株地上生物量短时间内加速恢复。

平茬后柠条萌生的萌蘖株数量大，且生长速度较快，冠幅、地径均增长迅速；重复平茬后，萌生的萌蘖株数量更多，且仍能保持旺盛的生长潜力。植株在平茬后一段时间根冠比相对较高，并且根系储存了充足的淀粉，叶片光合速率明显提高，为平茬初期的地上生物量的生长提供营养，但是平茬后植株的新生叶片密度低且厚度大，在受到水分胁迫时，叶片会缩小同时叶密度增高。此外，由于柠条的生长特性，使得其在随着光合物质的不断积累过程中，平茬后3年内，植物即可恢复到平茬前的生物量水平。而且平茬后萌蘖的众多枝条形成椭圆状灌丛，枝条和同化枝密度更大，能够较好地覆盖地表，其防风固沙效果比平茬前更好。

许多植物在地上组织破坏后进行补偿性生长，这是重复利用这些植物资源的基础。由于植物的补偿反应式样与伤害发生的时间、强度、频度以及土壤的资源状况等多种因素有关，且这些因素又都不确定，因而不同物种的补偿反应具有相当大的差异，从没有补偿到各种程度的补偿都有可能发生，从一种植物的补偿反应很难推广到其他类型的植物，这是对补偿反应存在争论的主要原因（杨永胜等，2012）。所以，对特定环境下的某种特定植物破坏后进行补偿生长的生理机制的研究也是必要的。近年来，以柠条为材料补偿性生长进行了探索。研究表明，地上部分组织的去除增加了侧枝的萌发，增加了当年枝数和枝长，实现了营养生长超补偿，且柠条同时采用防御策略和忍耐策略来提高自身的适合度。柠条作为一种萌蘖植物，对地上叶、花的采食和枝条的破坏具有极强的补偿能力，这是其重要的生态适应策略，是作为补充饲料、生态物质持续利用和维持生态功能的主要基础，也是研究植物损伤后补偿和超补偿机制的好材料。但如何根据柠条补偿生长特性对其生物资源进行充分合理的利用，既防止对资源的浪费，也应防止对资源的过渡消耗，是必须关注的重大理论和现实问题。

柠条的再生能力极强,适时对老化衰败的柠条林进行人工平茬处理,可以达到复壮更新的目的。此外,经过平茬处置的柠条在株高上有着明显的增高,而在生物量上则有明显的提高,这可能是因为除了柠条枝条茂盛冠幅较大之外,单位柠条萌蘖的直径也存在一定的提升。

第五节　柠条生物量建模研究

生物量是植物的基本生物学特征和功能性状之一,也是生态系统物质和能量积累的基本体现。森林生物量一般可通过直接测量法和间接估算法两种途径获得。前者为收获法,包括皆伐法、平均标准木法和径级标准木法,虽然准确度高,但耗时费力,且对生态系统的破坏性大;后者是利用生物量模型、生物量估算参数以及遥感反演等方法进行估算。由于灌木林与乔木林相比处于次要地位,因此灌木林生物量的研究相对较少。近年来,从个体和群落尺度对灌丛生物量估测模型进行了大量研究,测定因子一般包括地径、高度、盖度、冠幅和分枝数等。

一、不同月份平茬建模

(一)沙地柠条生物量建模

1. 线性回归建模

对沙地柠条应用DPS进行回归分析,得到数学模型:

$$y = -4.407\ 8 - 2.142\ 8x_1 - 0.067\ 9x_2 + 0.251\ 0x_3 + 0.010\ 6x_4\ (R^2 = 0.992\ 1)$$

数学模型中冠幅和分枝数为正向促进作用,地径和丛高为逆向抑制作用。不同因子作用大小:冠幅>分枝数>丛高>地径。表2-33中,冠幅与地径、生物量之间差异极显著。丛高与冠幅、地径与生物量差异显著。

表 2-33　相关系数与显著性

项目	地径	丛高	冠幅	分枝数	生物量
地径	—	0.072 4	0.001 7	0.919 5	0.042 7
丛高	0.624 2	—	0.017 7	0.124 0	0.135 9
冠幅	0.880 2	0.758 9	—	0.336 8	0.000 5
分枝数	−0.039 6	−0.551 2	−0.363 2	—	0.311 4
生物量	0.682 8	0.537 1	0.917 5	−0.381 2	—

备注：左下角是相关系数 R，右上角是 P 值。

表 2-34、2-35 中，数学模型显著性检验，差异显著，表明可以用来预测沙地柠条生物量与其他几个因子之间的关系。

表 2-34　方差分析

方差来源	平方和	自由度	均方	F 值	P 值
回归	19.508 3	4	4.877 1	125.214 5	0.000 2
剩余	0.155 8	4	0.038 9	—	—
总的	19.664 1	8	2.458 0	—	—

表 2-35　回归系数显著性检验

变量	回归系数	标准回归系数	标准误	t 值	P 值
b0	−4.407 8	—	1.973 3	2.233 7	0.089 2
b1	−2.142 8	−0.667 0	0.398 4	5.378 1	0.005 8
b2	−0.067 9	−0.428 9	0.012 4	5.464 0	0.005 5
b3	0.251 0	1.838 7	0.018 1	13.903 1	0.000 2
b4	0.010 6	0.023 8	0.031 6	0.338 7	0.751 8

2. 各因子独立相关

从图 2-8 中进一步说明几个因子与生物量之间的关系。从直线回归的显著性 R^2 来看沙地柠条排序：冠幅（0.304 2）＞丛高（0.054 9）＞地径（0.027 9）＞分枝数（0.025 2）。

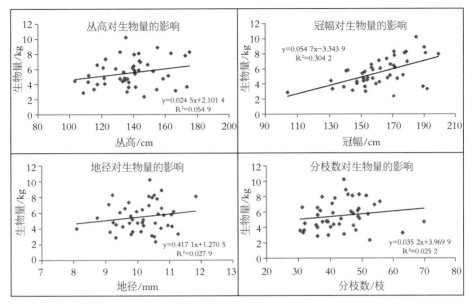

图 2-8　单因子与生物量之间回归关系

3. 灰色关联分析

从关联系数来看(表 2-36),生物量对其他几个因子影响较小。冠幅、丛高对其他几个因子影响较大。分枝数影响因子顺序:丛高>地径>冠幅>生物量。丛高影响因子顺序:冠幅>地径>分枝数>生物量。冠幅影响因子顺序:丛高>地径>分枝数>生物量。地径影响因子顺序:冠幅>丛高>分枝数>生物量。生物量影响因子顺序:分枝数>丛高>冠幅>地径。各因子权重:冠幅(0.221 9)、丛高(0.218 6)、地径(0.214 7)、分枝数(0.191 6)、生物量(0.153 2)。

表 2-36　灰色关联分析

关联矩阵	分枝数	丛高	冠幅	地径	生物量
分枝数	—	0.455 1	0.420 6	0.432 1	0.364 3
丛高	0.448 2	—	0.551 6	0.529 8	0.333 0
冠幅	0.356 5	0.494 6	—	0.493 3	0.265 8
地径	0.414 7	0.518 4	0.540 0	—	0.303 5
生物量	0.364 3	0.339 4	0.322 5	0.319 6	—

(二)梁地柠条生物量建模

1. 线性回归建模

对沙地柠条应用 DPS 进行回归分析,得到数学模型:

$$\gamma = -16.671\ 59 + 0.103\ 9x_1 + 0.023\ 18x_2 + 0.554\ 8x_3 + 0.033\ 53x_4\ (R^2 = 0.883\ 3)$$

数学模型中四个因子与生物量之间为正向促进作用,不同因子作用大小:地径>丛高>分枝数>冠幅。梁地与沙地柠条由于立地条件不同,影响生物量的因子排序也不相同。表 2-37 中,丛高、冠幅、地径与生物量之间差异极显著,丛高与冠幅之间差异显著。

表 2-37　相关系数与显著性

因子	丛高	冠幅	地径	分枝数	生物量
丛高	—	0.030 8	0.050 2	0.155 1	0.003 8
冠幅	0.713 7	—	0.014 4	0.056 6	0.002 2
地径	0.666 0	0.773 8	—	0.520 9	0.007 2
分枝数	0.515 9	0.652 8	0.247 4	—	0.110 0
生物量	0.848 4	0.871 7	0.816 6	0.568 8	—

备注:左下角是相关系数 R,右上角是 P 值。

表 2-38、2-39 中,数学模型显著性检验,差异显著,表明可以用来预测沙地柠条生物量与其他几个因子之间的关系。

表 2-38　方差分析

方差来源	平方和	自由度	均方	F 值	P 值
回归	7.681 0	4	1.920 2	8.100 7	0.033 6
剩余	0.948 2	4	0.237 0		
总的	8.629 2	8	1.078 6		

2. 各因子独立相关

分枝数与冠幅、生物量之间存在差异极显著。丛高与冠幅、地径、生物量之间存在差异极显著。冠幅与地径、生物量之间存在差异极显著。从图 2-9 中进

表 2-39　回归系数显著性检验

变量	回归系数	标准回归系数	标准误	t 值	P 值
b0	−16.671 6		5.514 7	3.023 1	0.039 0
b1	0.103 9	0.376 3	0.070 5	1.473 6	0.214 6
b2	0.023 2	0.285 4	0.032 4	0.716 3	0.513 4
b3	0.554 8	0.318 1	0.581 2	0.954 6	0.393 9
b4	0.033 5	0.109 6	0.082 7	0.405 2	0.706 0

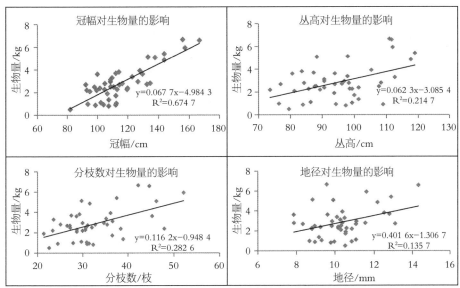

图 2-9　单因子与生物量之间回归关系

一步说明几个因子与生物量之间的关系。从直线回归的显著性 R^2 来看梁地柠条：冠幅（0.674 7）>分枝数（0.282 6）>丛高（0.214 7）>地径（0.135 7）。

3. 灰色关联分析

从关联系数来看（表 2-40），生物量影响因子顺序：分枝数>地径>丛高>冠幅。各因子权重：丛高（0.223 6）、冠幅（0.206 0）、地径（0.218 7）、分枝数（0.204 9）、生物量（0.146 8）。

（三）梁地、沙地平均数建模

为了进一步了解几个因子对生物量影响程度。把梁地和沙地两个样地数

表 2-40 灰色关联分析

关联矩阵	丛高	冠幅	地径	分枝数	生物量
丛高	—	0.501 8	0.661 7	0.525 7	0.333 8
冠幅	0.478 4	—	0.487 6	0.490 8	0.295 4
地径	0.664 1	0.514 9	—	0.476 3	0.336 8
分枝数	0.541 6	0.529 4	0.489 5	—	0.366 4
生物量	0.345 0	0.323 4	0.345 9	0.366 4	—

据一并处理。从直线回归的显著性 R^2 来看:冠幅(0.663 2)>丛高(0.427 0)>分枝数(0.315 7)>地径(0.024 9),与沙地柠条影响排序一致。沙地柠条相关 R^2 值比梁地相关 R^2 低,沙地柠条生物量与几个因子拟合效果差一些。

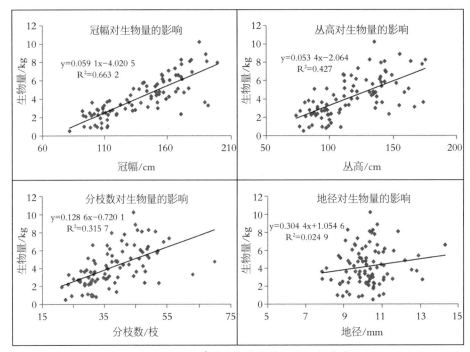

图 2-10 两地单因子与生物量之间回归关系

y(冠幅)=16.013 5+0.927 1x(分枝数)+0.747 9x(丛高)(R^2=880 4)

由于灌丛主要由分枝数和丛高决定,进行回归后,表明盐池县柠条主要分枝数(0.927 1)对丛高(0.747 9)影响更大。

从关联系数来(表2-41)看,生物量对其他几个因子影响较小。冠幅、丛高对其他几个因子影响较大。分枝数影响因子顺序:丛高>冠幅>地径>生物量。丛高影响因子顺序:冠幅>分枝数>地径>生物量。冠幅影响因子顺序:丛高>分枝数>地径>生物量。地径影响因子顺序:冠幅>丛高>分枝数>生物量。生物量影响因子顺序:分枝数>冠幅>丛高>地径。各因子权重:冠幅(0.272 2)、丛高(0.261 5)、分枝数(0.241 5)、地径(0.233 8)、生物量(0.175 8)

表 2-41　灰色关联分析

关联矩阵	分枝数	丛高	冠幅	地径	生物量
分枝数	—	0.513 8	0.557 2	0.435 9	0.358 8
丛高	0.537 3	—	0.673 7	0.568 9	0.363 4
冠幅	0.547 5	0.643 8	—	0.539 3	0.342 8
地径	0.499 4	0.607 7	0.609 9	—	0.388 4
生物量	0.412 0	0.396 8	0.409 7	0.388 4	—

二、柠条分枝数分级

(一)分枝数分级

从图2-11中看出,盐池县柠条分枝数主要集中在20~30枝,占1/4,10~50枝占80%。梁地平均分枝数为32.38枝,沙地平均分枝数为41.64枝。

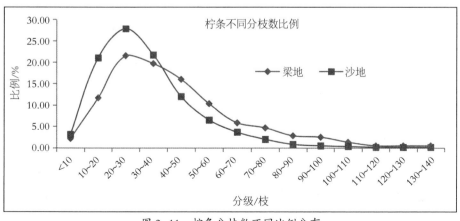

图 2-11　柠条分枝数不同比例分布

(二)沙地柠条生物量建模

以不同分枝数分级对沙地柠条的主要特征进行重新归类。归类后各个指标如下(表2-42):

表2-42 沙地柠条主要特性统计

分枝数 项目	丛高/ cm	冠幅/ cm	分枝数/ 枝	生物量/ (kg·丛⁻¹)	分枝重/ (g·枝⁻¹)	地径/ mm	数量/ 个	比例/ %
<10	90.08	85.39	8.00	1.35	168.75	7.46	13	2.17
10~20	109.07	119.92	14.67	1.92	130.88	8.59	70	11.67
20~30	125.22	144.46	24.94	3.44	137.93	9.54	129	21.50
30~40	133.63	161.65	33.98	4.37	128.61	9.53	118	19.67
40~50	137.75	168.24	43.94	5.50	125.17	10.97	96	16.00
50~60	148.54	184.29	54.13	6.46	119.34	10.43	61	10.33
60~70	155.94	193.29	64.17	7.21	112.36	10.75	35	5.83
70~80	161.82	214.00	73.75	10.76	145.90	11.41	28	4.67
80~90	143.24	197.86	84.29	10.93	129.67	11.04	17	2.83
90~100	158.00	224.34	95.20	12.06	126.68	11.15	15	2.50
100~110	166.25	235.63	103.88	13.32	128.22	10.84	8	1.33
≥110	167.89	235.89	122.34	13.58	111.00	10.39	9	1.50
平均	134.41	163.50	41.64	5.30	129.61	9.96	—	—

从直线回归的显著性 R^2 来看(图2-12):冠幅(0.910 8)>分枝数(0.972 1)>丛高(0.795 6)>地径(0.604 5),相关 R^2 值明显比不同月份生物量进行相关的 R^2 要高。沙地柠条生物量与几个因子拟合效果更精确一些。

对沙地柠条应用DPS进行回归分析,得到数学模型:

$$y=1.427\ 4-0.124\ 9x_1+0.091\ 2x_2+0.073\ 9x_3+0.285\ 4x_4\ (R^2=0.985\ 4)$$

数学模型中三个因子与生物量之间为正向促进作用,丛高与生物量之间存在逆向抑制作用。不同因子作用大小:地径>分枝数>冠幅>丛高。表2-43中,各因子之间存在差异极显著。

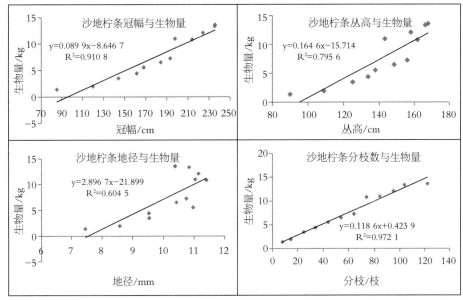

图 2-12　沙地柠条单因子与生物量相关关系

表 2-43　相关系数及显著性

因子	丛高	冠幅	分枝数	地径	生物量
丛高	—	0.000 0	0.000 1	0.000 1	0.000 1
冠幅	0.982 2	—	0.000 0	0.000 2	0.000 0
分枝数	0.894 4	0.950 5	—	0.005 7	0.000 0
地径	0.893 0	0.877 0	0.742 7	—	0.002 9
生物量	0.892 0	0.954 4	0.985 9	0.777 5	—

备注:左下角是相关系数 R,右上角是 P 值。

表 2-44、2-45 中,数学模型显著性检验,差异显著,表明可以用来预测沙地柠条生物量与其他几个因子之间的关系。

表 2-44　方差分析表

方差来源	平方和	自由度	均方	F 值	P 值
回归	211.242 7	4	52.810 7	118.492 7	0.000 0
剩余	3.119 8	7	0.445 7	—	—
总的	214.362 5	11	19.487 5	—	—

表 2-45　回归系数显著性检验

变量	回归系数	标准回归系数	标准误	t 值	P 值
b0	1.427 4	—	3.120 5	0.457 4	0.661 2
b1	−0.124 9	−0.676 8	0.060 7	2.056 9	0.078 7
b2	0.091 2	0.968 4	0.050 5	1.805 7	0.113 9
b3	0.073 9	0.613 9	0.028 2	2.619 2	0.034 4
b4	0.285 4	0.076 6	0.447 4	0.638 0	0.543 8

（三）梁地柠条生物量建模

以不同分枝数分级对柠条的主要进行归类。归类后各个指标如下（表 2-46）。

表 2-46　梁地不同分枝数对柠条生物量之间的影响

分枝数	丛高/cm	冠幅/cm	分枝数/枝	地径/mm	生物量/(kg·丛⁻¹)	分枝重/(g·枝⁻¹)	数量/个	比例/%
<10	74.72	65.48	7.61	9.06	0.79	103.81	19	3.17
10~20	85.83	91.47	15.11	9.78	1.36	90.01	126	21.00
20~30	90.04	104.49	24.40	10.10	1.86	76.23	167	27.83
30~40	97.60	121.21	33.86	10.31	2.98	88.01	130	21.67
40~50	101.88	131.02	43.96	10.98	3.76	85.53	72	12.00
50~60	109.23	154.97	53.77	11.76	5.33	99.13	39	6.50
60~70	112.36	155.57	63.59	11.82	5.46	85.86	22	3.67
70~80	108.00	159.75	74.17	10.01	6.57	88.58	12	2.00
80~90	121.40	196.00	84.60	10.97	7.29	86.17	5	0.83
≥90	125.63	192.50	116.06	11.10	11.92	102.70	8	1.33
平均	94.89	115.52	32.38	10.34	2.85	88.02	—	—

从直线回归的显著性 R^2 来看（图 2-13）：分枝数（0.980 6）>丛高（0.916 9）>冠幅（0.863 4）>地径（0.331 1），相关 R^2 值明显比不同月份生物量进行相关的 R^2 要高。柠条生物量与几个因子拟合效果更精确一些。

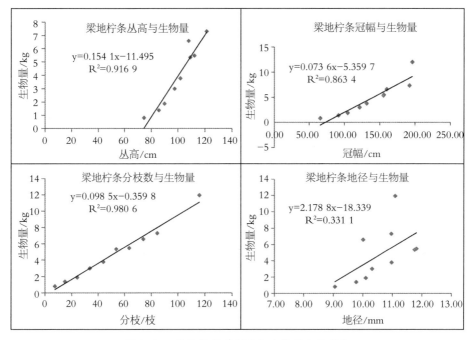

图 2-13　梁地柠条单因子与生物量相关关系

对梁地柠条应用 DPS 进行回归分析,得到数学模型:

$$y=-3.347\ 9+0.105\ 2x_1-0.087\ 7x_2+0.166\ 6x_3+0.084\ 5x_4(R^2=0.987\ 9)$$

数学模型中三个因子与生物量之间为正向促进作用,冠幅与生物量之间存在逆向抑制作用。不同因子作用大小:分枝数>丛高>地径>冠幅。表 2-47 中,地径与生物量、分枝数之间差异不显著,其他各因子之间存在差异极显著。

表 2-47　相关系数及显著性

因子	丛高	冠幅	分枝	地径	生物量
丛高	—	0.000 0	0.000 0	0.008 2	0.000 5
冠幅	0.991 7	—	0.000 0	0.018 1	0.000 9
分枝数	0.953 9	0.952 1	—	0.067 1	0.000 0
地径	0.776 5	0.723 3	0.599 2	—	0.109 6
生物量	0.890 7	0.875 4	0.973 5	0.536 9	—

备注:左下角是相关系数 R,右上角是 P 值。

表 2-48、2-49 中,数学模型显著性检验,差异显著,表明可以用来预测沙地柠条生物量与其他几个因子之间的关系。

表 2-48　方差分析表

方差来源	平方和	自由度	均方	F 值	P 值
回归	129.088 4	4	32.272 1	62.278 8	0.000 2
剩余	2.590 9	5	0.518 2	—	—
总的	131.679 3	9	14.631 0	—	—

表 2-49　决定系数

变量	回归系数	标准回归系数	标准误	t 值	P 值
b0	−3.347 9		8.594 0	0.389 6	0.712 9
b1	0.105 2	0.439 1	0.250 6	0.419 8	0.692 0
b2	−0.087 7	−0.975 5	0.061 8	1.419 1	0.215 1
b3	0.166 6	1.471 7	0.041 0	4.057 8	0.009 7
b4	0.084 5	0.019 6	0.899 5	0.094 0	0.928 8

三、气象因子对丛高、生物量的影响研究

气候是影响植物生长发育的重要因素之一,同时还会影响植物的产量。由于植物在生长发育基本都是处于自然条件下进行的,因此植物的生长发育状况以及产量受环境、气候影响较大。植物的生长与很多条件有关,其中气温、降雨量、辐射等对植物生长有一定的影响作用(表 2-50)。

(一)气象因子与丛高之间的关系

与丛高之间的相关系数(表 2-51)分别为降水量(0.863 5)>气温(0.822 3)>日照时数(0.682 7)>蒸发量(0.677 2)>辐射(0.611 9)。丛高与降水量、气温存在差异极显著,与日照时数、蒸发量之间存在差异显著。

应用 DPS 对气象因子与丛高(表 2-50)进行多因子及互作逐步回归,分析

表 2-50　盐池县柠条主要生长指标及气象因子

月份	丛高/ cm	生物量/ (kg·丛⁻¹)	气温/ ℃	降水量/ mm	辐射/ (MJ·m⁻²)	日照/ h	蒸发量/ mm
3 月	111.45	2.69	2.9	8.75	458.62	224.3	129.4
4 月	114.76	3.51	10.5	13.31	562.29	250.6	228.7
5 月	116.67	4.68	16.7	30.67	651.80	282.0	308.1
6 月	120.40	5.52	21.2	38.94	688.56	280.8	314.60
7 月	122.70	6.24	23.0	62.55	657.37	279.0	296.5
8 月	127.54	4.36	21.0	63.90	551.28	262.2	236.6
9 月	116.37	3.24	15.7	41.05	445.64	235.7	170.5
10 月	104.98	2.40	8.8	16.29	429.10	229.4	127.6
平均	116.86	4.08	14.9	34.43	555.58	255.5	226.5

表 2-51　相关系数及显著性

因子	气温	降水量	辐射	日照时数	蒸发量	丛高
气温	—	0.000 9	0.031 5	0.005 8	0.009 7	0.006 5
降水量	0.902 0	—	0.227 7	0.091 4	0.132 6	0.002 7
辐射	0.711 7	0.447 0	—	0.000 0	0.000 0	0.079 9
日照时数	0.828 9	0.594 4	0.966 7	—	0.000 0	0.042 7
蒸发量	0.799 8	0.540 9	0.979 0	0.990 0	—	0.045 1
丛高	0.822 3	0.863 5	0.611 9	0.682 7	0.677 2	—

备注:左下角是相关系数 R,右上角是 P 值。

各因子对丛高影响的程度。数学模型如下:

$$y = 105.648\ 5 - 3.978\ 8x_1 + 1.394\ 4x_2 + 0.117\ 7x_5 + 0.070\ 1x_1x_2 + 0.005\ 2x_1x_3 - 0.004\ 7x_2x_3$$

一次项降水量(1.394 4)>蒸发量(0.117 7)>气温(-3.978 8),降水量与蒸发量对丛高生长有正向促进作用,但气温对丛高生长是负向抑制作用。互作项气温×降水量(0.070 1)>气温×辐射(0.005 2)>降水量×辐射(-0.004 7),气温×

降水量、气温×辐射对丛高生长有正向促进作用,降水量×辐射对丛高生长是负向抑制作用。丛高最高生长是各因素组合如表2-52。

表2-52　最高指标时各个因素组合

γ	x_1	x_2	x_3	x_4	x_5
165.79	23.00	63.90	429.10	268.91	314.60

(二)气象因子对生物量的影响研究

与生物量之间的相关系数(表 2-53)分别为日照时数(0.928 1)>蒸发量(0.919 7)>辐射(0.917 4)>气温(0.866 7)>降水量(0.719 4)。生物量与辐射、日照时数、蒸发量、气温之间存在差异极显著,与降水量之间存在差异显著。

表2-53　相关系数

因子	气温	降水量	辐射	日照时数	蒸发量	生物量
气温	—	0.002 2	0.047 7	0.011 0	0.017 2	0.005 3
降水量	0.902 0	—	0.266 8	0.120 2	0.166 2	0.044 3
辐射	0.711 7	0.447 0	—	0.000 1	0.000 0	0.001 3
日照时数	0.828 9	0.594 4	0.966 7	—	0.000 0	0.000 9
蒸发量	0.799 8	0.540 9	0.979 0	0.990 0	—	0.001 2
生物量	0.866 7	0.719 4	0.917 4	0.928 1	0.919 7	—

备注:左下角是相关系数 R,右上角是 P 值。

应用DPS对气象因子与丛高进行多因子及互作逐步回归,分析各因子对丛高影响的程度。回归过程剔除了相关性较差的日照时数,得到数学模型如下:

$$\gamma = 2.765\ 1 + 1.334\ 5x_1 - 0.172\ 3x_2 - 0.000\ 9x_1x_3 - 0.005\ 7x_1x_4 + 0.002\ 9x_1x_5 + 0.000\ 4x_2x_3$$

一次项气温(1.334 5)>降水量(-0.172 3),气温对柠条灌丛生物量生长有正向促进作用,但降水量对生物量生长是负向抑制作用。互作项气温×蒸发量(0.002 9)>降水量×辐射(0.000 4)>气温×辐射(-0.000 9)>气温×日照时数

（−0.005 7），气温×蒸发量、降水量×辐射对生物量增长有正向促进作用，气温×蒸发量、降水量×辐射对丛高生长是负向抑制作用。丛高最高生长是各因素组合如表2−54。

表2−54　最高指标时各个因素组合

y	x_1	x_2	x_3	x_4	x_5
15.44	23.0	8.75	429.10	224.30	314.60

四、小结

分枝数与冠幅、生物量之间存在差异极显著。丛高与冠幅、地径、生物量之间存在差异极显著。冠幅与地径、生物量之间存在差异极显著。冠幅（0.674 7）>分枝数（0.282 6）>丛高（0.214 7）>地径（0.135 7）。由于灌丛主要由分枝数和丛高决定，进行回归后，表明盐池县柠条主要分枝数（0.927 1）对丛高（0.747 9）影响更大。各因子权重：冠幅（0.272 2）、丛高（0.261 5）、分枝数（0.241 5）、地径（0.233 8）、生物量（0.175 8）。

（1）与丛高之间的相关系数分别为降水量（0.863 5）>气温（0.8223 ）>日照时数（0.682 7）>蒸发量（0.677 2）>辐射（0.611 9）。一次项降水量（1.394 4）>蒸发量（0.117 7）>气温（−3.978 8），降水量与蒸发量对丛高生长有正向促进作用，但气温对丛高生长是负向抑制作用。

（2）与生物量之间的相关系数分别为日照时数（0.928 1）>蒸发量（0.919 7）>辐射（0.917 4）>气温（0.866 7）>降水量（0.719 4）。一次项气温（1.334 5）>降水量（−0.172 3），气温对柠条灌丛生物量生长有正向促进作用，但降水量对生物量生长是负向抑制作用。

第三章　柠条生长季平茬对土壤水分的影响研究

第一节　平茬对土壤水分的影响研究进展

土壤水分是土壤的重要组成部分之一,是决定土地生产力的重要因素,也是土壤、植物与大气连续体的关键因素,土壤水分是土壤系统中养分循环和流动的载体,并且对植被生长发育、结构特征、分布格局、群落生产力和稳定性均会产生一定影响,另一方面植被对土壤水分环境也有反作用的影响。水分是干旱半干旱地区植物生长最为重要的限制因素, 近年来土壤水分已经成为干旱区半干旱区生态学、土壤学、生态水文学等领域的研究热点问题。

植物通过根系吸收土壤水分和养分, 平茬措施使柠条地上组织受到很大破坏,地上叶面积大幅减少,使光和同化产物向根系的分配减少,进而导致根系生物量的减少,但作为吸收水分和养分的主体(<10 mm)根系会快速大幅度地增加,提高植株的水分可获得性,使植物根系吸收的大量水分供应有限的地上叶面积,促进植物单位叶面积的含水量增加,提高植株的枝水势。另外,平茬之后,相对于平茬前柠条,对照所受干旱胁迫较为严重,为获取维持正常生理功能的水分,其通过脯氨酸的累积来维持较低的水势,保证平茬柠条枝水势相对较高。同时由于柠条地上组织需水总量减小,使土壤积累更多的水分,造成土壤含水量增加。

相关研究表明,柠条经过平茬之后,新生枝叶的分生组织活动强烈,细胞分裂速度较快,需要消耗大量的同化产物,而这一需求只能通过旺盛的呼吸作用来满足,导致平茬柠条蒸腾速率相对较高。进入自然生长期,新生枝叶强烈的分生组织活动会逐渐趋于稳定,此外伴随着气温上升,植物体内的水分状况不断恶化,引起水分亏缺,气孔关闭以防止水分散失,平茬柠条蒸腾速率随之下降,二者蒸腾速率日变化将趋于一致。植物通过根系吸收土壤水分和养分,平茬措施使柠条地上组织受到很大破坏,地上叶面积大幅减少,使光和同化产物向根系的分配减少,进而导致根系生物量的减少,但作为吸收水分和养分的主体(<10 mm)根系会快速大幅度地增加,提高植株的水分可获得性,使植物根系吸收的大量水分供应有限的地上叶面积,促使植物单位叶面积的含水量增加,提高植株的枝水势。另外,平茬之后,相对于平茬前柠条,对照所受干旱胁迫较为严重,为获取维持正常生理功能的水分,其通过脯氨酸的累积来维持较低的水势,保证平茬柠条枝水势相对较高。同时由于柠条地上组织需水总量减小,使土壤积累更多的水分,导致土壤含水量增加。

有学者以平茬措施对人工林生长发育的影响及土壤水分环境的变化为出发点进行深入研究,有观点指出在柠条林整个生长阶段,平茬后的柠条林地垂直剖面土壤水分的变异显著降低,平茬措施会使得柠条林土壤水分条件得到极大程度的改善。李耀林以半干旱黄土丘陵区为研究对象,研究发现平茬后林地土壤水分利用深度减小,并且降雨最大入渗深度减小,平茬措施对柠林地土壤水分的影响会产生一定影响。庞琪伟研究发现平茬措施能明显改善老林龄柠条林生物量,从而使老林龄柠条林达到复壮的目的。

郑世光(2010)通过研究柠条平茬之后根系和数量的分布情况之后,认为平茬措施使柠条根系大幅度增加是柠条地上部分加速生长的重要原因之一。平茬后水分条件的改善是萌蘖株地上生物量迅速恢复的主要机制之一,平茬措施明显改善了土壤水分状况。高天鹏等则通过研究浇水前后平茬柠条和未平茬柠条光合参数及调渗物质的变化情况,提出平茬后水分条件的改善是萌蘖株地上生物量迅速恢复的主要机制之一的观点。杨永胜研究表明:平茬措施降低了0~100 cm处的土壤平均含水量,尤其在40 cm和60 cm处。有研究认为40~90 cm为柠条细根的主要分布区和生长活跃区,据此推断,柠条细根系会在40~90 cm大幅度增加,加大对土壤水分的吸收,这又支持了郑世光等人的观点。实施平茬措施之后,柠条地块的土壤水分消耗量相对下降、耗水深度变浅,平茬措施产生了积极的土壤水分效应。在整个生长季,平茬措施下柠条地的平均土壤含水量在 50~240 cm 范围内明显高于对照组。同时,平茬措施显著降低了 0~300 cm,剖面各层土壤水分变异情况显著。

陈云明等(2000)对 8 龄沙棘林平茬后的土壤水分状况进行分析,1998 年末沙棘平茬时 0~400 cm 土层平均含水率为 4.4%,平茬后第一年末,土壤含水率恢复深度为 60 cm 左右,含水率在 5.7%~6.3%,水分恢复程度很低;第二年末,但 0~80 cm 土层含水率有较大恢复,土壤含水率在 6.5%~11.1%,水分恢复程度相对较高;第三年末,土壤水分恢复深度达 160 cm,含水率变化在 10.3%~14.6%,结果表明平茬后沙棘林地具有很强的土壤水分恢复能力。平茬后,林地降雨最大入渗深度减小,短时间内林地 20~160 cm 含水量增加,之后平茬林地土壤含水量与未平茬林地土壤含水量接近;丰水年和丰水年后的第一年,平茬林地含水量低于未平茬林地。0~400 cm 土壤储水量比未平茬林地低 45.9 mm。平茬后 200~400 cm 土层土壤水分有少量增加,但是 0~200 cm 土层土壤含水量损失更严重;平茬 3 年后,平茬对柠条林地土壤水分的影响减弱(李耀林 2011)。平茬对不同深度土壤水分影响程度不同,对林地深层(200~400 cm)土壤水分有轻微恢复作用,但是浅层土壤(0~200 cm)水分的消耗相对更严重。这可能是因为平茬后地表裸露,覆盖度降低,地表温差、风速较大,土壤水分蒸发和径流量大,以及平茬后林地浅层根系迅速生长吸水所致。由于平茬后萌生柠条对水分的消耗量远小于未平茬柠条,平茬 3 年内,如遇干旱年,平茬柠条林土壤水分利用深度和相同时间土壤储水量降低值均低于未平茬林地。3 年后,平茬对土壤水分影响程度减弱。

针对半干旱黄土地区,平茬可以在很短的时期(在两个月内)内改善土壤水分环境,而大部分时间则恶化了土壤水分环境,特别是上层土壤水分的恶化更为明显,因此,不提倡全部平茬,可以根据土壤水分植被承载力,沿等高线进行带状平茬,在减少水土流失的同时改善林地土壤水分环境。平茬后林地土壤水分的变化情况与平茬方式有关。一般常见和比较好的办法是采取隔行或隔丛平茬,反复交替进行,这样既能达到植株更新的目的,又不影响水土保持效益。在水土流失区营造的水土保持林,在平茬时也应采取交替进行的方法,使林分始终起到保水固土作用。李振峰(2018)在甘肃定西研究结果表明:隔行平茬萌蘖、生长优于隔丛和隔丛隔行平茬;柠条平茬初期对减缓土壤水分消耗具有明显的效果,且隔行和隔行+隔丛平茬这种效果更为明显。

干旱半干旱区大部分区域水资源匮乏,降水是该区域土壤水分补给的来源,降水量对土壤水分变化有着直接的影响,植物是影响该地区土壤水分变化的又一因素。在宁夏荒漠草原开展生长季不同平茬方式对人工柠条林的土壤水分平衡研究,确定关于土壤水分平衡的宁夏荒漠草原柠条适宜饲用平茬方式对该区生态建设,畜牧业生产建设具有重要影响。

第二节　梁地柠条不同月份平茬对土壤水分的影响

2017 年 3—10 月等不同月份进行平茬处理,2018 年 4—11 月份分别监测的 0~100 cm 土壤平均体积含水率,土壤水分采用 TDR 土壤水分测定仪测定。

一、不同处理土壤水分变化

通过野外定位观测试验,研究平茬措施对柠条土壤水分的影响,探索柠条平茬后迅速再生的生理生态学机制,为柠条的人工灌木经营提供了科学依据,在指导生产实践方面具有重要意义。土壤含水量为体积含水量。

（一）土壤水分等值分析

不同处理土层土壤含水量的等值线分布图 3-1 表明,从横坐标不同月份来看 4—7 月土壤含水量比较高,7—9 月含水量有所下降,10—11 月又稍有回升。纵坐标来看,4—7 月,20~60 cm 土层附近土壤含水量较高;7 月以后,20~100 cm 土壤水分变动较小。6—7 月的 20~60 cm 土壤等值线比较密集,然后向横向土壤辐射状分布,逐渐比较稀疏,达到稳定的状态,说明 6—7 月土壤含水量的空间异质性最高。9—10 月 20~40 cm 处形成小斑块,柠条耗水量降低,加

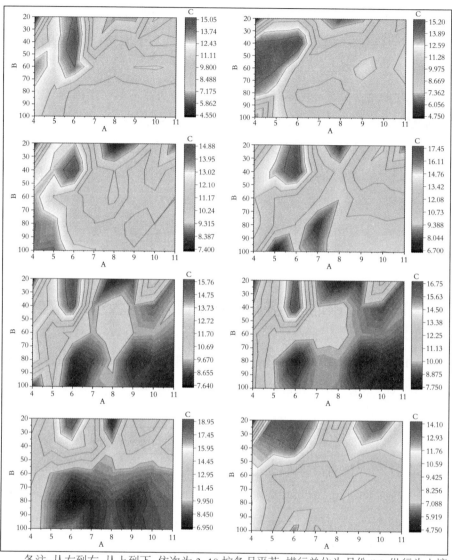

备注:从左到右,从上到下,依次为3~10柠条月平茬;横行单位为月份/M,纵行为土壤深度,单位cm。

图3-1　不同月份平茬土壤水分动态

上自然降水形成含水量增加。20 cm土层的土壤含水量的空间异质性最低。

(二)不同月份平茬水分动态

1. 不同处理之间土壤水分变化

表3-1中横行为柠条不同月份平茬,第二年从4月到11月1 m土壤含水

表 3-1　柠条逐月平茬土壤水分变化

单位:%

月份\处理	4 月	5 月	6 月	7 月	8 月	9 月	10 月	11 月	平均
3 月	10.31	11.34	12.30	8.88	8.99	9.10	9.94	9.42	10.04c
4 月	10.74	12.68	11.45	9.53	9.26	9.95	10.6	10.82	10.63bc
5 月	12.26	13.13	12.59	11.02	10.14	10.88	11.13	10.86	11.50a
6 月	12.72	11.99	13.19	9.81	9.63	11.15	11.50	10.56	11.32ab
7 月	11.03	11.81	11.52	9.52	9.58	8.93	9.58	8.78	10.09c
8 月	11.36	11.22	12.11	9.84	9.58	8.93	9.58	8.78	10.18c
9 月	11.24	11.11	11.84	10.59	8.87	10.08	10.29	9.94	10.50bc
10 月	10.32	11.01	10.30	9.90	8.83	9.84	10.05	9.84	10.32c
平均	11.25ab	11.79a	11.91a	9.89c	9.36c	9.86c	10.33bc	9.88c	10.57

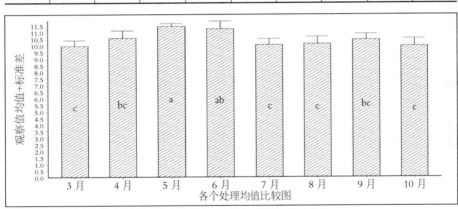

图 3-2　不同月份平茬土壤水分显著性

量平均值。5 月平茬土壤水分最高为 11.50%,7 月平茬最低为 10.09%。5 月平茬除了 6 月平茬外,与其他不同月份平茬之间存在差异显著。4 月、6 月平茬与 3 月、7 月、8 月、10 月平茬存在差异显著。不同平茬处理土壤含水量排序:5 月>6 月>4 月>9 月>10 月>8 月>7 月>3 月。

2. 不同生长月份之间土壤水分变化

不同月份柠条,4—6 月份含水量均在 11% 以上,7—9 月份含水量下降较为厉害,主要是柠条在这一段时间生长旺盛期,耗水量较大。4—6 月之间差异不显著,7—11月几个月之间差异不显著;4—6月土壤含水量与7—11月土壤含水量之间存在差异显著。不同平茬处理土壤含水量排序:6月>5月>4月>10月>7月>11月>9月>8月。

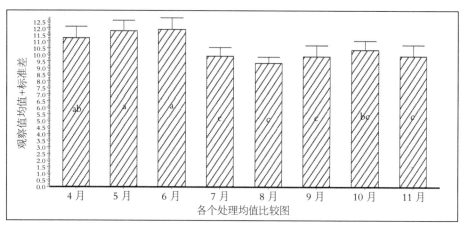

图3-3　不同生长月份平茬土壤水分显著性

3. 不同土壤深度水分变化

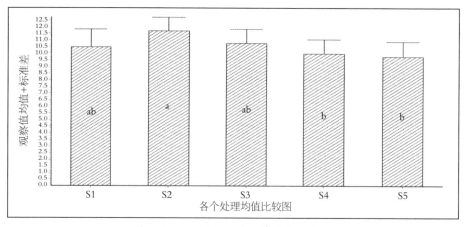

图3-4　不同土层深度土壤水分显著性

不同月份平茬,土层深度有变化,土壤水分主要集中20~40 cm,最高为11.66%,最低为80~100 cm为9.73%。20~40 cm与60~100 cm之间存在差异显著。不同土层土壤含水量排序:20~40 cm>40~60 cm>0~20 cm>60~80 cm>80~100 cm。(表3-2)

表 3-2　柠条不同深度土壤水分变化

单位:%

项目	3 月	4 月	5 月	6 月	7 月	8 月	9 月	10 月	平均
0~20 cm	9.08	8.40	9.96	11.42	10.78	10.63	12.72	10.61	10.45ab
20~40 cm	9.98	11.86	11.90	13.40	11.00	11.06	12.61	11.49	11.66a
40~60 cm	11.71	11.98	11.49	11.47	10.35	10.34	9.62	9.05	10.75ab
60~80 cm	9.80	10.73	11.86	10.71	9.55	9.40	8.60	9.07	9.97b
80~100 cm	9.61	10.19	12.29	9.59	8.78	9.46	8.94	9.00	9.73b
平均	10.04c	10.63bc	11.50a	11.32ab	10.09c	10.18c	10.50bc	9.84c	10.51

(三)不同土层含水量性质统计

对不同月份柠条平茬,不同土层土壤水分变化进行描述性统计(表 3-3),并对不同土层平均土壤含水量进行单因素 ANOVA 方差分析。一般的,依照变异系数(CV)来划分土壤水分的垂直变化层次,CV 可以明确地反映人工柠条林土壤容积含水量在垂直方向变化的具体情况。CV 值越大表明土壤水分变化越剧烈,CV 越小说明土壤水分变化越微弱。根据梁地剖面土壤水分垂直变化按变异系数分为 三层:速变层、活跃层和相对稳定层。0~20 cm 为速变层,20~60 cm 为活跃层,60~100 cm 相对稳定层。

以 3 月、4 月、5 月平茬为例。3 月平茬各土层土壤含水量变异系数大小次序为 20 cm>40 cm>80 cm>60 cm>100 cm;20 cm 土层最大, 平均为 35.31%,100 cm 土层最小, 平均为 9.45%。土壤水分变化极差大小与变异系数一致。20 cm 与 60 cm 之间存在差异显著。4 月平茬各土层土壤含水量变异系数大小次序为 20 cm>40 cm>100 cm>60 cm>80 cm;20 cm 土层最大, 平均为 28.43%,80 cm 土层最小,平均为 13.18%。土壤水分变化极差大小与变异系数一致。20 cm 与 40 cm、60 cm 之间存在差异显著。5 月平茬各土层土壤含水量变异系数大小次序为 20 cm>40 cm>100 cm>60 cm>80 cm;20 cm 土层最大,平均为 28.43%,80 cm 土层最小,平均为 13.18%。土壤水分变化极差大小与变异系数一致。20 cm 与 40 cm、60 cm 之间存在差异显著。

表 3-3　不同土层土壤含水量描述性统计结果

处理	土层/cm	平均值/%	最大值/%	最小值/%	极差/%	标准差	CV/%
3 月	0~20	9.08b	14.07	4.58	9.49	3.206 6	35.31
	20~40	9.98ab	15.02	7.35	7.67	2.464 7	24.70
	40~60	11.71a	13.46	10.40	3.06	1.254 9	10.72
	60~80	9.80ab	12.20	8.82	3.38	1.144 3	11.68
	80~100	9.61ab	11.58	9.06	2.52	0.908 1	9.45
4 月	0~20	8.40a	10.91	4.79	6.12	2.387 7	28.43
	20~40	11.86a	15.20	9.17	6.03	2.324 4	19.60
	40~60	11.98a	14.75	10.30	4.45	1.584 5	13.23
	60~80	10.73ab	13.59	9.39	4.20	1.414 2	13.18
	80~100	10.19ab	12.27	6.57	5.70	1.603 0	15.73
5 月	0~20	9.96b	13.17	7.46	5.71	2.229 3	22.38
	20~40	11.90ab	14.87	10.21	4.66	1.556 1	13.08
	40~60	11.49ab	13.39	9.87	3.52	0.999 4	8.70
	60~80	11.86ab	14.00	10.82	3.18	1.176 2	9.92
	80~100	12.29a	14.03	11.23	2.80	1.103 9	8.98
6 月	0~20	11.42ab	16.89	8.26	8.63	3.185 5	27.89
	20~40	13.40a	17.41	10.34	7.07	2.139 4	15.97
	40~60	11.47ab	13.49	9.47	4.02	1.129 7	9.85
	60~80	10.71ab	14.07	7.65	6.42	1.802 9	16.83
	80~100	9.59b	12.83	6.74	6.09	1.704 4	17.77
7 月	0~20	10.78a	15.76	7.95	7.81	2.835 9	26.31
	20~40	11.00a	15.32	8.92	6.40	2.218 0	20.16
	40~60	10.35a	13.23	9.08	4.15	1.300 1	12.56
	60~80	9.55a	13.57	8.15	5.42	1.933 1	20.24
	80~100	8.78a	10.67	7.65	3.02	1.028 2	11.71

续表

处理	土层/cm	平均值/%	最大值/%	最小值/%	极差/%	标准差	CV/%
8月	0~20	10.63a	16.07	7.95	8.12	2.860 9	26.91
	20~40	11.06a	16.74	8.92	7.82	2.565 1	23.19
	40~60	10.34a	12.58	9.08	3.50	1.048 5	10.14
	60~80	9.40a	12.76	8.13	4.63	1.562 5	16.62
	80~100	9.46a	12.59	7.77	4.82	1.499 0	15.85
9月	0~20	12.72a	18.93	7.11	11.82	3.547 9	27.89
	20~40	12.61a	15.25	10.25	5.00	1.639 1	13.00
	40~60	9.62b	11.90	8.71	3.19	0.975 5	10.14
	60~80	8.60b	10.88	6.96	3.92	1.167 7	13.58
	80~100	8.94b	10.80	7.87	2.93	0.883 9	9.89
10月	0~20	11.16a	14.08	4.79	9.29	3.391 0	30.39
	20~40	11.44a	13.06	10.08	2.98	1.076 7	9.41
	40~60	9.13b	11.48	7.86	3.62	1.084 0	11.87
	60~80	9.29b	11.82	8.32	3.50	1.137 9	12.25
	80~100	9.04b	11.44	6.59	4.85	1.340 0	14.82

(四)柠条耗水规律研究

1. 不同处理耗水量的变化

不同月份平茬处理来看（表3-4），各处理之间差异不显著，平均数为388.33 mm，各个处理间极差为26.60 mm。依据耗水量大小依次为8月>7月>6月>5月>9月>3月>10月>4月。从图中可以看出不同处理耗水量与柠条再生丛高、冠幅、生物量之间存在线性关系：$y(丛高)=0.527x-129.3（R^2=0.550\ 9）$，$y（冠幅）=0.596\ 5x-169.81（R^2=0.659\ 7）$，$y（生物量）=0.025\ 6x+2.858\ 4（R^2=0.460\ 7）$。

表 3-4　柠条不同月份耗水量统计

单位:mm

月份\处理	4 月	5 月	6 月	7 月	8 月	9 月	10 月	合计
降雨量	18.40	68.50	63.40	63.30	112.40	29.10	19.50	374.60
3 月	8.10	58.90	97.60	62.20	111.30	20.70	24.70	383.50
4 月	−1.00	80.80	82.60	66.00	105.50	22.60	17.30	373.80
5 月	9.70	73.90	79.10	72.10	105.00	26.60	22.20	388.60
6 月	25.70	56.50	97.20	65.10	97.20	25.60	28.90	396.20
7 月	10.60	71.40	83.40	62.70	118.90	22.60	27.50	397.10
8 月	19.80	59.60	86.10	65.90	118.90	22.60	27.50	400.40
9 月	19.70	61.20	75.90	80.50	100.30	27.00	23.00	387.60
10 月	11.50	75.60	67.40	74.00	102.30	27.00	21.60	379.40
平均	13.01Dd	67.24Cc	83.66Bb	68.56Cc	107.43Aa	24.34Dd	24.09 Dd	388.33
耗水强度	0.43	2.24	2.79	2.29	3.58	0.81	0.80	0.43
模数/%	3.35	17.31	21.54	17.66	27.66	6.27	6.20	—
标准差	8.3779	9.2209	10.2134	6.3817	8.1900	2.4836	3.8513	—
CV/%	64.38	13.71	12.21	9.31	7.62	10.20	15.99	—

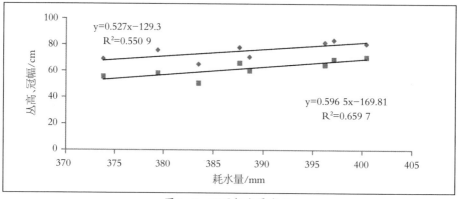

图 3-5　不同耗水量变化

2. 生长季不同月份耗水量的变化

从生长月份来看柠条耗水量与降水量之间有紧密关系。降水量大的月份耗水量大、降水量小的耗水量也相应的小。$y=0.920\ 7x+2.439\ 6$（$R^2=0.932\ 7$）。说明在干旱区柠条生长对降水量有高度的依赖性，其生产量的多少与降水量有高度的相关性。耗水量大于降水量，在6月、7月耗水量高于降水量，其耗水量的大小与其生长发育相适应，也与气候因子（日辐射和温度）相适应。

柠条生长季内耗水量变化曲线呈双峰型，6月和8月有两个峰，7月有降低。整个生长期内柠条耗水量变化如图3-6，从3月底到4月初柠条萌动过后，开始展叶、开花到5月，耗水量开始逐渐增大，6月果熟期至7月后开始有所下降。8月耗水量达到顶峰，后期由于气温逐渐降低，叶面蒸腾减少，需水量也就相应有所减少。说明柠条生长前期气温低，植株叶片小，腾发量少，则需水量就小；随着新梢迅速生长，花序发育，根系也开始大量发生新根，同化作用旺盛，蒸散量逐渐增大；到7—8月需水量增大，这时气温最高，植株高大，叶片茂盛，植株需水强度达到高峰。生长季内4—10月存在差异极显著，4月、9月、10月不存在差异显著，5月、7月不存在差异显著（图3-7）。

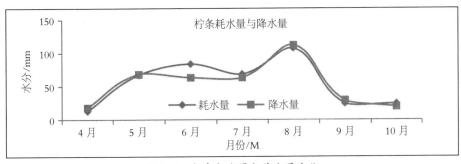

图3-6　柠条耗水量与降水量变化

通过不同水分处理耗水模系数的分析，可看出柠条8月耗水模系数最大，为27.66%，其他依次为6月>7月>5月>9月>10月>4月。

（五）主要成分分析柠条耗水规律与气象因子之间关系

通过灰色关联度分析（表3-5），明确了气象因子对柠条耗水量影响程度赋值大小。降水量、气温、辐射、风速、日照时数、蒸发量分别为0.494 1、0.351 5、0.300 6、0.248 5、0.230 7、0.417 8，降水量、蒸发量赋值较大，说明降水量、蒸发量对耗水量影响较大。

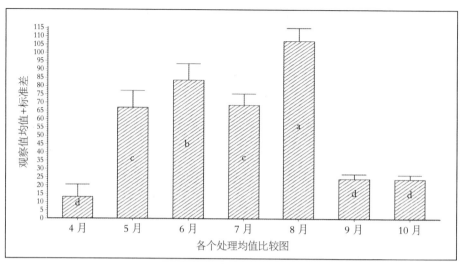

图 3-7　柠条耗水量显著性

表 3-5　柠条不同月份耗水量统计

处理 ＼ 月份	4 月	5 月	6 月	7 月	8 月	9 月	10 月
耗水量/mm	13.01	67.24	83.66	68.56	107.43	24.34	24.09
降水量/mm	18.40	68.50	63.40	63.30	112.40	29.10	19.50
气温/℃	13.2	17.9	22.0	23.7	22.9	14.2	7.9
辐射/(W·m⁻²)	562.29	651.8	688.56	657.37	551.28	445.64	429.1
风速/(m·s⁻¹)	3.0	2.8	2.5	2.4	2.2	1.9	2.1
日照时数/h	250.6	282.0	280.8	279.0	262.2	235.7	229.4
蒸发量/mm	228.7	308.1	314.6	296.5	236.6	170.5	127.6

因子估计方法:主成分法。

计算特征值的贡献率和累积贡献率（KMO）=0.558 3,可以应用因子分析法。Bartlett 球形检验,卡方值 Chi=39.100 9,df=15,p=0.000 6。表明可以应用因子分析法进行分析。

根据累积贡献率≥85%的原则取得主要成分(表 3-6),共提取了两个主要成分,各主要成分方差贡献率分别为 72.937 0%、21.165 4%,累积贡献率达

表 3-6　因子分析的特征值及贡献率

顺序	特征值	百分率/%	累计百分率/%
1	4.376 2	72.937 0	72.937 0
2	1.269 9	21.165 4	94.102 5
3	0.265 8	4.429 7	98.532 2
4	0.073 6	1.226 4	99.758 6
5	0.010 8	0.179 6	99.938 3
6	0.003 7	0.061 7	100

94.102 5%，超过 85%，它们已代表了柠条耗水量驱动因子绝大部分的信息。

根据原有变量的相关系数矩阵（表 3-7），采用主要成分分析法提取因子并选取大于 1 的特征根，两个因子提取所有变量的共同度均较高，各个变量的信息丢失较少。因此，因子提取的总体效果较为理想。

表 3-7　初始因子估计值

顺序	F_1	F_2	共同度	特殊方差
降水量	0.691 2	−0.622 6	0.865 4	0.134 6
气温	0.879 5	−0.416 7	0.947 2	0.052 8
辐射	0.963 7	0.208 3	0.972 1	0.027 9
风速	0.511 2	0.801 9	0.904 3	0.095 7
日照时数	0.987 1	0.047 8	0.976 7	0.023 3
蒸发量	0.980 0	0.141 8	0.980 6	0.019 4
方差贡献	4.376 3	1.270 0	—	—
占%	72.940 0	21.170 0	—	—
累计%	72.940 0	94.110 0	—	—

通过 Varimax with Kaiser Normalization 对初始因子估计值进行旋转（表 3-8）。各因子贡献率得到进一步完善，累计贡献率 72.94%、94.11% 调整为 51.74%、94.11%，共同度均在 0.98 以上，各个变量的信息丢失较少。

表 3-8　因子载荷矩阵

项目	因子 1	因子 2	共同度	特殊方差
降雨量	0.929 6	−0.036 2	0.865 4	0.134 6
气温	0.942 5	0.242 4	0.947 2	0.052 8
辐射	0.607 4	0.776 7	0.972 1	0.027 9
风速	−0.120 1	0.943 3	0.904 3	0.095 7
日照时数	0.728 0	0.668 4	0.976 7	0.023 3
蒸发量	0.662 5	0.736 0	0.980 6	0.019 4
方差贡献	3.104 7	2.541 6	—	—
累计贡献%	51.745 4	94.105 8	—	—

表 3-9,因子 1 中主要由气温(0.942 5)、降水量(0.929 6)、日照时数(0.728 0),命名为水温因子,因子 1 中降水量、气温、日照时数均为正值,表明三者对柠条耗水量起到促进作用;因子 2 由风速(0.943 3)、辐射(0.776 7)、蒸发量(0.733 7)决定,三者主要促进柠条土壤水分快速流动,命名为流通因子,均为正值,表明三者也是对柠条耗水量起到促进作用。

表 3-9　因子提取及命名

简化	因子 1	因子 2
降水量	0.929 6	—
气温	0.942 5	—
辐射	—	0.776 7
风速	—	0.943 3
日照时数	0.728 0	—
蒸发量	—	0.736 0

在因子分析法中(表 3-10),根据各指标间的相关关系或各项指标值的变异程度确定的权重,具有客观性,且权重等于方差百分比。将每个公共因子得分与对应的权重进行线性加权求和,即可得出某一月的综合评价值(F)。

公式表示：$F=3.1047Y_1+2.5416Y_2$

表 3-10　因子得分估计：回归法

项目	因子 1	因子 2
降水量	0.435 1	−0.275 7
气温	0.364 4	−0.123 6
辐射	0.064 3	0.266 9
风速	−0.314 2	0.560 0
日照时数	0.149 3	0.173 3
蒸发量	0.100 7	0.229 1

从表 3-11 可以看出，综合得分为正数的有 4 年，为负数的有 3 年。负值表示柠条该月耗水量低于总体平均水平。

表 3-11　各因子得分统计

月份	$Y(i,1)$	$Y(i,2)$	合计	排名
4 月	−1.267 7	1.087 4	−0.180 3	5
5 月	0.207 8	1.024 9	1.232 7	2
6 月	0.661 2	0.655 2	1.316 4	1
7 月	0.788 5	0.324 1	1.112 6	3
8 月	1.267 9	−0.944 4	0.323 5	4
9 月	−0.435 6	−1.207 9	−1.643 5	6
10 月	−1.222 2	−0.939 2	−2.161 4	7

二、柠条林带间土壤水分动态

(一)柠条带间土壤水分等值线分析

不同处理土层土壤含水量的等值线分布图表明(图 3-8)，柠条根下 20~40 cm 土壤含水量较高，表层土壤水量也较高。7—8 月表层形成一个含水量低的小斑块，5—11 月 50~100 cm 土壤含水量保持平稳的状态，为 8%~9%。距离柠条带 1 m，基本变化状况一样。但是 60~100 cm 从 6 月开始含水量逐渐向

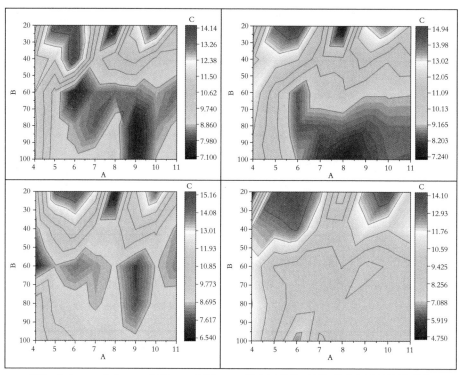

备注:左上 0 m,右上 1 m;左下 2 m,右下 3 m。横坐标单位:月份;纵坐标土壤深度单位:cm。

图 3-8　柠条带间土壤水分等值线

深层降低。距离柠条带 2 m,4—7 月表层形成一个斑块,5—8 月 50~80 cm 和 8—10 月 50~100 cm 形成两个含水量低的斑块。距离柠条带 3 m,表层 20~50 cm,4—7 月土壤含水量含量较高。7—8 月形成一个土壤含水量低的缺口,8—11 月土壤含水量又恢复到以前。整个生长季土壤 50~100 cm,土壤含水量保持稳定的状态。说明柠条根系可以利用到 2 m 之内的土壤含水量。8 月份耗水量大的时候,可以利用到 1 m 深的土壤水分。柠条带根中 5—7 月的 40~60 cm 土壤等值线比较密集,然后向横向土壤辐射状分布,开始比较稀疏,逐渐达到稳定的状态,说明 6—7 月土壤含水量的空间异质性最高。

(二)柠条带间土壤水分动态

1. 不同处理之间土壤水分变化

从 4—11 月不同月份(表 3-12),不同月份之间差异极显著。5 月土壤水分最高为 10.96%,最低 8 月为 8.77%。不同月份土壤含水量排序为 5 月>4 月>6 月>10 月>9 月>7 月>11 月>8 月。

表 3-12 柠条逐月平茬土壤水分变化

单位:%

距离	4 月	5 月	6 月	7 月	8 月	9 月	10 月	11 月	平均
0 m	11.09	10.65	10.60	9.17	8.87	9.20	9.96	9.31	9.86b
1 m	11.57	11.62	10.57	9.69	8.73	10.05	10.12	9.85	10.28a
2 m	9.67	10.57	10.72	9.69	8.63	9.38	10.25	9.09	9.75b
3 m	10.32	11.01	10.30	9.90	8.83	9.84	10.05	9.84	10.01ab
平均	10.66ABab	10.96Aa	10.55ABab	9.61Cc	8.77Dd	9.62Cc	10.10BCbc	9.52Cc	9.98

2. 不同处理之间

柠条带间,距离柠条带不同距离之间存在差异显著。土壤含水量最大 1 m 为 10.28%,其次 3 m 为 10.01%,距离 2 m 土壤含水量最低为 9.75%。7—9 月,柠条带里的耗水量最大,土壤含水量最低,依次为 0 m(9.34)<2 m(9.42)< 1 m(9.63)<3 m(9.57)。

3. 不同深度土壤水分变化

柠条根系对土壤水分主要利用在 40~80 cm,特别是距离 1 m 的带距,80~100 cm 土壤含水量低于其他各层。土壤对表层水分利用较少,主要是梁坡地,土质红胶泥,土壤水分下渗相对困难。

表 3-13 不同深度土壤水分动态变化

单位:%

深度	0 m	1 m	2 m	3 m	平均
0~20 cm	11.44	12.01	11.83	11.16	11.61Aa
20~40 cm	10.82	11.27	9.81	11.44	10.84Aa
40~60 cm	8.80	9.91	8.19	9.13	9.01Bb
60~80 cm	9.00	9.21	9.19	9.29	9.17Bb
80~100 cm	9.22	8.99	9.74	9.04	9.25Bb
平均	9.86b	10.28a	9.75b	10.01ab	9.98

(三)不同土层含水量性质统计

对柠条带间土壤水分不同土层土壤水分变化进行描述性统计,并对不同土层平均土壤含水量进行单因素 ANOVA 方差分析。一般的,依照变异系数(CV)来划分土壤水分的垂直变化层次,柠条带中 0~20 cm 变异最大,各土层土壤含水量变异系数大小次序 0~20 cm>20~40 cm>40~60 cm>60~80 cm>80~100 cm。1 m 各土层土壤含水量变异系数大小次序 0~20 cm>80~100 cm>60~80 cm>40~60 cm>20~40 cm。2 m 各土层土壤含水量变异系数大小次序 0~20 cm>60~80 cm>20~40 cm>80~100 cm>40~60 cm。3 m 各土层土壤含水量变异系数大小次序 0~20 cm>80~100 cm>60~80 cm>40~60 cm>20~40 cm。

表 3-14 不同土层土壤含水量描述性统计结果

深度	土层/cm	平均值/%	最大值/%	最小值/%	极差/%	标准差	CV/%
0 m	0~20	11.44	14.14	7.11	7.03	2.474 0	21.63
	20~40	10.82	14.11	9.36	4.75	1.593 8	14.73
	40~60	8.80	11.51	7.35	4.16	1.238 1	14.07
	60~80	9.00	11.67	7.39	4.28	1.243 9	13.82
	80~100	9.22	11.60	7.28	4.32	1.172 4	12.72
1 m	0~20	12.01	14.93	7.25	7.68	2.609 0	21.72
	20~40	11.27	12.63	10.24	2.39	0.900 3	7.99
	40~60	9.91	12.87	8.39	4.48	1.347 6	13.60
	60~80	9.21	12.20	8.37	3.83	1.361 2	14.78
	80~100	8.99	11.67	7.47	4.20	1.434 0	15.95
2 m	0~20	11.83	15.15	6.55	8.60	2.950 8	24.94
	20~40	9.81	10.89	8.35	2.54	1.147 1	11.69
	40~60	8.19	8.76	7.13	1.63	0.592 8	7.24
	60~80	9.19	11.74	7.67	4.07	1.152 2	12.54
	80~100	9.74	11.90	8.92	2.98	0.951 2	9.77

续表

深度	土层/cm	平均值/%	最大值/%	最小值/%	极差/%	标准差	CV/%
3 m	0~20	11.16	14.08	9.79	4.29	2.349 5	21.05
	20~40	11.44	13.06	10.08	2.98	1.076 7	9.41
	40~60	9.13	11.48	8.36	3.12	1.084 0	11.87
	60~80	9.29	11.82	8.32	3.50	1.137 9	12.25
	80~100	9.04	11.44	6.59	4.85	1.340 0	14.82

根据土壤水分变异系数,可以推测,梁地柠条根系对水分利用深度主要集中在 40~60 cm 以上,水平方向可以达到 3 m。

第三节　沙地柠条不同月份平茬对土壤水分的影响

一、不同处理土壤水分变化

通过野外定位观测试验,研究平茬措施对柠条土壤水分的影响,探索柠条平茬后迅速再生的生理生态学机制,为柠条的人工灌木经营提供了科学依据,在指导生产实践方面具有重要意义。土壤含水量为体积含水量。

（一）土壤水分等值分析

不同处理土层土壤含水量的等值线分布图 3-9 表明,所有平茬处理 4—5 月份土壤水分变动较大。一方面由于春季柠条萌动期对水分开始利用,另一方面气温开始回升,蒸发量也开始增大。6 月和 8 月由于降水量的增加,浅层土壤水分得到补充,含水量增加。沙地柠条土壤水分利用主要集中在 1 m 以上,这和柠条根系分布有关。沙质土壤以风沙土为主,表层利用对 1 m 以下土壤水分影响也比较大,土壤等值线比较密集,土壤含水量的空间异质性最高。7—8 月柠条由于蒸腾作用对土壤水分利用也较多,出现小的斑块。

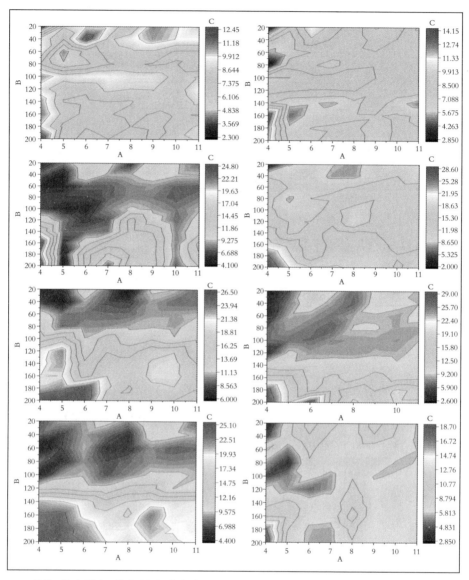

备注：从左到右，从上到下，依次为3—10月柠条平茬土壤水分状态，图中横坐标为月份，单位为月；竖坐标为土层深度，单位为cm。

图3-9　不同月份平茬土壤水分动态

(二)不同月份平茬水分动态

1.不同月份平茬处理之间土壤水分变化

表3-15中横行为柠条不同月份平茬，第二年从4月到11月0~2 m土壤

表 3-15 2018 年柠条逐月平茬土壤水分变化

单位:%

月份\处理	4 月	5 月	6 月	7 月	8 月	9 月	10 月	11 月	平均
3 月	9.26	7.12	8.11	8.04	8.14	8.48	8.2	8.42	8.22CDc
4 月	8.33	6.99	7.86	7.67	7.80	9.99	7.74	7.28	7.93Dc
5 月	12.97	6.29	9.74	9.17	12.03	11.78	8.09	10.38	10.05BCb
6 月	15.96	13.00	12.50	13.77	12.85	14.31	13.06	13.56	13.63Aa
7 月	16.51	16.76	14.83	14.22	12.95	14.83	14.58	13.6	14.78Aa
8 月	11.25	11.20	11.52	10.15	10.75	11.34	11.54	11.51	11.16Bb
9 月	13.51	14.01	13.75	12.17	12.16	14.45	13.38	12.97	13.30Aa
10 月	8.87	7.44	8.07	7.30	8.94	8.02	7.65	6.96	7.91Dc
平均	12.08Aa	10.35Ab	10.80Aab	10.31Ab	10.70Aab	11.65Aab	10.53Aab	10.59Aab	10.88

含水量平均值为10.88%。7 月平茬土壤水分最高为 14.78%,10 月最低为 7.91%。不同月份平茬处理之间差异显著(图 3-10)。不同月份平茬处理土壤含水量排序:7 月>6 月>9 月>8 月>5 月>3 月>4 月>10 月。

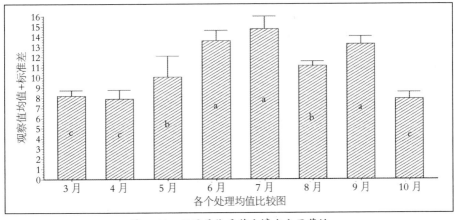

图 3-10 不同月份平茬土壤水分显著性

2. 不同生长月份之间土壤水分变化

不同月份柠条土壤含水量在 10% 以上,5—8 月含水量下降较为厉害,主要是柠条在这一段时间生长旺盛期,耗水量较大。9 月主要是由于降水量补充,含水量高于 8 月和 10 月。4 月与 7 月之间差异显著(图 3–11)。不同平茬处理土壤含水量排序:4 月>9 月>6 月>8 月>11 月>10 月>5 月>7 月。

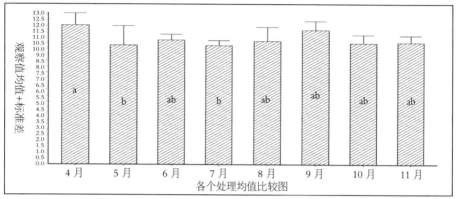

图 3–11　不同月份平茬土壤水分动态

3. 不同土壤深度水分变化

沙地不同月份平茬,土层深度水分有所变化(表 3–16),随着土层深度增加,土壤含水量逐渐增加,土层深度与土壤含水量之间存在直线相关:$y=0.039\,6x+6.49$($R^2=0.8806$)。变异最大的是 8 月份平茬处理为 42.23%,最小的是 10 月份平茬处理 9.33%。(图 3–12)200 cm 与 20、60、80 cm 土层深度之间存在差异显著。

表 3–16　柠条不同深度土壤水分变化

单位:%

深度	3 月	4 月	5 月	6 月	7 月	8 月	9 月	10 月	平均
20 cm	8.48	8.08	8.72	8.30	9.40	8.43	9.25	8.37	8.63Ab
40 cm	9.63	8.08	8.92	10.03	8.99	8.34	8.39	8.07	8.81Aab
60 cm	7.42	7.23	7.15	12.75	10.34	8.05	7.15	7.56	8.46Ab
80 cm	6.71	7.16	7.31	12.39	10.98	8.01	7.80	7.16	8.44Ab
100 cm	9.40	9.04	7.66	11.94	13.58	7.82	8.49	6.66	9.32Aab
120 cm	8.55	8.31	9.53	12.60	17.24	8.35	11.08	7.12	10.35Aa
140 cm	8.08	6.31	11.11	14.50	18.48	10.30	18.57	8.13	11.94Aab
160 cm	7.92	7.49	14.13	15.93	18.75	13.47	20.22	8.66	13.32Aab
180 cm	7.69	7.60	13.22	18.08	19.94	17.99	20.91	8.67	14.26Aab

续表

深度	3月	4月	5月	6月	7月	8月	9月	10月	平均
200 cm	8.34	7.77	12.79	19.74	20.15	20.81	21.15	8.69	14.93Aa
平均	8.22DEd	7.71Ed	10.05 CDEcd	13.63 ABab	14.78Aa	11.16 BCDbc	13.30 BCab	7.91DEd	
标准差	0.8744	0.7423	2.5878	3.5084	4.5829	4.7129	6.0722	0.7383	
CV/%	10.64	9.63	25.75	25.74	31.01	42.23	45.66	9.33	

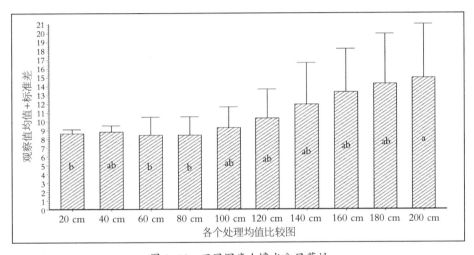

图 3-12 不同深度土壤水分显著性

(三)不同土层含水量性质统计

对不同月份柠条平茬,不同土层土壤水分变化进行描述性统计(表3-17),并对不同土层平均土壤含水量进行单因素 ANOVA 方差分析。根据沙地剖面土壤水分垂直变化按变异系数分为三层:速变层、活跃层和相对稳定层。0~20 cm 为速变层,20~60 cm 为活跃层,60~200 cm 相对稳定层。

以3月、7月、10月平茬为例。3月平茬各土层土壤含水量变异系数大小次序:100 cm>120 cm>40 cm>80 cm>180 cm>140 cm>160 cm>60 cm>200 cm>20 cm;20 cm 土层最大,平均为29.59%,100 cm 土层最小,平均为7.40%。土壤水分变化极差大小与变异系数一致。7月平茬各土层土壤含水量变异系数大小次序为 60 cm>160 cm>80 cm>140 cm>40 cm>180 cm>100 cm>120 cm>200 cm>

表 3-17 不同土层土壤含水量描述性统计结果

平茬处理	土层/cm	平均值/%	最大值/%	最小值/%	极差/%	标准差	CV/%
3 月	20	8.48	10.85	2.34	8.51	2.509 6	29.59
	40	9.63	11.99	7.50	4.49	1.265 0	13.14
	60	7.42	9.63	4.32	5.31	1.480 3	19.95
	80	6.71	7.58	4.94	2.64	0.903 8	13.47
	100	9.40	10.8	8.31	2.49	0.695 5	7.40
	120	8.55	9.69	7.58	2.11	0.702 5	8.22
	140	8.08	10.63	7.11	3.52	1.129 5	13.98
	160	7.92	11.12	6.99	4.13	1.258 6	15.89
	180	7.69	9.79	6.37	3.42	1.051 8	13.68
	200	8.34	12.45	6.16	6.29	1.752 7	21.02
4 月	20	8.08	11.26	2.89	8.37	2.402 8	29.74
	40	8.08	9.66	6.29	3.37	0.984 0	12.18
	60	7.23	8.42	5.37	3.05	0.917 8	12.69
	80	7.16	8.39	3.02	5.37	1.659 6	23.18
	100	9.04	9.95	7.97	1.98	0.698 9	7.73
	120	8.31	9.08	7.49	1.59	0.490 4	5.90
	140	6.31	8.11	5.01	3.1	0.938 5	14.87
	160	7.49	14.14	4.70	9.44	2.627 0	35.07
	180	7.60	12.38	5.93	6.45	1.861 9	24.50
	200	7.77	11.89	6.43	5.46	1.631 2	20.99
5 月	20	8.72	11.56	5.30	6.26	2.181 9	25.02
	40	8.92	11.24	5.61	5.63	1.594 7	17.88
	60	7.15	8.53	5.33	3.2	1.023 6	14.32
	80	7.31	8.02	6.51	1.51	0.641 2	8.77

续表

平茬处理	土层/cm	平均值/%	最大值/%	最小值/%	极差/%	标准差	CV/%
5月	100	7.66	9.56	5.40	4.16	1.475 2	19.26
	120	9.53	15.54	6.40	9.14	2.753 2	28.89
	140	11.11	17.1	7.60	9.5	3.650 5	32.86
	160	14.13	24.78	6.37	18.41	5.439 2	38.49
	180	13.22	21.1	5.26	15.84	4.545 9	34.39
	200	12.79	24.39	4.14	20.25	6.139 3	48.00
6月	20	8.30	10.94	2.02	8.92	2.607 5	31.42
	40	10.03	12.00	7.80	4.20	1.474 3	14.70
	60	12.75	13.86	11.75	2.11	0.903 4	7.09
	80	12.39	15.25	7.92	7.33	1.950 0	15.74
	100	11.94	13.37	9.45	3.92	1.626 6	13.62
	120	12.60	13.62	8.67	4.95	1.671 6	13.27
	140	14.50	17.61	11.32	6.29	2.206 4	15.22
	160	15.93	20.11	12.87	7.24	2.182 2	13.70
	180	18.08	25.69	13.10	12.59	3.371 6	18.65
	200	19.74	28.55	14.45	14.10	3.824 0	19.37
7月	20	9.40	13.03	6.07	6.96	2.270 7	24.16
	40	8.99	10.70	6.54	4.16	1.271 4	14.14
	60	10.34	12.11	9.52	2.59	0.843 7	8.16
	80	10.98	13.20	9.36	3.84	1.198 5	10.92
	100	13.58	17.29	11.20	6.09	1.975 4	14.55
	120	17.24	23.21	12.30	10.91	3.293 8	19.11
	140	18.48	22.76	14.11	8.65	2.504 1	13.55
	160	18.75	21.39	15.10	6.29	2.004 5	10.69

续表

平茬处理	土层/cm	平均值/%	最大值/%	最小值/%	极差/%	标准差	CV/%
7月	180	19.94	25.93	15.94	9.99	3.259 7	16.35
	200	20.15	28.46	16.17	12.29	4.762 1	23.63
8月	20	8.43	11.82	2.65	9.17	2.913 7	34.56
	40	8.34	10.90	4.02	6.88	2.087 5	25.03
	60	8.05	9.97	4.06	5.91	1.662 3	20.65
	80	8.01	9.41	6.35	3.06	1.114 0	13.91
	100	7.82	9.21	6.82	2.39	0.769 7	9.84
	120	8.35	9.80	4.66	5.14	1.499 2	17.95
	140	10.30	10.75	9.50	1.25	0.471 2	4.57
	160	13.47	17.20	11.27	5.93	2.317 1	17.20
	180	17.99	27.11	11.6	15.51	4.228 9	23.51
	200	20.81	28.94	14.36	14.58	4.842 3	23.27
9月	20	9.25	11.46	6.81	4.65	1.546 3	16.72
	40	8.39	10.50	6.30	4.20	1.450 1	17.28
	60	7.15	9.31	4.40	4.91	1.400 7	19.59
	80	7.80	8.64	5.94	2.70	0.878 0	11.26
	100	8.49	9.99	4.93	5.06	1.597 2	18.81
	120	11.08	13.03	10.09	2.94	1.222 8	11.04
	140	18.57	20.95	15.49	5.46	1.529 4	8.24
	160	20.22	23.37	17.09	6.28	2.240 7	11.08
	180	20.91	24.04	18.93	5.11	1.889 0	9.03
	200	21.15	25.10	17.99	7.11	2.220 9	10.50
10月	20	8.37	11.88	2.90	8.98	2.689 2	32.13
	40	8.07	10.60	4.30	6.30	1.912 8	23.70

续表

平茬处理	土层/cm	平均值/%	最大值/%	最小值/%	极差/%	标准差	CV/%
10月	60	7.56	9.23	5.78	3.45	1.096 3	14.50
	80	7.16	8.72	3.95	4.77	1.535 9	21.45
	100	6.66	8.66	4.60	4.06	1.114 7	16.74
	120	7.12	7.96	5.23	2.73	1.162 8	16.33
	140	8.13	10.26	6.93	3.33	1.040 7	12.80
	160	8.66	11.85	7.11	4.74	1.772 5	20.47
	180	8.67	17.10	6.31	10.79	3.351 3	38.65
	200	8.69	18.70	6.28	12.42	3.856 2	44.38

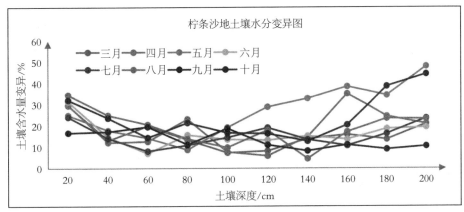

图 3-13　不同深度土壤水分变异

20 cm,20 cm 土层最大,平均为 24.16%,60 cm 土层最小,平均为 8.16%。土壤水分变化极差大小与变异系数一致。10月平茬各土层土壤含水量变异系数大小次序:140 cm>60 cm>120 cm>100 cm>160 cm>80 cm>40 cm>20 cm>180 cm>200 cm;20 cm 土层最大,平均为 28.43%,80 cm 土层最小,平均为 13.18%。土壤水分变化极差大小与变异系数一致。20 cm 与 40 cm、60 cm 之间存在差异显著。沙地土壤保水性较差,水分主要来源于降水量,降水后随着重力作用向下渗透,主要蓄积在 200 cm 左右,因此,造成变异比较大。

（四）柠条耗水规律研究

1. 不同处理耗水量的变化

从不同月份平茬处理来看（表 3-18），各处理之间差异不显著，平均数为391.44 mm，各个处理间极差为 42.80 mm。依据耗水量大小依次为 8 月>9 月>5 月>4 月>6 月>10 月>7 月>3 月。

表 3-18 柠条不同月份耗水量统计

月份\处理	4 月	5 月	6 月	7 月	8 月	9 月	10 月	合计
降水量/mm	18.40	68.50	63.40	63.30	112.40	29.10	19.50	374.60
3 月/mm	9.10	86.80	61.70	61.50	120.90	22.00	14.90	376.90
4 月/mm	37.00	81.20	57.10	62.60	119.90	22.60	13.90	394.30
5 月/mm	19.10	89.80	63.00	61.90	123.20	19.00	19.00	395.00
6 月/mm	7.10	82.60	60.50	59.80	128.40	30.00	15.20	383.60
7 月/mm	22.90	70.00	114.20	49.20	82.70	27.00	13.10	379.10
8 月/mm	45.90	83.60	52.90	63.60	125.60	28.70	17.10	417.40
9 月/mm	30.50	84.20	50.50	60.20	136.00	25.30	10.60	397.30
10 月/mm	27.50	99.90	46.90	64.80	122.20	17.60	9.00	387.90
平均/mm	24.89	84.76	63.35	60.45	119.86	24.03	14.10	391.44
耗水强度/（mm·d⁻¹）	0.83	2.83	2.11	2.02	4.00	0.80	0.47	13.05
模数/%	6.42	21.85	16.33	15.58	30.90	6.19	3.63	
标准差	12.397 8	7.871 1	19.939 5	4.523 8	14.853 3	4.193 7	3.044 7	
CV/%	49.82	9.29	31.48	7.48	12.39	17.46	21.59	

2. 生长季不同月份耗水量的变化

从生长月份来看柠条耗水量与降水量之间有紧密关系。降水量大的月份耗水量大、降水量小的耗水量也相应的小。$y=1.106\ 8x-3.311\ 5$（$R^2=0.964\ 9$）。说明在沙地柠条生长对降水量有高度的依赖性，其生产量的多少与降水量有高度的契合性。耗水量大于降水量，在 6 月、7 月耗水量高于降水量，其耗水量的大小与其生长发育相适应,也与气候因子(日辐射和温度)相适应。

柠条生长季内耗水量变化曲线呈双峰型(图3-15),5月和8月有两个峰,6—7月有降低。生长季内4~10月之间存在差异极显著,4月、9月、10月之间不存在差异显著,5月、7月之间不存在差异显著(图3-14)。整个生长期内柠条耗水量变化如表3-19,从3月底到4月初柠条萌动过后,开始展叶、开花,到5月份,耗水量开始逐渐增大,6月果熟期至7月后开始有下降。8月份耗水量达到顶峰,后期由于气温逐渐降低,叶面蒸腾减少,需水量也就相应减少。说明柠条生长前期气温低,植株叶片小,蒸发量少,则需水量就小;随着新梢迅速生长,花序发育,根系也开始大量发生新根,同化作用旺盛,蒸散量逐渐增大;到7—8月需水量增大,这时气温最高,植株高大,叶片茂盛,植株需水强度达到高峰。

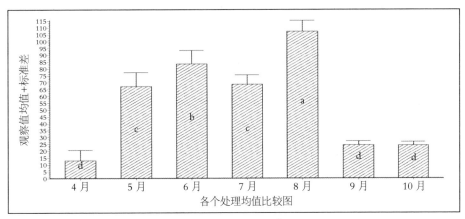

图 3-14　耗水量显著性

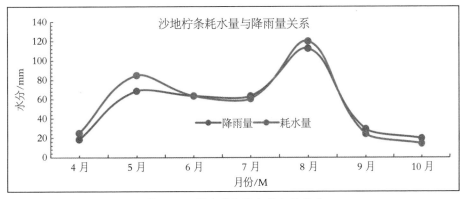

图 3-15　耗水量与降水量之间关系

表 3-19　柠条不同月份耗水量统计

处理 \ 月份	4 月	5 月	6 月	7 月	8 月	9 月	10 月
耗水量/mm	24.89	84.76	63.35	60.45	119.86	24.03	14.10
降水量/mm	18.40	68.50	63.40	63.30	112.40	29.10	19.50
气温/℃	13.2	17.9	22.0	23.7	22.9	14.2	7.9
辐射/(W·m^{-2})	562.29	651.8	688.56	657.37	551.28	445.64	429.1
风速/(m·s^{-1})	3.0	2.8	2.5	2.4	2.2	1.9	2.1
日照时数/h	250.6	282.0	280.8	279.0	262.2	235.7	229.4
蒸发量/mm	228.7	308.1	314.6	296.5	236.6	170.5	127.6

通过不同水分处理耗水模系数的分析，可看出柠条 8 月耗水模系数最大 27.66%，其他依次为:6 月>7 月>5 月>9 月>10 月>4 月。

(四)主要成分分析柠条耗水规律与气象因子之间关系

通过灰色关联度分析(表 3-19)，气象因子对柠条耗水量影响程度赋值大小。降水量、气温、辐射、风速、日照时数、蒸发量分别为(0.561 0、0.289 0、0.318 5、0.292 8、0.360 3、0.301 2)，降水量、日照时数赋值较大，说明降水量、日照时数对耗水量影响较大。

因子估计方法:主成分法。

计算特征值的贡献率和累积贡献率(KMO)=0.658 3，可以应用因子分析法。Bartlett 球形检验，卡方值 Chi=39.100 9，df=15，p=0.000 6。表明可以应用因子分析法进行分析。

根据累积贡献率≥85%的原则取得主成分(表 3-20)。共提取了 2 个主成分，各主成分方差贡献率分别为 71.022 3%、21.610 3%，累积贡献率达 92.632 6%，超过 85%，它们已代表了柠条耗水量驱动因子绝大部分的信息(表 3-21)。

根据原有变量的相关系数矩阵，采用主成分分析法提取因子并选取大于 1 的特征根，两个因子提取所有变量的共同度均较高，各个变量的信息丢失较少。因此，因子提取的总体效果较为理想。

表 3-20 因子分析的特征值及贡献率

序号	特征值	百分率/%	累计百分率/%
1	4.971 6	71.022 3	71.022 3
2	1.512 7	21.610 3	92.632 6
3	0.420 9	6.012 4	98.645 0
4	0.078 3	1.119 3	99.764 3
5	0.012 7	0.181 6	99.945 9
6	0.003 8	0.054 1	100

表 3-21 初始因子估计值

项目	F_1	F_2	共同度	特殊方差
降水量	0.782 1	−0.589 6	0.197 6	0.998 3
气温	0.906 0	−0.277 1	−0.234 1	0.952 4
辐射	0.920 7	0.346 2	−0.157 3	0.992 2
风速	0.442 1	0.794 2	0.404 3	0.989 8
日照时数	0.968 5	0.177 0	−0.117 1	0.983 0
蒸发量	0.947 9	0.275 3	−0.135 6	0.992 6
方差贡献	0.812 3	−0.480 3	0.326 9	0.997 2
占/%	4.971 7	1.512 8	0.421 0	
累计/%	71.020 0	21.610 0	6.010 0	

通过 Varimax with Kaiser Normalization 对初始因子估计值进行旋转（表 3-22），各因子贡献率得到进一步完善，累计贡献率 72.94%、94.11% 调整为 50.15%、92.64%，共同度均在 0.92 以上，各个变量的信息丢失较少。

表 3-23，因子 1 中主要由降水量（0.977 5）、气温（0.868 6），命名为水温因子，因子 1 中降水量、气温均为正值，表明二者对柠条耗水量起到促进作用；因子 2 由风速（0.890 9）、辐射（0.861 5）、蒸发量（0.825 3）、日照时数（0.764 0）决定，四者主要促进柠条土壤水分快速流动，命名为流通因子，均为正值，表明四

表 3-22　因子载荷矩阵

项目	因子 1	因子 2	共同度	特殊方差
降水量	0.977 5	0.060 2	0.959 2	0.040 8
气温	0.868 6	0.378 3	0.897 6	0.102 4
辐射	0.474 7	0.861 5	0.967 5	0.032 5
风速	−0.180 3	0.890 9	0.826 3	0.173 7
日照时数	0.620 9	0.764 0	0.969 2	0.030 8
蒸发量	0.541 4	0.825 3	0.974 2	0.025 8
耗水量	0.929 4	0.163 0	0.890 4	0.109 6
方差贡献	3.510 5	2.974 0		
累计贡献/%	50.149 6	92.635 4		

表 3-23　因子提取及命名

简化	因子 1	因子 2
降水量	0.977 5	—
气温	0.868 6	—
辐射	—	0.861 5
风速	—	0.890 9
日照时数	—	0.764 0
蒸发量	—	0.825 3

者也是对柠条耗水量起到促进作用。

在因子分析法中(表 3-24),根据各指标间的相关关系或各项指标值的变异程度确定的权重,具有客观性,且权重等于方差百分比。将每个公共因子得分与对应的权重进行线性加权求和,即可得出某一月的综合评价值(F)。

公式表示:$F=3.510\ 5Y_1+2.974\ 0Y_2$

从表 3-25 可以看出,综合得分为正数的有 4 年,为负数的有 3 年。负值表示柠条该月耗水量低于总体平均水平。

表 3-24　因子得分估计：回归法

系数	因子 1	因子 2
降水量	0.372 9	−0.194 0
气温	0.257 5	−0.020 8
辐射	−0.008 0	0.294 3
风速	−0.273 7	0.456 8
日照时数	0.072 0	0.215 5
蒸发量	0.026 6	0.262 2

表 3-25　各因子得分统计

得分	$Y(i,1)$	$Y(i,2)$	合计	排名
4 月	−1.285 3	0.858 8	−0.426 5	5
5 月	0.256 5	0.960 8	1.217 3	2
6 月	0.400 1	0.815 9	1.216 0	1
7 月	0.508 1	0.530 9	1.039 0	3
8 月	1.600 8	−0.878 3	0.722 5	4
9 月	−0.418 9	−1.184 9	−1.603 8	6
10 月	−1.061 3	−1.103 1	−2.164 4	7

二、柠条林带间土壤水分动态

(一)柠条带间土壤水分等值线分析

不同处理土层土壤含水量的等值线分布图 3-16 表明，柠条林(图 a)4—7月 60~120 cm 土壤含水量较低，形成一个斑块；7—9月 120~200 cm 含水量较高，形成一个斑块；表层 5—7月和 8—10月含水量形成两个斑块，主要是降水量补充。图 b 距离柠条带 1 m，4—7月 60~120 cm 土壤含水量较低，形成一个斑块；6—9月 100~120 cm 土壤水分欠缺。图 c，4—7月 60~120 cm 形成一个斑块，6—7月水分逐渐向下移动到 160 cm。图 d，4—9月 40~100 cm 土壤含水量

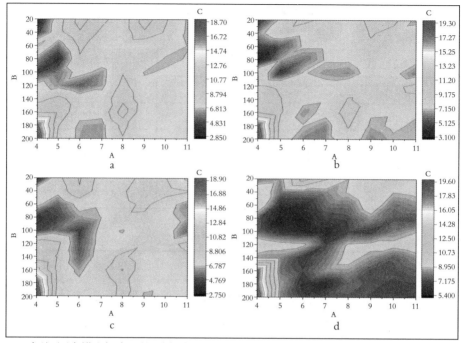

备注:图中横坐标为月份,单位为月;竖坐标为土层深度,单位为cm。

图3-16　左上0 m,右上1 m;左下2 m,右下3 m

较低,形成一个板块。整个生长季土壤60~100 cm和0~3 m土壤含水量都处于含量较低的状态。说明沙地柠条根系可以利用到0~3 m之内的土壤含水量。60~120 cm土壤等值线比较密集,然后向横向土壤辐射状分布,开始比较稀疏,逐渐达到稳定的状态。

(二)柠条带间土壤水分动态

1. 不同处理之间土壤水分变化

从4月到11月不同月份土壤水分变化来看(表3-26),4月与其他几个月之间差异极显著。4月土壤水分最高为10.02%,7月最低为7.47%。不同平茬处理土壤含水量排序为4月>8月>9月>10月>6月>5月>11月>7月。

不同处理之间柠条林地平均为8.09%,柠条带间距离柠条带不同距离之间差异不显著。土壤含水量最大为3 m,为8.53%,其次为1 m,为7.98%,距离2 m土壤含水量最低为7.95%,最低为柠条带中7.91%。

表 3-26　柠条逐月平茬土壤水分变化

单位:%

距离	4 月	5 月	6 月	7 月	8 月	9 月	10 月	11 月	平均
0 m	8.87	7.44	8.07	7.30	8.94	8.02	7.65	6.96	7.91
1 m	9.60	7.66	7.41	7.41	8.12	8.12	7.93	7.60	7.98
2 m	9.73	7.40	7.15	7.38	8.58	8.33	7.76	7.26	7.95
3 m	11.89	7.72	7.71	7.77	8.2	8.53	8.11	8.28	8.53
平均	10.02Aa	7.56Bc	7.59Bc	7.47Bc	8.47Bb	8.25Bbc	7.86Bbc	7.53Bc	8.09

2. 不同深度土壤水分变化

图 3-17、表 3-27 表明:柠条根系对土壤水分主要利用在 60~120 cm,特别是距离 1~2 m 的带距,80~100 cm 土壤含水量低于其他各层。土壤对表层水分利用较少,40~80 cm、100~120 cm 土壤水分等值线比较密集,说明土壤水分异质性比较大。表层和深层土壤水分向 80~100 cm 渗透,保证柠条生长需要。

(三)不同土层含水量性质统计

对柠条带间土壤水分不同土层土壤水分变化进行描述性统计(表 3-28),并对不同土层平均土壤含水量进行单因素 ANOVA 方差分析。一般的,依照变

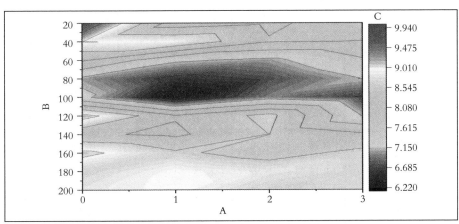

备注:图中横坐标为间距,单位:m;纵坐标为土壤深度,单位:cm。

图 3-17　柠条带间不同距离土壤水分变化

表 3-27 不同深度土壤水分动态变化

单位:%

深度/cm	0 m	1 m	2 m	3 m	平均
0~20	8.37	7.98	7.80	9.94	8.52
20~40	8.07	8.12	8.96	9.02	8.54
40~60	7.56	7.05	7.22	8.12	7.49
60~80	7.16	6.73	6.58	7.05	6.88
80~100	6.66	6.95	6.22	7.25	6.77
100~120	7.12	8.68	8.12	9.21	8.28
120~140	8.13	8.55	7.99	8.16	8.21
140~160	8.66	8.35	8.62	9.13	8.69
160~180	8.67	8.82	8.98	8.63	8.78
180~200	8.69	8.59	9.01	8.80	8.77
平均	7.91	7.98	7.95	8.53	8.09
标准差	0.700 4	0.744 1	0.954 4	0.852 5	0.728 2
CV	8.85	9.32	12.01	9.99	9.00

表 3-28 不同土层土壤含水量描述性统计结果

不同距离	土层/cm	平均值/%	最大值/%	最小值/%	极差/%	标准差	CV/%
0 m	0~20	8.37	11.88	2.90	8.98	2.689 2	31.40
	20~40	8.07	10.60	4.30	6.30	1.912 8	30.65
	40~60	7.56	9.12	5.78	3.34	1.096 3	29.18
	60~80	7.16	8.72	3.95	4.77	1.535 9	31.74
	80~100	6.66	8.66	4.60	4.06	1.114 7	32.84
	100~120	7.12	9.38	5.23	4.15	1.162 8	33.69
	120~140	8.13	10.26	6.93	3.33	1.040 7	32.42
	140~160	8.66	11.85	7.11	4.74	1.772 5	31.88
	160~180	8.67	17.10	6.52	10.58	3.351 3	20.57
	180~200	8.69	18.70	6.28	12.42	3.856 2	17.44

续表

不同距离	土层/cm	平均值/%	最大值/%	最小值/%	极差/%	标准差	CV/%
1 m	0~20	7.98	9.89	4.20	5.69	1.857 9	31.87
	20~40	8.12	9.38	6.60	2.78	0.890 5	33.44
	40~60	7.05	8.76	4.81	3.95	1.221 1	32.75
	60~80	6.73	8.31	3.14	5.17	1.482 0	31.57
	80~100	6.95	9.22	4.61	4.61	1.268 5	29.51
	100~120	8.68	9.96	7.76	2.20	0.656 2	32.77
	120~140	8.55	10.10	7.32	2.78	0.876 4	31.20
	140~160	8.35	11.10	6.58	4.52	1.554 9	29.57
	160~180	8.82	18.20	6.35	11.85	3.653 0	19.48
	180~200	8.59	19.30	6.29	13.01	4.105 2	15.90
2 m	0~20	7.80	11.06	2.78	8.28	2.314 9	28.41
	20~40	8.96	10.80	7.36	3.44	1.229 3	32.35
	40~60	7.22	9.28	5.35	3.93	1.136 7	33.57
	60~80	6.58	8.49	4.22	4.27	1.436 8	33.46
	80~100	6.22	7.96	4.56	3.40	1.311 9	34.33
	100~120	8.12	10.09	4.99	5.10	1.519 5	29.63
	120~140	7.99	9.86	5.40	4.46	1.311 6	30.42
	140~160	8.62	13.50	6.39	7.11	2.247 0	28.23
	160~180	8.98	17.60	7.11	10.49	3.343 1	20.29
	180~200	9.01	18.90	6.53	12.37	3.840 0	19.23
3 m	0~20	9.94	13.29	7.83	5.46	1.631 0	30.19
	20~40	9.02	10.44	7.90	2.54	0.895 5	32.53
	40~60	8.12	10.46	6.33	4.13	1.361 1	30.95
	60~80	7.05	8.46	5.42	3.04	0.884 1	33.04
	80~100	7.25	8.91	6.28	2.63	0.863 2	33.63

续表

不同距离	土层 /cm	平均值 /%	最大值 /%	最小值 /%	极差 /%	标准差	CV /%
3 m	100~120	9.21	10.16	7.23	2.93	0.814 2	32.25
	120~140	8.16	9.41	6.94	2.47	0.684 7	33.32
	140~160	9.13	18.70	7.21	11.49	3.647 7	18.26
	160~180	8.63	18.20	6.32	11.88	3.676 0	16.70
	180~200	8.80	19.60	6.83	12.77	4.104 3	14.82

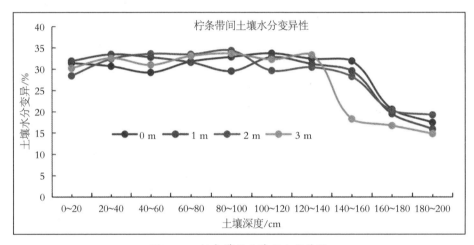

图3-18　柠条带间土壤水分变异性

异系数(CV)来划分土壤水分的垂直变化层次,沙地土壤特性,造成土壤水分变异性较大。从图3-18来看,沙地0~140 cm变异性较大,都在30%以上,要比梁地土壤水分变异性高得多。140 cm以下,变异性逐渐下降,土壤水分含量趋于稳定。

根据土壤水分变化(表3-29),估测沙地柠条根系对水分利用主要深度在40~60 cm,水平方向可以达到3 m。根据张立恒(2018)研究:中间锦鸡儿60%的根系表面积主要分布于表层0~40 cm的土层,22%分布于40~60 cm的土层,18%分布于60~80 cm的土层,表明中间锦鸡儿的根系表面大量与浅层的土壤接触,主要与浅层的土壤进行着养分和水分的交换维持着植株的生长。牛西午研究:柠条主根可以达到 3 m 以上。根幅可以达到 3 m。主要柠条根系分布,从垂直方向上来看,根系主要分布在土壤水分含量较高的 0~60 cm 的范围内。柠条的细根、粗根及<10 mm 总根量在距丛较近的行间 0.25 m、株间 0.5 m 处。

适宜的平茬措施在刺激植物地上部分迅速恢复的同时,也可以促进根系的生长速度。相关研究表明:柠条在平茬后四个月内,土层深 160 cm 以内<10 mm 的根系根量显著增加,其中细根(<2 mm)的增加最为显著,比未平茬柠条细根量增加了 93.29%。郑士光 2010 年在山西偏关县,对平茬柠条林地根系数量和分布的影响结果表明:平茬后柠条的粗根和细根的生物量大幅度增加,平茬区细根总量比对照区增加了 62.12%,粗根总量比对照区增加了 80.76%。<10 mm 根是植株吸收养分和水分的重要组成部分,尤其是细根更是吸收水分和养分的主体。平茬区<10 mm 吸收根量的增加,使平茬区灌丛吸收土壤水分和养分的能力大幅提高,促进了柠条地上部分的快速生长。

表 3-29　不同深度土壤水分动态变化

单位:%

深度/cm	0 m	1 m	2 m	3 m	平均
0~20	8.37	7.98	7.80	9.94	8.52
20~40	8.07	8.12	8.96	9.02	8.54
40~60	7.56	7.05	7.22	8.12	7.49
60~80	7.16	6.73	6.58	7.05	6.88
80~100	6.66	6.95	6.22	7.25	6.77
100~120	7.12	8.68	8.12	9.21	8.28
120~140	8.13	8.55	7.99	8.16	8.21
140~160	8.66	8.35	8.62	9.13	8.69
160~180	8.67	8.82	8.98	8.63	8.78
180~200	8.69	8.59	9.01	8.80	8.77
平均	7.91	7.98	7.95	8.53	8.09

（四）讨论与分析

根据研究,不同林龄中间锦鸡儿人工林根系的根长、表面积、生物量在不同土层之间有所差异,并随土层的加深而减少,其中约60%分布于0~40 cm的土层,约22%分布于40~60 cm的土层,约18%分布于60~80 cm的土层,这与刘龙、牛西午、叶冬梅等研究一致,根系随着土层的加深总体呈减少趋势。通常来讲,随着土层深度的增加,土壤温度和养分逐渐降低,以及土壤结构变差等都会对根系生长造成不利影响,根系也就随之减少,这充分反映了植物对生长环境的适应策略。在干旱环境中,水是植物生长的主要限制因子,决定着植物的数量、种类和生长特征,荒漠植物根系的分布范围也充分反映其对水分的获取途径和生理响应。

宁夏荒漠地区,气候干旱,降水稀少,蒸发强烈,土壤水分极其匮乏,0~40 cm土壤易受季节性降水的影响,土壤水分能不定期地得到一定的补给,土壤含水量相对较高。植物自身具有感知土壤水分梯度的能力,在水分的驱动下中间锦鸡儿的根系在土壤水分相对充足的0~40 cm土层大量缠绕交织。根系大量分布在浅层土壤中,有利于对干旱地区有限降水的有效利用,也有助于柠条适宜吸收降水补充的浅层或中层土壤水分。另外,沙区的土壤养分具有高度的异质性,0~40 cm土壤浅层养分含量相对高于40 cm以下的土层。有研究为认,土壤养分含量相对较高的土层,植物根系将会尽可能多地在该层投入碳水化合物,不断扩大与土壤的接触面积,从而吸收更多的水分和养分,而在土壤水分和养分相对缺乏的土层,其根系根长、表面积、生物量的投入相对较少。因此水分和养分决定了中间锦鸡儿的根系大量分布于浅层土壤,并随着土层加深呈逐渐减小的趋势。

随着林龄的增大,中间锦鸡儿人工林根系的根长、表面积、生物量在深层的比例逐渐增大,不断向深层发展,但生长到一定年限深层根系比例又会有所减小,根系又不断向浅层聚集,逐步形成浅层化。有研究发现,荒漠草原区人工种植的柠条,随着林龄的增加,根系有向土层上方集中分布的趋势,这可能是柠条自身趋水性的一种表现。荒漠地区常年气候干旱,土壤含水量相对较低,稀少的季节性降水很容易被浅层根系第一时间大量截获吸收,土壤下渗水分越来越少,导致根系分布的深层土壤渐趋干旱。高密度人工种植的中间锦鸡儿根系在深层大量分布,随着林龄的增加,根系在土壤深层交织更加密集,需要更多的水分来支撑生长,根系对水分的激烈种内竞争可能造成深层林水关系严重失调,从而导致根系分布的土壤深层越来越干,深层土壤持续的水分亏缺,可能会出现徐炳成、张晨成等报道所称的土壤干层。由于植物根系具有向肥性和向水性,中间锦鸡儿的根在土壤深层得不到满足生长的水分就会更加地依赖于浅层土壤水分,随着林龄增加出现向土层上方集中分布的趋势,这种趋水性的特性导致中间锦鸡儿的根系生长到一定年限时逐渐向浅层聚集,随着林龄增大逐步浅层化。

第四节　柠条机械抚育处理对土壤的影响

试验地点盐池县王乐井乡退耕林地。柠条带为一带三行,带宽 4 m,带间距为 6 m。试验设置 3 个处理,处理 1 为柠条带间机械深耕,处理 2 为机械平茬柠条带,处理 3 为柠条带间未深耕。

一、土壤水分动态变化

(一)土壤水分等值线

不同处理土层土壤含水量的等值线分布图3-19表明,柠条带间通过机械深耕后,有助于土壤水分含量提高。5—7 月土壤水分等值线比较密集,然后向右向下开始分布,8—9 月 60 cm 以下土壤水分减少。柠条带中土壤水分 5—7 月之间 20~40 cm 土壤水分含量较高,向外扩散。6—7 月由于柠条生长需要水分,50~80 cm 形成一个缺水的斑块,斑块周围土壤水分等值线层次感分明。未深耕的柠条带间 5—7 月土壤水分 20~40 cm 土壤水分含量较高, 与柠条带土壤水分等值线中趋势一致。5—9 月 50~100 cm 土壤水分等值线含水量在 6.9%大面积存在。总体来说,5—7 月 20~40 cm 土壤含水量的空间异质性最高,随后

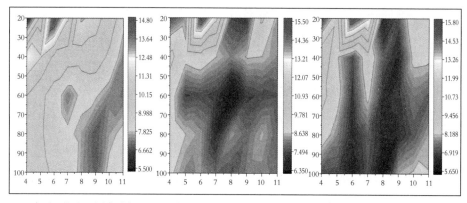

备注:从左到右机械深耕、柠条带、未深耕。横坐标为月份,单位:M;纵坐标为土壤深度,单位:cm。

图 3-19 柠条土壤水分

含水量降低,主要是柠条高生长耗水强度和耗水量增大。

(二)不同月份水分动态

1. 不同处理之间土壤水分变化

从表 3-30 中可以看出,在柠条生长季中机械深耕土壤含水量为 8.78%,比未深耕(8.00%)的土壤水分高 0.78%,二者之间存在差异显著。处理 1 土壤水分极差为 2.14%,柠条带极差 2.18%,未深耕极差为 2.53%。

表 3-30 逐月土壤水分变化

单位:%

处理	4 月	5 月	6 月	7 月	8 月	9 月	10 月	11 月	平均
深耕	9.29	9.69	10.11	8.98	8.07	7.97	8.31	7.78	8.78a
柠条带	8.94	8.29	9.78	8.69	7.60	7.90	8.56	8.02	8.47ab
未深耕	8.61	8.13	8.48	9.03	6.50	7.02	8.11	8.12	8.00b
平均	8.95	8.70	9.46	8.90	7.39	7.63	8.33	7.97	8.42

图 3-20 中柠条生长季从 4—11 月 1 m 土壤含水量动态可以看出,深耕林带间 6 月最高为 10.11%,随着柠条生长耗水量增加,开始逐渐下降,11 月最低为 7.78%。柠条带 6 月最高为 9.78%,8 月进入低谷,主要是柠条 6—7 月生长达

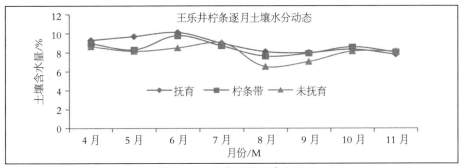

图 3-20　柠条逐月土壤水分

到高峰,对水分需求量增大,随着生长停滞,土壤水分又有所回升。未深耕的柠条带间 7 月达到最高峰 9.03%,随后 8 月急剧下降,主要是柠条带中水分利用不足,部分水分向柠条中流失,随后开始回升。

2. 不同深度土壤水分变化

不同土层深度土壤水分不同,土壤水分主要集中在表层(表 3-31),0~20 cm 最高为 9.51%,最低 100 cm 为 7.88%。0~20 cm 与 40~100 cm 之间存在差异显著。不同土层土壤含水量排序:0~20 cm>20~40 cm>60~80 cm>80~100 cm>40~60 cm。

表 3-31　不同深度土壤水分动态变化

单位:%

深度/cm	深耕	柠条带	未深耕	平均
0~20	9.41	9.58	9.54	9.51Aa
20~40	9.82	8.83	8.19	8.95ABab
40~60	8.21	7.57	7.74	7.84Bb
60~80	8.11	8.26	7.34	7.90Bb
80~100	8.33	8.13	7.19	7.88Bb
平均	8.78Aa	8.47ABab	8.0Bb	8.42

(三)不同土层含水量性质统计

对不同月份柠条平茬,不同土层土壤水分变化进行描述性统计,并对不同土层平均土壤含水量进行单因素 ANOVA 方差分析。根据退耕地剖面土壤水分垂直变化按变异系数分为三层:速变层、活跃层和相对稳定层。0~20 cm 为

表 3-32　不同灌溉过程中各土层土壤含水量描述性统计结果

单位:%

不同处理	土层/cm	平均值	最大值	最小值	极差	标准差	变异系数
机械深耕	0~20	9.41a	14.79	5.53	9.26	2.602 3	27.65
	20~40	9.82a	12.33	7.35	4.98	1.424 7	14.51
	40~60	8.21a	10.18	7.21	2.97	0.990 8	12.07
	60~80	8.11a	9.10	6.85	2.25	0.729 0	8.99
	80~100	8.33a	9.29	6.94	2.35	0.773 0	9.28
柠条带	0~20	9.58a	15.47	7.33	8.14	2.752 8	28.73
	20~40	8.83a	10.10	8.20	1.90	0.570 7	6.46
	40~60	7.57a	9.17	6.36	2.81	0.717 6	9.48
	60~80	8.26a	9.26	7.14	2.12	0.584 3	7.07
	80~100	8.13a	8.79	7.62	1.17	0.317 5	3.91
柠条带间	0~20	9.54a	15.78	6.39	9.39	3.164 0	33.17
	20~40	8.19a	10.75	6.60	4.15	1.217 6	14.87
	40~60	7.74a	9.94	6.61	3.33	1.066 7	13.78
	60~80	7.34a	8.71	6.55	2.16	0.733 3	9.99
	80~100	7.19a	8.28	5.67	2.61	0.876 4	12.19

速变层,20~60 cm 为活跃层,60~100 cm 相对稳定层。

机械深耕各土层土壤含水量(表 3-32)变异系数大小次序为 0~20 cm>20~40 cm>40~60 cm>80~100 cm>60~80 cm,0~20 cm 土层最大, 平均为27.65%;60~80 cm 土层最小,平均为 8.99%。土壤水分变化极差大小与变异系数一致。退耕地曾经为耕地,土壤结构要优于一般梁地和沙地,保水性相对也好,变异系数也相对较小。各土层之间差异不显著,土层整体极差为 1.30%。

柠条林带中各土层土壤含水量变异系数大小次序为 0~20 cm>40~60 cm>60~80 cm>20~40 cm>80~100 cm,0~20 cm 土层最大,平均为 28.73%;80~100 cm土层最小,平均为 3.91%。土壤水分变化极差大小与变异系数一致。40~60 cm 含水量最低,主要是柠条的吸收根主要集中 20~60 cm,对水分吸收利用较多。

柠条带间各土层土壤含水量变异系数大小次序为 0~20 cm>20~40 cm>40~60 cm>80~100 cm>60~80 cm,0~20 cm 土层最大,平均为 33.17%;60~80 cm 土层最小,平均为 9.99%。各土层之间差异不显著,土层整体极差为 2.35%。

（四）深耕深松对土壤水分的影响

深耕与未深耕变化趋势一致。但土壤水分变异系数未深耕比深耕林带间大。从图 3-21 中看出,从除了表层未深耕比深耕土壤含水量高以外,其他各层深耕过的柠条带间土壤含水量都比未深耕的高,20~40 cm、40~60 cm、60~80 cm、80~100 cm 各土层分别高 19.90%、6.07%、10.49%、15.86%,土壤含水量平均提高 7.90%。

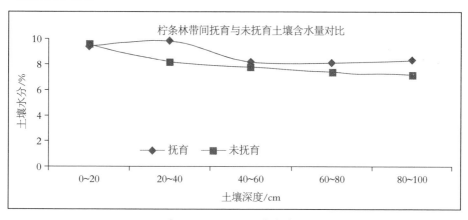

图 3-21　不同处理水分变化

通过对柠条带间农机深松深耕,针对土壤硬底结块部分进行深耕深松,能够对硬底进行彻底粉碎,从而提升土壤的通透性。使土壤的空隙增加,从而提高土壤的渗透性,土壤深耕能够有效减少土壤径流性,降低土壤中水分的蒸发。深耕以后对雨水有较好的吸纳和存储效果,随着土层的不断加深,形成一个以土壤为依托的天然水库,提升土壤的蓄水保墒能力以及对自然环境进行调节的能力。对耕地层的土壤环境及结构进行良性调整。同时由于柠条林带间的枯落物通过深耕的方式,可以进入土壤中有利于改善土壤质量。深耕深翻的实践一般是在雨季之前,这样能够让雨水充分的储蓄到土壤中。一般深度要控制在 18~25 cm。其中的时间间隔一般是 3~4 年进行 1 次。

(五)土壤容重变化

表层土容重大主要由土壤板结程度决定(表 3-33)。40~60 cm 与 80~100 cm 之间存在差异显著。机械深耕后 0~40 cm 土壤容重均比未深耕低 10.92%,说明深耕可以改善土壤容重,土壤容重低有助于土壤水分入渗。0~40 cm 机械平茬比未平茬土壤容重低 2%,柠条平茬后促进根系生长,根系对表层土具有松动效果。大型柠条平茬机械进行平茬作业,柠条带 0~20 cm 的土壤容重低于未深耕 7.03%,20~40 cm 低于未深耕 25.51%,主要是由于柠条根系生长对土壤具有松动效果,所以也能够抗拒机械镇压,使得土壤之间不会过于紧实。

表3-33 土壤容重

单位:g/cm³

深度/cm	机械深耕	未深耕	机械平茬	未平茬	平均
0~20	1.23	1.28	1.19	1.21	1.23ab
20~40	1.19	1.45	1.08	1.11	1.21ab
40~60	1.15	1.15	1.14	1.14	1.15b
60~80	1.16	1.29	1.21	1.24	1.23ab
80~100	1.30	1.29	1.34	1.35	1.34a
平均	1.21	1.29	1.19	1.21	1.23

土壤容重主要是指土壤内的孔隙度所能容纳的空气与水分的总量,容重值越低说明土壤孔隙度越大,进而可以容纳的水气环境更好。造成此种现象的原因主要是因为平茬措施刺激地上枝条萌蘖,根系大量生长用于地上部分补偿性生长,且由于土壤表层养分含量丰富,根系生物量多集中于表层土壤,根系向周围土壤的探索与生长,增加了土壤孔隙度,进而使其容重值有所降低,该种效应在根系集中分布土层,即表层土壤,表现尤为明显。

由表 3-33 可知未平茬土壤的容重与平茬土壤容重相比变化不大,这说明平茬措施对林间土壤容重的影响较小,由于林间的土壤不会因为平茬措施而改变地表植被的覆盖度,所以土壤的蒸发不会发生明显改变,地表的植物也不会因为平茬的作用而减少,所以植物的蒸腾作用对林间的土壤没有起到明显的作用。

二、柠条耗水规律研究

三个处理之间差异不显著(表 3-34),平均数为 384.33 mm,处理间极差为 10.20 mm。依据耗水量大小依次为深耕>柠条带>未深耕。从生长月份来看柠条耗水量与降水量之间有紧密关系,降水量大的月份耗水量大、降水量小的耗水量也相应的小。$y=0.987\ 4x+2.064\ 2(R^2=0.947\ 2)$耗水量大于降水量,缺水 9.73 mm。在 6 月、7 月耗水量高于降水量,其耗水量的大小与其生长发育相适应,也与气候因子相适应。柠条生长季内耗水量变化曲线呈单峰型,8 月达到最大值,$y=-7.514\ 4x^2+59.042x-30.976(R^2=0.675\ 1)$。生长季内 4~10 月之间存在差异极显著,4 月、9 月、10 月之间不存在差异显著,6 月、7 月之间不存在差异显著。8 月与其他几个月之间均存在差异显著。通过不同水分处理耗水模系数的分析,可看出柠条 8 月耗水模系数最大为 28.62%,其他依次为 7 月>6 月>5月>10 月>9 月>4 月。耗水量变异最小的是 8 月,最大的是 4 月。

表 3-34　柠条不同月份耗水量统计

处理 \ 月份	4 月	5 月	6 月	7 月	8 月	9 月	10 月	合计
降水量/mm	18.40	68.50	63.40	63.30	112.40	29.10	19.50	374.60
机械深耕/mm	14.40	64.30	74.70	72.40	113.40	25.70	24.80	389.7
柠条带/mm	24.90	53.60	74.30	74.20	109.40	22.50	24.90	383.8
未深耕/mm	23.20	65.00	57.90	88.60	107.20	18.20	19.40	379.5
平均/mm	20.83Cd	60.97Bb	68.97Bbc	78.40Bb	110.00Aa	22.13Cd	23.03Cd	384.33
耗水强度/（mm·d^{-1}）	0.69	2.03	2.30	2.61	3.67	0.74	0.77	—
模数/%	5.42	15.86	17.94	20.40	28.62	5.76	5.99	—
标准差	5.635 9	6.389 3	9.586 1	8.879 2	3.143 2	3.763 4	3.147 0	
CV/%	27.05	10.48	13.90	11.33	2.86	17.00	13.66	

第四章　柠条生长季平茬的光合生理生态学补偿机制研究

一、研究进展及现状

平茬是指将苗木从地面或地面上一定高度剪平，以刺激萌生枝生长而采取的一项技术措施，对于多种植物来说，平茬能够更好地促进该植物本身的生长发育，是生产上常用的提高植物生产力的方式。许多植物在地上组织破坏后进行补偿性生长（李耀林等，2011）。由于植物的补偿反应式样与伤害发生的时间、强度、频度以及土壤的资源状况等多种因素有关，且这些因素又都不确定，因而不同物种的补偿反应具有相当大的差异，从没有补偿到各种程度的补偿都有可能发生，从一种植物的补偿反应很难推广到其他类型的植物这是对补偿反应存在争论的主要原因（杨永胜等，2012）。因此，对特定环境下的某种特定植物破坏后进行补偿生长的生理机制的研究也是必要的。

20世纪50年代以来，国内外很多学者对于采食、火烧或刈割对植物生长的影响进行了多方面的研究（王海洋等，2003；何树斌等，2009）。Parsons（1968）研究了火烧对桉树的影响，认为火烧有利于桉树幼苗的成活。大量研究认为无光竞争的环境（Mabry et al.，1997）、增加冠层透光度（Rice et al.，1989）以及根冠比的变化（Thomson et al.，2003），能够显著提高植物的光合能力。同时，相关研究也认为在地上组织受到破坏的早期首先供应地上部分生长（Bowen et al.，1993；Van et al.，1996），伴随着较高的叶片光合速率，使地上生物量快速恢复（方向文等，2006a）。但是，面对各种各样的放牧、刈割或采食压力，不同植物采取不同的生态对策(方向文等,2006b)。草地的适当刈割能够使植物结构和功能产生变化;草原火烧能够显著影响土壤水分、土壤全氮以及有机质含量等,这些措施都能使植物进行超补偿生长,进而引起植物光合作用的变化。高玉葆等(2001)认为萌蘗植物经过平茬后,新生枝叶的分生组织活动强烈,细胞分裂速度较快,需要消耗大量的同化产物,而这一需求只能通过旺盛的呼吸作用来满足,蒸腾速率加强。进入自然生长期,新生枝叶强烈的分生组织活动会逐渐趋于稳定,此外伴随着气温上升,植物体内的水分状况不断恶化,引起水分亏缺,气孔关闭以防止水分散失,蒸腾速率随之下降。

近年来,以柠条为材料对木本植物的补偿性生长进行了一定的探索。于瑞鑫(2019)研究认为,自然条件下,柠条光合作用日变化主要受其自身生长影响比较大,而蒸腾速率除了受自身生长调节外,还对环境条件的改变较为敏感。不同季节的柠条光合作用也具有显著差异,光合速率在夏季明显高于秋季,且秋季的光合作用变化速度也明显高于夏季。鲍婧婷(2016)研究发现,中龄、幼龄的光合作用能力明显高于老龄,而水分利用效率低于老龄;在干旱胁迫下,幼龄柠条通过快速关闭气孔来减少水分散失,而中龄和老龄柠条通过调整水分利用策略来应对干旱,老龄柠条通过提高水分利用效率来使水分利用最大化,但其植物水势和光合的降低可能导致生长减缓和衰退。杨永胜等(2012)对平茬和未平茬柠条的光合特性对比研究,表明平茬措施对柠条各项生理指标的影响因生育期而异,并且得出早期平茬措施对柠条同时产生消极的生理影响和积极的土壤水分效应的结论。胡小龙等(2012)研究表明,枝条轻度刈割后,土壤水分供应给少量的地上组织,使叶含水量和含 N 量增加,光合速率提高;再加上根系中淀粉水解,将储存的能量提供给地上组织的恢复,满足了碳水化合物的供给,进而使花蜜分泌量增加,结果率增加;果实供糖量增加,使落果率减少,每个果荚的籽粒数增加,单个籽粒增大,从而使生殖生长得到补偿;地上部分组织的去除增加了侧枝的萌发,增加了当年枝数和枝长,实现了营养生长超补偿,且柠条同时采用防御策略和忍耐策略来提高自身的适合度;张立平(1998)研究认为,植物通过根系吸收土壤水分和养分,平茬措施使柠条地上组织受到很大破坏，地上叶面积大幅减少，使光合同化产物向根系的分配减少，进而导致根系生物量的减少，但作为吸收水分和养分的主体（< 10 mm）根系会快速大幅度地增加，提高植株的水分可获得性，使植物根系吸收的大量水分供应到有限的地上叶面积，导致植物单位叶面积的含水量增加，提高了植株的枝水势。另外，平茬之后，相对于平茬柠条，未平茬柠条所受干旱胁迫较为严重，为获取维持正常生理功能的水分，其通过脯氨酸的累积来维持较低的水势（王志会等，2006），导致平茬柠条枝水势相对较高，同时由于柠条地上组织需水总量减小，使土壤积累更多水分，导致土壤含水量增加。

二、柠条平茬对光合作用的影响

当植物刈割后，往往会进行补偿性生长，这种补偿生长现象是植物在受到阈值内的胁迫压力（动物的采食、践踏、机械损伤等）之后，当具有恢复因子的有利条件下，在构建和生理水平上产生的一种有助于植物生长发育和产量形成的能力，如刈割可使植物叶面积指数（LAI）大幅度降低，植物冠层净光合速率（NPR）也随之减少，植物冠层微气候得到改善（光、热、水等），使得植物根/冠比增大，地下部分向上输送养分增多；植物再生叶片幼嫩，有较强的光合效率，使可溶性碳水化合物含量增加等。即使土壤含水量接近田间持水量，老年未破坏对照植株的水势仍会低于萌蘖植株，萌蘖枝木质部水分传导阻力可能较低，使得叶水势较高，光合能力提高，从而满足其地上组织快速恢复所需的物质需求；相反，老年对照植株枝木质部水分传导阻力维持在较高的水平，伴随着较低的水分传导速率，导致植物对土壤水分消耗的减少，从而延长了自身对干旱胁迫的忍耐。植物的这种补偿作用具有可塑性且可随所在环境而变化，即取决于植物与环境的相互作用。一般来说植物具有形态、生理生化和进化方面的补偿作用机制。随碳水化合物和养分的供给，萌蘖枝迅速伸长，内部组织结构快速分化和形成。

（一）柠条平茬后水分运输与气体交换能力不同

当柠条的地上部分遭到人为干预或不可预见的自然破坏后，其根冠比会发生很大变化。水分通过庞大根系供给地上破坏后的植物组织，由于地上部分遭到破坏后相应面积的减少，可以使其水分状况得到更为明显的改善。并且水分在植物体内的运输阻力会随生长年限的增加呈降低趋势（狄曙玲，2015）。

植物细胞的气体交换是指植物体在进行新陈代谢时，必需有氧的参与，才能完成体内细胞的呼吸作用。植物体与外界的气体交换是通过叶、茎的气孔或皮孔及根部的表皮细胞进行的。植物体的气孔主要分布在叶和茎等营养器官的表皮细胞当中，气孔的开张程度主要是由保卫细胞来调节的。当阳光充足时，气孔就开放，水分蒸发量大；对于大多数植物而言，夜晚其气孔将会关闭，以此来减少体内水分的散失。气孔同时也是新陈代谢气体出入植物体的通道，光合作用时吸入的二氧化碳及产生的氧气，均由气孔排出。植物体内气体的交换就是保证植物体能正常进行光合作用，从而保持植物体的健康生长。

柠条平茬后，水分散失很快，但在遇到干旱条件时，植物体的气孔又可对体内的代谢活动进行有效调节，从而防止体内水分的过多散失，从而保证植物进行光合作用的同化作用。柠条平茬后，不同生长年限的柠条对养分和水分的吸收方式、吸收能力也不同。生长年限越长的，其吸收能力也愈强，对平茬后4.0~5.0年生的柠条，其生理指标可以达到原植株的70%；平茬后6.0~7.0年生的柠条，其生理指标已经与原植株基本接近。随着生长年限的增加，植株体内的营养物质向叶和刺中分配减少，茎中反而增多。

（二）柠条萌蘖株水力结构、气体交换参数及生物量分配分析

平茬措施导致植物剩余叶片中叶绿素含量及参与光合作用的酶活性发生显著变化，又由于植物地上地下的生长平衡被打破，植物自身的生长调节发生改变，短期内植物叶片的含氮量增加，对水分、光照和温度等环境的需求也发生变化，进而影响植物叶片光合能力。平茬处理后，柠条的许多性状及生理指标都发生了改变，尤其是伴随着平茬年限的增加，柠条的净光合速率迅速升高，在平茬4年时达到最大，随后又开始下降，并逐渐恢复到未平茬时的水平。

随着平茬年份的增长,气孔导度明显升高,CO_2供应得到了保证,进一步增加了柠条的净光合速率及水分利用效率。

萌蘖植物的地上组织遭到破坏之后,导致根冠比发生变化,庞大根系吸收水分供给有限的地上组织,其水分状况得到改善。对照株在水分运输中遇到比萌蘖株更高的内阻力,萌蘖株的 K_s 和 K_l 随生长年限的增加呈降低趋势,而木材密度在处理间差异不显著,不利于对柠条锦鸡儿水力导度的研究。在气体交换参数的研究中,黎明前叶水势 LWP、净光合速率 A 及气孔导度随植株的萌蘖生长逐渐降低,4 年后其水分优势消失,且不会保持在对照水平,而是进一步降低以致低于对照。在受到干旱胁迫时,植株的气孔导度与细胞间 CO_2 的传递情况受到水力导度的调节,以防止水分散失,保证光合作用中对 CO_2 的同化作用。另外,在水分胁迫与恢复过程中,气孔导度削弱了导水率减少和恢复的程度。

柠条锦鸡儿平茬后,对不同生长年限的萌蘖株生物量分配的研究表明:由于水力导度与气体交换参数的增加,萌蘖株对养分和水分的吸收增强,经过 4~5 年的再生生长之后,茎生物量达到了对照株的 70%。在 6~7 年的萌蘖株中,其生物量与对照株相似。随着生长年限增加和水分胁迫的加重,植株生物量向叶和刺中分配减少,茎中增多;同时叶面积减小,比叶重 LMA 增加。在 1~5 年生萌蘖株中含 N 量高于对照,7 年生低于对照株,这可能与叶面积的减少有关。

近年来,相关科研人员就平茬措施对柠条的影响进行了有益探索,研究多集中在平茬措施对柠条的生殖补偿能力、根系生长、生态效益和生物产量以及复壮技术等宏观方面的研究,有关平茬措施对柠条光合生理生态补偿机制方面的影响研究报道较少。通过野外定位观测试验,设置能够使多年生柠条更新复壮的不同平茬措施,研究其对柠条光合生理及土壤水分的影响,探索柠条平茬后迅速再生的生理生态学补偿机制,为寻求既能使柠条林资源利用最大化,又可促进其稳定生长的科学合理化的平茬措施,为提高当地人工柠条灌木林的经济和生态利用价值,指导当地生产实践提供理论依据。

三、试验地点及研究方法

(一)试验地点

试验基地位于宁夏盐池县花马池镇德胜墩(北纬 37°76′,东经 107°46′),年日照时数为 2 867 小时,年太阳辐射值 140 K/cm²,≥10℃的积温为 2 945℃,无霜期为 128 天,年均气温 7.7℃,年均降水量约 290 mm 左右,年蒸发量为 2 132 mm。土壤类型主要为风沙土、灰钙土等,土地瘠薄,易受风蚀作用沙化,属典型荒漠草原区,以旱生和中旱生植物为主。

(二)研究方法

1. 试验材料的选择

该区域种植大面积中间锦鸡儿,于 2003 年退耕还林工程时种植。柠条林地种植密度 260 株/亩,带距 6 m,一带双行,行距 1 m。本试验选择立地条件和林分条件基本一致的代表性地段建立试验地,于 2018 年 10 月下旬按照留茬高度 5 cm(T_1)、10 cm(T_2)、15 cm(T_3)、20 cm(T_4)、25 cm(T_5)进行了平茬,未平茬(CK)作为对照。

2. 测定项目及方法

生长指标测定:2019 年 5—9 月,每个处理选取具有代表性的 15 丛柠条对其株高、冠幅、新稍长、地径、分蘖数进行逐月测定。

光合日变化测定:2019 年 5—9 月 (5 月 29 日、6 月 29 日、7 月 30 日、8 月 28 日、9 月 21 日)选择晴朗天气,在自然环境中,采用美国 Li-Cor 公司生产的 LI-6800 便携式光合仪,于当天 8:00~18:00 时,选取植株中上部向阳健康叶片分别测定各处理的净光合速率(P_n,$\mu mol \cdot m^{-2} \cdot s^{-1}$)、蒸腾速率($T_r$,$mmol \cdot m^{-2} \cdot s^{-1}$)、气孔导度($G_s$,$mmol \cdot m^{-2} \cdot s^{-1}$)、胞间 CO_2 浓度(C_i,$\mu mol \cdot mol^{-1}$)等生理指标,每 2 小时测定一次,每处理重复测定三片叶子,每片叶子取三组数据。叶片瞬时水分利用效率(WUE)由公式 $WUE = P_n / T_r$ 计算。

叶面积的计算:光合参数测定完毕后,将叶片剪下置于放有冰袋的取样箱中,带回实验室采用叶面积处理软件计算叶面积,用 LI-6800 便携式光合仪自带程序计算各项光合指标。

土壤水分测定:2019年5—9月(5月16日、6月20日、7月18日、8月15日、9月18日),采用TDR测量系统,对不同处理柠条林下土壤0~100 cm土层的水分含量进行测定,层间距为20 cm。

四、研究结果

(一)不同留茬高度平茬措施对柠条生长特征的影响研究

1. 不同留茬高度对柠条株高的影响

表4-1为不同留茬高度平茬柠条第一生长季株高生长变化规律。通过方差分析,5—9月整个生长季,CK和其他处理株高值差异均达到极显著($P<0.01$)。不同处理株高净增长值呈现 $T_3>T_1>T_2>T_4>T_5>CK$ 的趋势;T_3 净增长量最高,增长值达到 36.20 cm,CK净增长量最低,增长值仅为 11.80 cm,二者差异达到极显著($P<0.01$),可见 T_3 处理柠条株高增长趋势最为明显。

表4-1 5—9月不同留茬高度对柠条株高的影响

单位:cm

处理	月份					净增长量
	5	6	7	8	9	
CK	74.20±6.37A	76.60±6.94A	81.60±5.51A	85.00±6.59A	85.93±7.69A	11.93±4.17C
T_1	23.73±2.31C	34.33±3.70BC	41.93±4.89BCD	48.00±5.33B	55.40±7.93B	31.73±6.30AB
T_2	20.20±1.32D	34.00±5.37BC	44.73±11.47BC	48.60±10.89B	51.53±11.53B	31.60±11.01AB
T_3	22.13±4.91CD	34.73±6.69B	46.33±10.16B	54.73±11.56B	58.13±12.01B	36.20±9.19A
T_4	22.20±3.7CD	33.40±7.09BC	40.20±7.64CD	49.00±13.52B	51.60±12.63B	29.80±11.44B
T_5	26.60±2.47B	30.40±4.19C	36.60±5.21D	40.13±6.78C	41.40±6.53C	14.93±5.121C

2. 不同留茬高度对柠条冠幅的影响

表4-2为不同留茬高度平茬柠条第一生长季冠幅生长变化规律。通过方差分析,5—9月整个生长季,CK和其他处理冠幅值差异均达到极显著($P<$

表 4-2 5—9 月不同留茬高度对柠条冠幅的影响

单位:m²

处理	月份					净增长量
	5	6	7	8	9	
CK	0.970 5± 0.205 0A	1.007 4± 0.207 7A	1.051 4± 0.220 6A	1.064 4± 0.228 8A	1.082 3± 0.238 5A	0.111 8⊥ 0.047 5A
T₁	0.026 9± 0.009 4B	0.049 4± 0.028 4B	0.074 0± 0.041 4B	0.109 0± 0.078 7BC	0.114 6± 0.073 7BC	0.087 7± 0.064 8A
T₂	0.025 1± 0.006 5B	0.044 9± 0.015 4B	0.090 8± 0.055 1B	0.134 8± 0.061 0B	0.142 7± 0.068 7B	0.117 6± 0.062 5A
T₃	0.023 1± 0.007 0B	0.062 3± 0.030 4B	0.102 4± 0.049 6B	0.135 4± 0.062 5B	0.140 3± 0.063 2B	0.117 2± 0.065 6A
T₄	0.022 2± 0.011 9B	0.034 2± 0.020 3B	0.045 1± 0.016 4B	0.068 0± 0.022 0BC	0.070 7± 0.021 2BC	0.048 5± 0.024 6B
T₅	0.026 2± 0.008 0B	0.036 2± 0.014 5B	0.046 3± 0.019 4B	0.050 5± 0.018 3C	0.054 4± 0.018 9C	0.028 2± 0.011 9B

备注:本文冠幅定义为经过株冠中心点的两个直径的乘积。

0.01)。不同处理冠幅净增长值呈现 $T_2 > T_3 > CK > T_1 > T_4 > T_5$ 的趋势,T_2 和 T_3 的净增长量较高,增长值分别为 0.117 6 m² 和 0.117 2 m²,二者差异不显著($P >$ 0.05);T_5 净增长量最低,增长值仅为 0.028 2 m²,可见 T_2 和 T_3 处理柠条冠幅增长趋势较为明显。

3. 不同留茬高度对柠条新梢长的影响

表 4-3 为不同留茬高度平茬柠条第一生长季新梢长萌发生长变化规律。不同处理新梢长净增长值呈现 $T_3 > T_1 > T_4 > T_2 > T_5 > CK$ 的趋势,T_3 净增长量最高,增长值达到 22.33 cm,CK 净增长量最低,增长值仅为 4.60 cm,二者差异达到极显著($P < 0.01$),可见 T_3 处理柠条新梢长净增长趋势最为明显。

4. 不同留茬高度对柠条地径的影响

表 4-4 为不同留茬高度平茬柠条第一生长季地径生长变化规律。从 5—9 月,CK 和其他处理地径值差异均达到极显著($P < 0.01$)。不同处理地径净增长值呈现 $T_2 > T_1 > T_3 > T_4 = CK > T_5$ 的趋势,T_2 净增长量最高,增长值达到 0.20 cm,T_1 和 T_3 次之,分别为 0.14 cm 和 0.13 cm,二者差异不显著($P > 0.05$);T_5 净增长量最低,增长值仅为 0.10 cm。

表 4-3　5—9 月不同留茬高度对柠条新稍长的影响

单位:cm

处理	月份					净增长量
	5 月	6 月	7 月	8 月	9 月	
CK	15.20±4.12AB	16.93±4.24B	19.33±4.30C	19.67±3.84D	19.80±3.26D	4.60±1.19B
T_1	14.13±3.09BC	24.47±4.93A	31.40±7.27AB	34.40±7.56AB	35.93±7.77AB	21.80±7.45A
T_2	13.27±1.54CD	23.80±3.39A	28.80±5.44B	30.93±5.66BC	32.33±5.76BC	19.07±4.94A
T_3	16.47±2.16A	25.87±2.79A	33.80±5.58A	36.20±5.78A	38.80±6.46A	22.33±6.33A
T_4	11.53±0.68D	19.40±2.46B	22.87±5.07C	28.73±10.44C	30.73±10.52C	19.20±10.68A
T_5	7.93±1.94E	11.07±2.81C	15.20±3.82D	16.47±3.19D	16.60±3.10D	8.67±1.72B

表 4-4　5—9 月不同留茬高度对柠条地径的影响

单位:cm

处理	月份					净增长量
	5 月	6 月	7 月	8 月	9 月	
CK	1.12±0.23A	1.13±0.24A	1.19±0.23A	1.21±0.23A	1.24±0.23A	0.12±0.03C
T_1	0.25±0.02B	0.34±0.03B	0.37±0.04B	0.37±0.04B	0.39±0.03B	0.14±0.02B
T_2	0.20±0.02B	0.32±0.02B	0.34±0.03BC	0.35±0.04B	0.40±0.04B	0.20±0.03A
T_3	0.24±0.03B	0.33±0.03B	0.37±0.03B	0.37±0.03B	0.37±0.04BC	0.13±0.02BC
T_4	0.25±0.02B	0.35±0.03B	0.35±0.03BC	0.37±0.04B	0.37±0.04BC	0.12±0.02C
T_5	0.21±0.01B	0.27±0.05B	0.29±0.03C	0.31±0.02B	0.31±0.02C	0.10±0.02D

5. 不同留茬高度对柠条分蘖数的影响

表 4-5 为不同留茬高度平茬柠条第一生长季分蘖数生长变化规律。T_2 和 T_3 处理在 5 月分蘖已趋于稳定，分蘖数均值分别为 9.93 和 7.73 个;T_1、T_4 和 T_5 处理在 6 月份仍有不同程度的分蘖,7 月趋于稳定,分蘖数均值分别为 8.00、8.00 和 8.60 个。由此可见,T_2 和 T_3 处理在生育初期(现蕾期)就快速趋于稳定。

表 4-5　5—9 月不同留茬高度对柠条分蘖数的影响

单位:个

处理	月份				
	5 月	6 月	7 月	8 月	9 月
CK	10.20±4.54A	10.20±4.54A	10.20±4.54A	10.20±4.54A	10.20±4.54A
T_1	7.60±1.76B	7.73±1.67B	8.00±2.00BC	8.00±2.00BC	8.00±2.00BC
T_2	9.93±3.45A	9.93±3.45A	9.93±3.45AB	9.93±3.45AB	9.93±3.45AB
T_3	7.73 ±2.22B	7.73 ±2.22B	7.73±2.22C	7.73±2.22C	7.73±2.22C
T_4	7.73±0.70B	8.00±0.65B	8.00±0.65BC	8.00±0.65BC	8.00±0.65BC
T_5	8.33±1.40AB	8.60±1.35AB	8.60±1.35ABC	8.60±1.35ABC	8.60±1.35ABC

(二)不同留茬高度平茬措施对柠条生长季光合生理的影响研究

1.5 月份(现蕾期)平茬措施对柠条光合生理日变化的影响

净光合速率(P_n)日变化:图 4-1 表明,CK 处理 P_n 日变化呈"双峰"曲线,第一峰值出现在 10:00 左右,第二峰值出现在 14:00 左右;其他处理 P_n 日变化均在 8:00 左右值最高,T_1、T_5 处理呈先降低后升高再降低的趋势,T_2、T_3、T_4 处理呈一直降低的趋势。不同处理条件下,柠条叶片 P_n 的日均值呈现

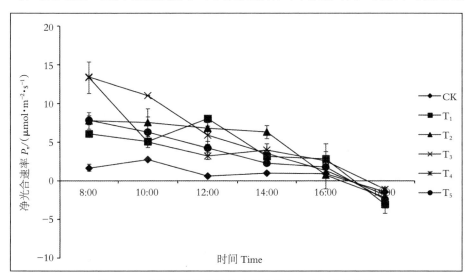

图 4-1　不同留茬高度柠条叶片净光合速率(P_n)日变化

$T_3>T_4>T_2>T_1>T_5>CK$ 的趋势，T_3 的值为 5.60 $\mu mol \cdot m^{-2} \cdot s^{-1}$，而 CK 的值仅为 0.84 $\mu mol \cdot m^{-2} \cdot s^{-1}$，差异达到了极显著($P<0.01$)。

蒸腾速率(T_r)日变化：图 4-2 表明，不同处理柠条叶片 T_r 日变化趋势与 P_n 日变化趋势基本一致。T_3 处理柠条叶片 T_r 日均值最高，为 1.25 $mmol \cdot m^{-2} \cdot s^{-1}$，CK 的值则为 0.48 $mmol \cdot m^{-2} \cdot s^{-1}$，差异均达到了显著($P<0.05$)；不同处理柠条叶片 T_r 日变化均有不同程度的蒸腾"午休"现象，时间出现在 12:00 或 14:00 左右。T_r 的日均值呈现 $T_3>T_4>T_2=T_5>T_1>CK$ 的趋势。

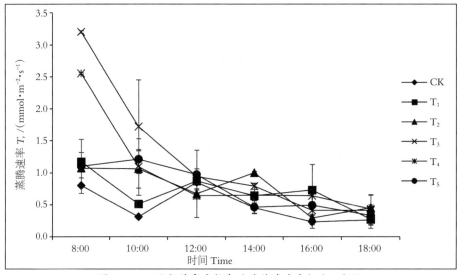

图 4-2　不同留茬高度柠条叶片蒸腾速率(T_r)日变化

气孔导度(G_s)日变化：图 4-3 表明，不同处理柠条叶片 G_s 日变化趋势与 T_r 日变化趋势基本一致。不同处理，柠条叶片 G_s 在 12:00 或 14:00 左右有不同程度的"午休"现象。不同处理柠条叶片 G_s 的日均值呈现 $T_3>T_4>T_2=T_5>T_1>CK$ 的趋势，T_3 的值最大，为 85.38 $mmol \cdot m^{-2} \cdot s^{-1}$，而 CK 的值仅为 29.39 $mmol \cdot m^{-2} \cdot s^{-1}$，二者差异显著($P<0.05$)。

胞间 CO_2 浓度(C_i)日变化：图 4-4 表明，不同处理柠条叶片 C_i 日变化趋势与 P_n 基本相反。不同处理柠条叶片 C_i 的日均值呈现 $T_2<T_4<T_3<T_5<T_1<CK$的趋势，T_2 处理日均值最低，为 216.8 $\mu mol \cdot mol^{-1}$，而 CK 日均值最高，达 379.8 $\mu mol \cdot mol^{-1}$，二者差异达到极显著($P<0.01$)。

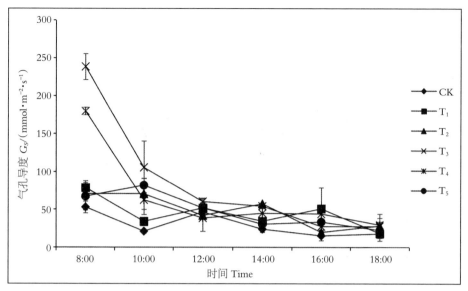

图 4-3　不同留茬高度柠条叶片气孔导度(G_s)日变化

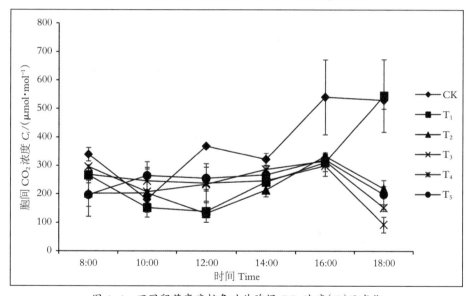

图 4-4　不同留茬高度柠条叶片胞间 CO_2 浓度(C_i)日变化

水分利用效率(WUE)日变化：图 4-5 表明，不同处理柠条叶片，在 16:00 以后 WUE 急剧下降，在 18:00 左右达到一天内最低值。不同处理柠条叶片 WUE 的日均值呈现 $T_2 > T_4 > T_1 > T_3 > T_5 >$ CK 的趋势，T_2 处理 WUE 日均值最高，为 4.72 $\mu mol \cdot mmol^{-1}$，而 CK 日均值仅为 1.98 $\mu mol \cdot mmol^{-1}$，差异达到了极

显著($P<0.01$)。

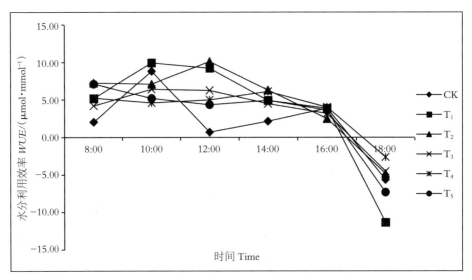

图 4-5 不同留茬高度柠条叶片水分利用效率(WUE)日变化

2. 6 月份(开花期)平茬措施对柠条光合生理日变化的影响

净光合速率(P_n)日变化:图 4-6 表明,CK、T_2、T_3、T_4 处理 P_n 日变化呈明显的"双峰"曲线,第一峰值均出现在 10:00 左右,其中 T_3 值最高可达 14.76 $\mu mol \cdot m^{-2} \cdot s^{-1}$;第二峰值出现时间不同,CK、$T_2$ 和 T_3 处理均出现在16:00

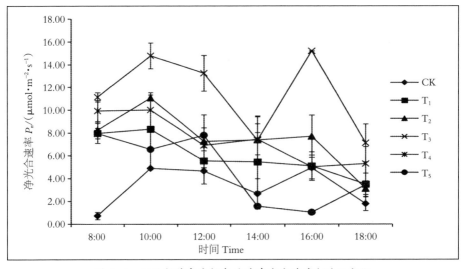

图 4-6 不同留茬高度柠条叶片净光合速率(P_n)日变化

左右，T_4 处理则出现在 14:00 左右，其中 T_3 值最高可达15.18 μmol·m^{-2}·s^{-1}。T_1 和 T_5 处理 P_n 日变化无"双峰"特征，T_5 在 12:00 以后 P_n 值下降趋势显著。不同处理，柠条叶片 P_n 的日均值呈现 $T_3>T_2>T_4>T_1>T_5>CK$ 的趋势，T_3 的值最大，为 11.46 μmol·m^{-2}·s^{-1}，而 CK 的值仅为 3.26 μmol·m^{-2}·s^{-1}，二者差异达到了极显著（$P<0.01$）。

蒸腾速率（T_r）日变化：图 4-7 表明，不同处理柠条叶片 T_r 日变化趋势与 P_n 日变化趋势基本一致。不同处理柠条叶片 T_r 日变化均有不同程度的蒸腾"午休"现象，时间出现在 12:00 或 14:00 左右。不同处理，柠条叶片 T_r 的日均值呈现 $T_3>T_1>T_2>T_4>CK>T_5$ 的趋势，T_3 的值最大，为 5.65 mmol·m^{-2}·s^{-1}，而 CK 的值仅为 4.11 mmol·m^{-2}·s^{-1}，二者差异显著（$P<0.05$）。

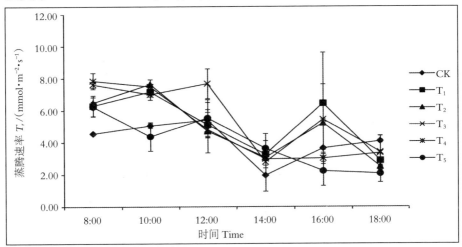

图 4-7　不同留茬高度柠条叶片蒸腾速率（T_r）日变化

气孔导度（G_s）日变化：图 4-8 表明，不同处理柠条叶片 G_s 日变化趋势与 T_r 日变化趋势基本一致。不同处理，柠条叶片 G_s 在 14:00 左右有明显的"午休"现象。不同处理柠条叶片 G_s 的日均值呈现 $T_3>T_1>T_4>T_2>CK>T_5$ 的趋势，T_3 的值最大，为 161.29 mmol·m^{-2}·s^{-1}，而 CK 的值仅为 103.35 mmol·m^{-2}·s^{-1}，二者差异显著（$P<0.05$）。

胞间 CO_2 浓度（C_i）日变化：图 4-9 表明，不同处理柠条叶片 C_i 日变化趋势与 P_n 基本相反。不同处理柠条叶片在 8:00 和 18:00 基本处于较高水平，随着

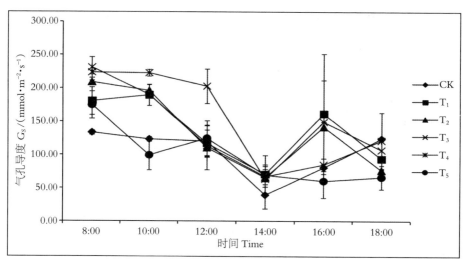

图 4-8　不同留茬高度柠条叶片气孔导度(G_s)日变化

光强增大，P_n 增加，叶片内的 CO_2 由于 Rubisco 活化酶的作用而被同化利用，C_i 呈下降趋势。不同处理柠条叶片 C_i 的日均值呈现 $T_3 < T_2 < T_4 < T_1 < T_5 < CK$ 的趋势，T_3 处理日均值最低，为 254.49 $\mu mol \cdot mol^{-1}$，而 CK 日均值最高，达 314.23 $\mu mol \cdot mol^{-1}$，二者差异达到极显著（$P < 0.01$）。

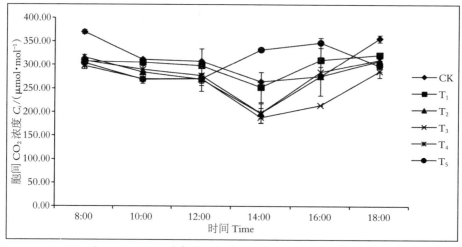

图 4-9　不同留茬高度柠条叶片胞间 CO_2 浓度（C_i）日变化

水分利用效率（WUE）日变化：图4-10 表明，T_3 处理在 8:00~18:00 时间段 WUE 值均处于最高值。不同处理柠条叶片 WUE 的日均值呈现 $T_3 > T_4 > T_2 >$

T_1>T_5>CK 的趋势，T_3 处理 *WUE* 日均值最高，为 2.14 μmol·mmol^{-1}，而CK 日均值仅为 0.85 μmol·mmol^{-1}，差异达到了极显著（$P<0.01$），可见 T_3 处理柠条叶片水分利用率较高。

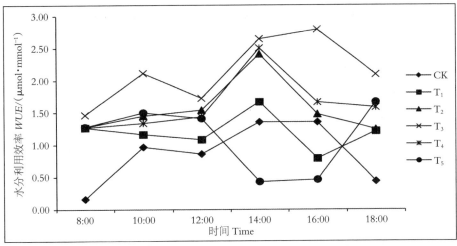

图 4-10　不同留茬高度柠条叶片水分利用效率（*WUE*）日变化

3. 7 月份（结实期）平茬措施对柠条光合生理日变化的影响

净光合速率（P_n）日变化：图 4-11 表明，不同处理柠条叶片 P_n 日变化均有明显的的光合"午休"现象，时间出现在 12:00 或 14:00 左右；CK、T_1、T_2 处理 P_n

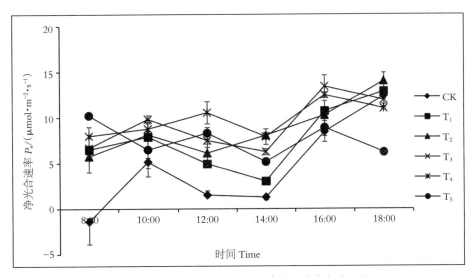

图 4-11　不同留茬高度柠条叶片净光合速率（P_n）日变化

日变化呈先升高后降低再升高的趋势，在 18:00 左右值达到最高，T_3 和 T_4 处理呈明显的"双峰"曲线；不同处理条件下，柠条叶片 P_n 的日均值呈现 $T_4 > T_3 > T_2 > T_1 > T_5 > CK$ 的趋势，T_4 的值为 9.76 $umol \cdot m^{-2} \cdot s^{-1}$，$T_3$ 的值为 9.40 $umol \cdot m^{-2} \cdot s^{-1}$，而 CK 的值仅为 4.54 $umol \cdot m^{-2} \cdot s^{-1}$，$T_3$ 与 T_4 差异不显著（$P > 0.05$），而与 CK 差异均达到了极显著（$P < 0.01$）。

蒸腾速率（T_r）日变化：图 4-12 表明，不同处理，柠条叶片在下午 16:00 左右 T_r 值均达到一天内的最高值。T_r 的日均值呈现 $T_4 > T_1 > T_2 > T_3 > T_5 > CK$ 的趋势，T_4 的值最大，为 3.88 $mmol \cdot m^{-2} \cdot s^{-1}$，而 CK 的值仅为 1.70 $mmol \cdot m^{-2} \cdot s^{-1}$。

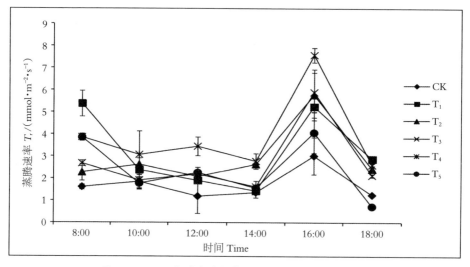

图 4-12　不同留茬高度柠条叶片蒸腾速率（T_r）日变化

气孔导度（G_s）日变化：图 4-13 表明，不同处理柠条叶片 G_s 在 8:00 左右值处于全天最高值。G_s 的日均值呈现 $T_4 > T_1 > T_2 > T_3 > T_5 > CK$ 的趋势，T_4 的值最大，为 127.7 $mmol \cdot m^{-2} \cdot s^{-1}$，而 CK 的值仅为 55.38 $mmol \cdot m^{-2} \cdot s^{-1}$。

胞间 CO_2 浓度（C_i）日变化：图 4-14 表明，不同处理柠条叶片 C_i 日变化趋势与 P_n 基本相反。不同处理柠条叶片 C_i 值在 8:00 左右处于较高水平。C_i 的日均值呈现 $T_3 < T_5 < T_2 < T_1 < T_4 < CK$ 的趋势，T_3 处理日均值最低，值为 191.90 $\mu mol \cdot mol^{-1}$，而 CK 日均值最高，达 260.50 $\mu mol \cdot mol^{-1}$，二者差异达到极显著（$P < 0.01$）。

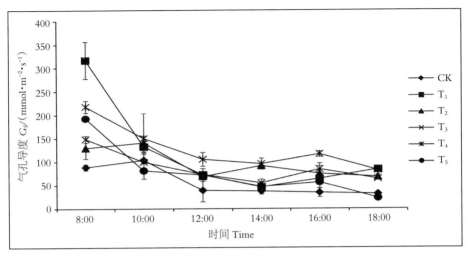

图 4-13 不同留茬高度柠条叶片气孔导度(G_s)日变化

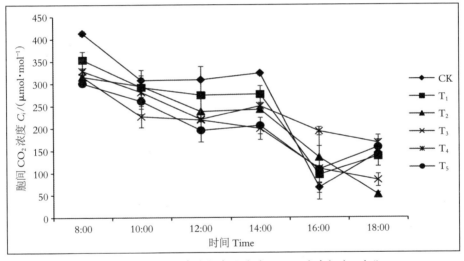

图 4-14 不同留茬高度柠条叶片胞间 CO_2 浓度(C_i)日变化

水分利用效率(WUE)日变化:图 4-15 表明,不同处理 WUE 呈先上升后下降再升高的趋势。在 16:00 以后,不同留茬高度 WUE 急剧上升,在 18:00 左右达到一天内最高值。WUE 的日均值呈现 $T_5>T_3>T_2>CK>T_4>T_1$ 的趋势,T_5 日均值最高,为 4.02 $\mu mol \cdot mmol^{-1}$,T_3 次之,为 3.81 $\mu mol \cdot mmol^{-1}$,二者差异不显著($P>0.05$)。

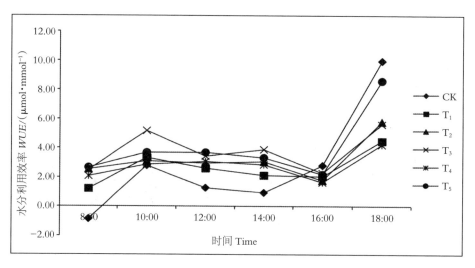

图 4-15　不同留茬高度柠条叶片水分利用效率(*WUE*)日变化

4. 8 月份(果后营养中期)平茬措施对柠条光合生理日变化的影响

净光合速率(P_n)日变化:图 4-16 表明,除 CK 外,其他处理均呈明显的"双峰"曲线,光合"午休"现象基本出现在 12:00 左右;柠条叶片 P_n 的日均值呈现 $T_3 > T_4 > T_2 > T_5 > T_1 > CK$ 的趋势,T_3 的值为 11.74 umol·m^{-2}·s^{-1},而 CK 的值仅为 5.64 umol·m^{-2}·s^{-1},差异达到了极显著($P < 0.01$)。

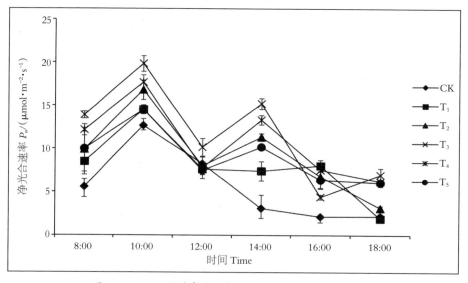

图 4-16　不同留茬高度柠条叶片净光合速率(P_n)日变化

蒸腾速率(T_r)日变化:图 4-17 表明,不同处理柠条叶片 T_r 日变化高峰值出现在 8:00 点或 10:00 点, 之后呈明显下降趋势。T_r 的日均值呈现 $T_4>T_5>T_3>CK>T_2>T_1$ 的趋势,T_4 的值最大, 为 6.38 mmol·m^{-2}·s^{-1},T_1 值最小, 为 3.71 mmol·m^{-2}·s^{-1}。

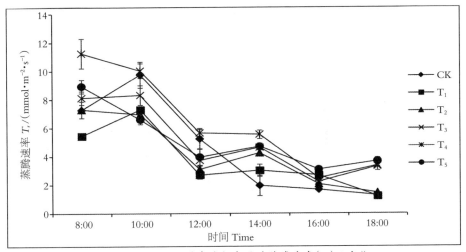

图 4-17　不同留茬高度柠条叶片蒸腾速率(T_r)日变化

气孔导度(G_s)日变化:图4-18 表明,不同处理柠条叶片 G_s 日变化趋势与 T_r 日变化趋势基本一致。不同处理柠条叶片 G_s 在 8:00 左右值处于全天最高值。G_s 的日均值呈现 $T_4>T_3>T_5>CK>T_2>T_1$ 的趋势,T_4 的值最大,为

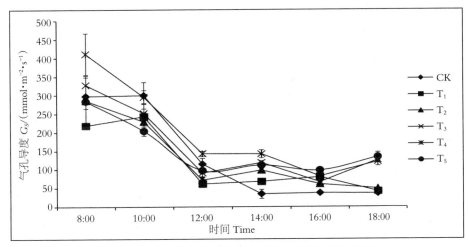

图 4-18　不同留茬高度柠条叶片气孔导度(G_s)日变化

198.70 mmol·m⁻²·s⁻¹，T₃次之，为 163.10 mmol·m⁻²·s⁻¹。

胞间 CO_2 浓度（C_i）日变化:图 4-19 表明,不同处理柠条叶片 C_i 日变化趋势与 P_n 基本相反。不同处理柠条叶片 C_i 值在 8:00 左右和 18:00 左右处于较高水平。C_i 的日均值呈现 $T_2 < T_3 < T_1 < T_5 < T_4 < CK$ 的趋势,T_2 处理日均值最低,为 242.70 μmol·mol⁻¹,T_3 次之,为 249.00 μmol·mol⁻¹,二者差异不显著（$P > 0.05$）。

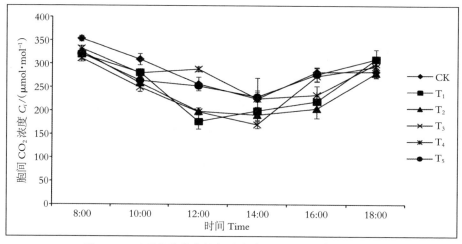

图 4-19　不同留茬高度柠条叶片胞间 CO_2 浓度（C_i）日变化

水分利用效率（WUE）日变化:图 4-20 表明,不同处理条件下,柠条叶片 WUE 的日均值呈现 $T_2 > T_3 > T_1 > T_4 > T_5 > CK$ 的趋势,T_2 日均值最高,为 2.42 μmol·mmol⁻¹,T_3 次之,为 2.37 μmol·mmol⁻¹,T_2、T_3 之间差异不显著（$P > 0.05$）。

5. 9 月份（果后营养末期）平茬措施对柠条光合生理日变化的影响

净光合速率（P_n）日变化:图 4-21 表明,不同处理柠条叶片 P_n 日变化无明显光合"午休"现象,P_n 峰值出现在 14:00 左右;柠条叶片 P_n 的日均值呈现 $T_3 > T_2 > T_4 > T_5 > T_1 > CK$ 的趋势,T_3 的值为 14.55 umol·m⁻²·s⁻¹,而 CK 的值仅为 7.00 umol·m⁻²·s⁻¹,差异达到了极显著（$P < 0.01$）。

蒸腾速率（T_r）日变化:图 4-22 表明,CK、T_1 和 T_2 处理在 12:00 左右 T_r 达到一天内的最高值,无蒸腾"午休"现象,T_3、T_4、T_5 处理在 14:00 左右达到最高值,在 12:00 左右有轻微蒸腾"午休"现象,差异不显著（$P > 0.05$）。T_r 的日均值呈

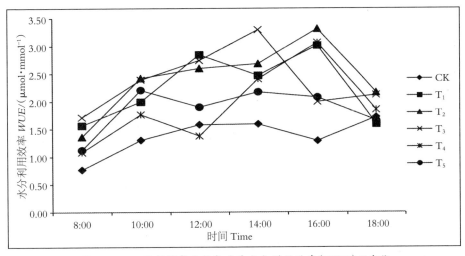

图 4-20　不同留茬高度柠条叶片水分利用效率(*WUE*)日变化

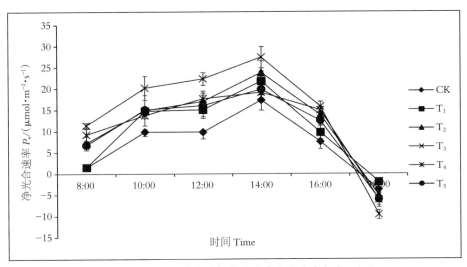

图 4-21　不同留茬高度柠条叶片净光合速率(*P_n*)日变化

现 $T_4>T_5>T_3>T_2>CK>T_1$ 的趋势,T_4 的值最大,为 4.58 mmol·m^{-2}·s^{-1},T_1 值最小,为 2.40 mmol·m^{-2}·s^{-1}。

气孔导度(G_s)日变化:图 4-23 表明,不同处理柠条叶片 G_s 日变化趋势与 Tr 日变化趋势基本一致。不同处理 G_s 日变化规律呈"双峰"曲线,峰值基本出现在 10:00 左右和 14:00 左右,在 18:00 左右值下降到最低。

水分利用效率(*WUE*)日变化:图 4-24 表明,不同处理条件下,柠条叶片

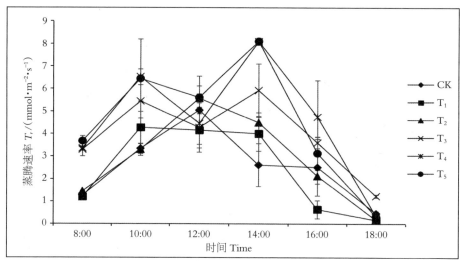

图 4-22　不同留茬高度柠条叶片蒸腾速率（T_r）日变化

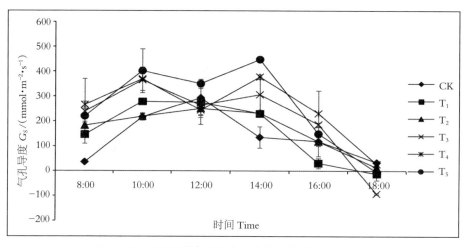

图 4-23　不同留茬高度柠条叶片气孔导度（G_s）日变化

WUE 值在 18:00 左右值下降到负数，不同处理日均值呈现 $T_1>T_3>CK>T_4>T_5>T_2$ 的趋势，T_1 日均值最高，为 2.79 μmol·mmol^{-1}，T_3 次之，为 2.25 μmol·mmol^{-1}，T_1、T_3 之间差异不显著（$P>0.05$）。

6. 不同留茬高度平茬措施柠条光合生理主要指标月动态变化分析

图 4-25 表明：除 T_3 处理外，其余处理柠条 P_n 月动态变化趋势一致，均呈逐渐上升的趋势；T_3 处理则呈先上升后下降再上升的趋势，在 6 月（开花期）出

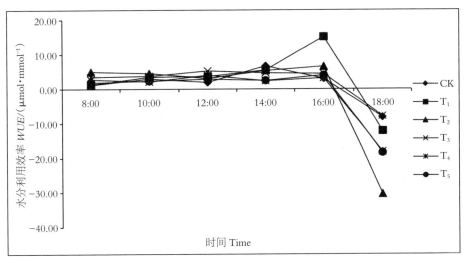

图 4-24　不同留茬高度柠条叶片水分利用效率(WUE)日变化

现高峰值。不同处理柠条 P_n 均在 9 月(果后营养末期)达到最高值。除 7 月(结实期)外,其余月份 T_3 处理 P_n 值均显著高于其他处理($P<0.05$);在 7 月(结实期),T_4 处理 P_n 值略高于 T_3 处理,二者差异不显著($P>0.05$)。从 5 月至 9 月整个生育期,不同处理柠条 T_r 月动态变化趋势一致,均呈"双峰"曲线,峰值均出现在 6 月(开花期)和 8 月(果后营养中期)。在 5 月(现蕾期),T_r 值最低。从 5 月至 9 月整个生育期, 不同处理柠条 WUE 月动态变化趋势恰与 T_r 的变化趋势相反。在 6 月(开花期)和 8 月(果后营养中期),WUE 值处于低谷;在 5 月(现蕾期),除 CK 处理外,其余处理 WUE 值在整个生育期内处于最高值。除 5 月和 9 月外,其他月份 T_3 处理的 WUE 值始终高于其他处理。

(三)不同留茬高度平茬措施对柠条土壤水分空间及时间分布格局的影响

1. 不同留茬高度平茬措施柠条土壤水分垂直动态变化特征

图 4-26 表明:在现蕾期(5 月)和开花期(6 月),随着土层厚度的加深,不同处理 0~100 cm 土壤水分含量变化趋势基本一致,T_5 处理呈先升后降的趋势,其他处理均呈先升后降再升的趋势;不同处理 40~80 cm 土壤水分含量较高,最高值达到 15.53%;不同处理 0~100 cm 土壤含水量均值均呈 $T_3<T_1<CK<$

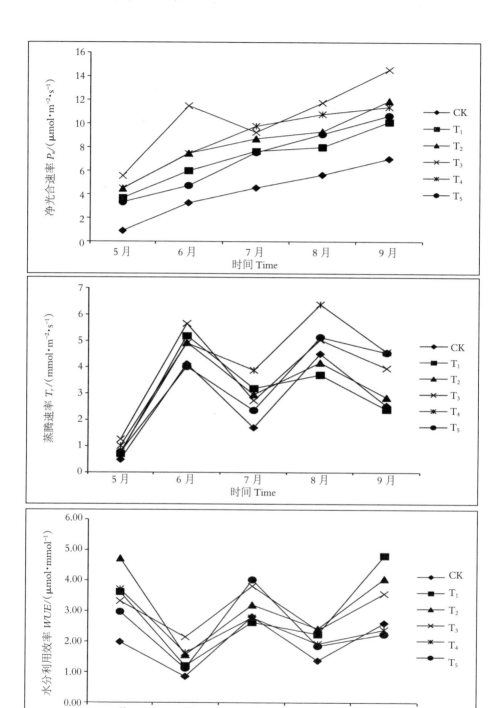

图 4-25　不同留茬高度柠条叶片光合指标月动态变化

$T_4<T_2<T_5$ 的趋势,T_3 的值最低,分别为 9.73% 和 8.31%。

在结实期(7 月),受降水影响,不同处理 0～20 cm 土壤含水量升高;不同处理 0～100 cm 土壤含水量均值呈 $T_3<T_1<T_4<CK<T_2<T_5$ 的趋势,T_3 值最低,为 10.72%。

在果后营养中期(8 月),随着土层厚度的加深,不同处理 0～100 cm 土层土壤含水量呈先升后降的趋势,40～60 cm 含水量显著升高,最高值可达 20.35%;不同处理 0～100 cm 土壤含水量均值呈 $T_3<T_4<T_1<T_5<T_2<CK$ 的趋势,T_3 值仍最低,为 13.01%。在果后营养末期(9 月),受降水影响,不同处理 0～20 cm 土壤含水量较高;不同处理 0～100 cm 土壤含水量呈现出 $T_3<T_1<T_4<CK<T_2<T_5$ 的趋势,T_3 值仍最低,为 11.57%。

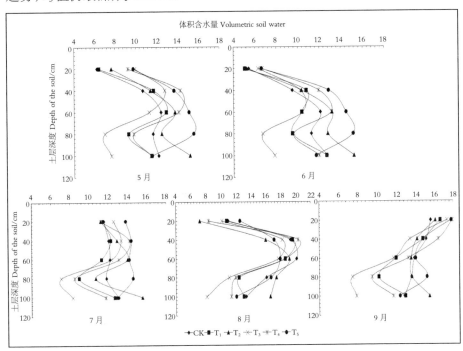

图 4-26　5—9 月份不同留茬高度柠条土壤水分垂直动态变化图

2. 不同留茬高度平茬措施柠条土壤水分月份动态变化特征

图 4-27 表明:5—6 月,不同留茬高度柠条 0～40 cm 土壤含水量均处于较低水平,变化范围在 5.07%～14.27% 之间;与其他处理相比,T_3 处理 60～100 cm

土壤水分消耗极为显著,含水量变化范围在 6.73%~11.30% 之间。7—9 月,由于受降水因素补给,不同留茬高度 0~100 cm 土壤含水量呈上升趋势,其中 8 月含水量达到整个生育期的最高值,变化范围在 13.01%~15.96% 之间;不同留茬高度 40~80 cm 土壤等值线比较密集,土壤含水量上升显著;与其他处理相比,T_3 处理 60~100 cm 土壤水分消耗极为显著,含水量变化范围在 6.73%~11.04% 之间。

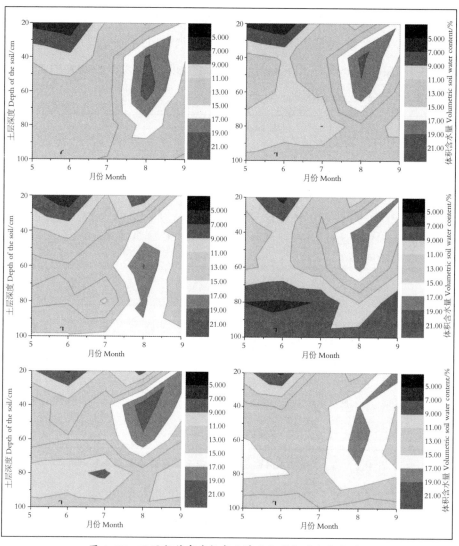

图 4-27　不同留茬高度柠条土壤水分月份动态变化图

（四）不同留茬高度平茬柠条光合生理指标和土壤水分的相关性分析研究

相关性研究（表4-6）表明：土壤含水量与净光合速率（P_n）、气孔导度（G_S）、胞间CO_2浓度（C_i）具有相关性，与净光合速率（P_n）相关性达到极显著（$P<0.01$），相关系数为0.672；与胞间CO_2浓度（C_i）成负相关，相关系数为-0.384。净光合速率（P_n）与蒸腾速率（T_r）、气孔导度（G_S）相关性均达到极显著（$P<0.01$），相关系数分别为0.598、0.813。水分利用效率（WUE）与蒸腾速率（T_r）、胞间CO_2浓度（Ci）相关性均达到极显著（$P<0.01$）。

表4-6　不同留茬高度平茬柠条光合生理指标和土壤水分相关性分析

项目	净光合速率（P_n）	蒸腾速率（T_r）	气孔导度（G_S）	胞间CO_2浓度（C_i）	水分利用效率（WUE）	土壤含水量
净光合速率（P_n）	1.00	0.598**	0.813**	-0.403*	0.267	0.672**
蒸腾速率（T_r）	0.598**	1.00	0.738**	0.132	-0.554**	0.305
气孔导度（G_S）	0.813**	0.738**	1.00	0.037	-0.059	0.428*
胞间CO_2浓度（C_i）	-0.403*	0.132	0.037	1.00	-0.597**	-0.384*
水分利用效率（WUE）	0.267	-0.554**	-0.059	-0.597**	1.00	0.198
土壤含水量	0.672**	0.305	0.428*	-0.384*	0.198	1.00

备注：** 在0.01水平，相关性显著；* 在0.05水平，相关性显著。

五、讨论与分析

（一）不同留茬高度对柠条生长特征的影响

Bond和Midgley（2001）指出植物地上部分遭到破坏后会进行补偿性生长，Masc hinski与Whitham（1989）指出植物的补偿能力与采食或刈割的强度有关。本研究得出，5—9月生育期内，与对照CK相比，不同留茬高度平茬处理后，柠条株高、冠幅、新梢长净增长量均显著增加，表明平茬能够促进柠条的生长。T₃处理柠条株高和新梢长净增长量达到最高值，分别是CK处理增长量的3.03和4.85倍；T₂和T₃处理柠条冠幅净增长量显著高于其他处理，其分蘖数在生育初期(现蕾期)就快速趋于稳定状态,可见,留茬 15 cm 的平茬措施,在平茬后第一生长季能够显著提高柠条生长补偿能力,促进其快速生长。

(二)不同留茬高度对柠条光合指标日变化的影响

平茬对增加地上部分生物量以及提高光合速率和水分利用效率有明显作用,还能提高潜在生产力(周静静等,2017;董雪等,2015)。本研究表明:平茬处理能显著提高柠条整个生育期 P_n、WUE,这与何树斌等(2009)对紫花苜蓿、王震等(2013)对四合木、刘志芳(2017)对油蒿的研究结果相一致。在整个生育期内,5~8 月,不同处理柠条日变化均有不同程度的光合、蒸腾"午休"现象;9 月无"午休"现象,P_n 值在 12:00 至 14:00 有不同程度的上升趋势,这与 9 月季节温度偏低,蒸腾减小,中午光合有效辐射增强导致 P_n 值升高有关,刘志芳(2017)对油蒿 9 月份 P_n 日变化研究结论与本研究相一致。不同处理柠条在 7 月 T_r 值有所降低,这是因为外界气温上升,植物体内水分亏缺,气孔关闭防止散失更多水分的生存策略所致(张立平等,1998)。除 CK 外,不同留茬高度在生育期初期(5 月)WUE 值达到全年最高值,这是由于萌蘖植物经过平茬后,第二年开春,新生枝叶分生组织活动强烈,细胞分裂速度快,需要消耗大量的的同化产物(高玉葆等,2001),以致 WUE 显著升高,合成的干物质越多(刘金祥等,2004;王东清等,2012);在生育期后期,随着植株生长日趋稳定,不同留茬高度柠条 WUE 变化幅度趋于稳定。适宜的留茬高度和平茬时间对植物生长有重要意义(杨丹怡等,2019)。本研究表明:在整个生育期内,T_3 处理柠条 P_n 均值处于最高值,分别比 CK、T_5、T_1、T_2 和 T_4 增加了 1.48 倍、0.49 倍、0.49 倍、0.26 倍和 0.20 倍。T_2 和 T_3 处理柠条 WUE 均值也比较高,分别比 CK 增加了 0.88 和 0.78 倍。可见,留茬高度 15 cm 的柠条在平茬后第一生长季光合生理补偿能力相对较强。

(三)不同留茬高度对柠条土壤水分的影响特征

由于平茬措施使柠条的地上组织被破坏,根冠比失衡,叶面积、冠幅变小,使得光合作用产生的同化产物向根系的分配减少。但是,柠条庞大的根系具有强大的吸水能力,根系组织吸收水分供给有限的地上部分,从而改变了植物对水分的利用状况。平茬后,柠条冠层的集雨效应迅速减弱,根部土壤水分入渗深度也明显减弱。植物通过根系吸收土壤水分和养分,平茬措施破坏柠条地上组织,冠幅面积大幅减小,集雨效应减弱(刘凯,2013),但是作为吸收水分和养分的主体根系会快速大幅度增加(郑世光等,2010),能够促进土壤水分的吸收(Wellington et al.,1984),供地上组织生长所需(方向文等,2006b)。本研究表明:与 CK 相比,在整个生育期内,T_3 处理 0~100 cm 土壤水分消耗最为显著,这说明留茬高度 15 cm 的平茬柠条水分利用强度高, 这与其光合生理指标研究结果颇为吻合。与其他处理相比,T_3 处理在 60~100 cm 土壤水分消耗极为显著,苟俊杰等(2009)对晋西北黄土高原区柠条研究认为 40~90 cm 为柠条细根主要分布区和生长活跃区,由此推断,T_3 处理柠条在平茬后第一生长季根系能够得到快速补偿,以致吸收大量土壤水分,供地上部分生长所需。可见,留茬15cm 的平茬措施有利于促进柠条的快速生长。

于瑞鑫研究:大多数植物随着年龄的增加,其水分利用效率随之增加。平茬 2 年柠条的水分利用效率低于平茬 3 年、4 年与 5 年的柠条。平茬 3 年为柠条补偿生长的转折点,光合作用、土壤含水量显著上升,直到平茬 4 年达到最高;加之冠层对水分的截留作用仍未达到未平茬柠条的水平,平茬 5 年土壤水分开始出现下降趋势,水分利用效率趋于平缓且接近未平茬柠条。因此,平茬 5 年柠条可作柠条林再次平茬时限的一个参考。与我们对柠条平茬时限研究结果基本一致。

六、结论

平茬处理后柠条叶片的 P_n 值、气孔导度(G_s)和蒸腾速率(T_r)总体上显著高于未平茬处理,且随留茬高度的降低而升高,以留茬 15 cm 处理最大。与未平茬相比,平茬处理能显著提高柠条第一生长季株高、冠幅、新梢长的增长;T_3处理柠条第一生长季株高和新梢长净增长量值最高, 分别是 CK 处理增长量的 3.03 倍和 4.85 倍;平茬处理能显著提高柠条平茬后第一生长季(现蕾期、开花期、结实期、果后营养期)净光合速率(P_n)和水分利用效率(WUE)。在 5—8

月不同处理柠条日变化均有不同程度的光合、蒸腾"午休"现象,9月无"午休"现象。不同处理柠条 P_n 均在 9 月达到最高值;在平茬后整个生育期内,T_3 处理柠条净光合速率(P_n)均值处于最高值,分别比 CK、T_5、T_1、T_2 和 T_4 增加了 1.48 倍、0.49 倍、0.49 倍、0.26 倍和 0.20 倍;T_2 和 T_3 处理柠条水分利用效率(WUE)均值也比较高,分别比 CK 增加了 0.88 和 0.78 倍;T_3 处理平茬柠条在第一生长季内 0~100 cm 土壤水分消耗较为明显,60~100 cm 土壤水分消耗尤为显著,这与其较高的光合生理补偿能力相吻合;土壤含水量与净光合速率(P_n)、气孔导度(G_s)、胞间 CO_2 浓度(C_i)具有相关性,与净光合速率(P_n)相关性达到极显著($P<0.01$),相关系数为 0.672;与胞间 CO_2 浓度(C_i)成负相关,相关系数为 -0.384。水分利用效率(WUE)反映了植物生产过程中单位水分的能量转化效率,受蒸腾速率和光合速率共同影响。在相同环境下,WUE 值越大,表明植株积累有机物所需要的水分越少,植物的耐旱能力增强。

综上所述,在平茬后来年第一生长季,留茬高度 15 cm 的平茬柠条较其他处理具有较强的生长和光合生理补偿能力。因此,在生产实际中,为提高柠条再生能力,建议平茬最适留茬高度为 15 cm,这对指导柠条更新复壮,提高当地人工灌木林经济和生态利用价值具有科学理论价值。

第五章　柠条生长季平茬对生物多样性的影响研究

第一节　平茬对柠条林间植物群落的影响研究

目前,草地灌丛化现象日益严重,草地中灌丛的存在会通过养分竞争强化邻居草地斑块植物群落竞争性格局（彭海英,2014）。平茬改善了灌丛内的光照、水分等条件,对林间草本植物也起到了很好的抚育作用,使其在植株密度、草层高度、植被盖度以及生物量等方面有了极大的提高。丁新峰等以内蒙古典型草原小叶锦鸡儿为研究对象，探讨了平茬如何影响灌丛邻居植物群落的格局动态。结果表明:平茬处理改变了群落结构与物种组成,群落内多年生禾草丰富度与相对多度均显著增加,群落均匀度指数显著提高,平茬处理使得群落竞争性格局作用弱化,调查群落中物种间的关系多为中性作用,平茬处理条件下群落中显著负相互作用关系物种比例下降，支持群落整体竞争性格局弱化这一结论(丁新峰,2019)。该结果对小叶锦鸡儿灌丛平茬对邻居植物群落的影响提供了理论依据,对类似灌丛化草地恢复具有指导意义。

贾希洋以宁夏荒漠草原 6 m 带距人工柠条林林间草原为研究对象,研究了全平、隔一带平茬两带、隔一带平茬一带、隔两带平茬一带、未平茬五种间距平茬后柠条林间植被的变化。结果表明:隔两带平茬一带处理下林间植被物种总数、密度、高度和地上生物量最高,物种丰富度、多样性指数以隔一带平茬一带、隔两带平茬一带较高,研究认为适宜的密度平茬对人工柠条林间生境有改善作用,宁夏荒漠草原人工柠条林平茬时,可采取隔两带平茬一带的方式(贾希洋,2020)。而未平茬处理林间植被趋于灌丛化,这与未平茬柠条生长、全部平茬后柠条再生对林间草本生长影响有关(王占军,2012)。周静静等荒漠草原不同带间距人工柠条林中间锦鸡儿平茬对林间生境的影响,结果表明,8 m 带间距的林间多年生草本物种比例、植被盖度和密度最高,6 m 和 4 m 间距植被盖度密度接近,三种间距的林间植被地上生物量、物种多样性无显著差异,相关性分析表明,植物多样性与土壤有机质、全氮、粉粒含量正相关,土壤有机质含量与土壤粉粒含量、植被盖度呈正相关。8 m 人工中间柠条林种植间距对林间植被多样性增加、土壤质量改善更为有利(周静静,2017)。

刘燕萍等研究了甘肃省定西市龙滩流域的黄土丘陵沟壑区四种平茬措施下柠条林下草本植被特征, 由于土壤理化性质对草本的生长和草本物种多样性恢复起关键性作用,同时还分析了平茬柠条林下草本与土壤养分的相关性,结果表明隔行平茬柠条林下草本生物量最大, 各土层土壤含水量与草本地上生物量密切相关,且以负相关为主;草本植物多样性各指数均与土壤含水量呈负相关关系,这与邢献予、杨振奇等的研究结论一致(邢献予,2016;杨振奇,2018),可能与半干旱区土壤含水量对柠条林的长势有很大的影响有关。在 0~60 cm 土层内土壤碱性越大,草本生物量越大,20~40 cm 土层内土壤有机质越小,草本生物量越大。综合得出在该区域采取柠条隔行平茬措施最佳(刘燕萍,2020),不仅能够促进林下植被的生长,还可以丰富多样性。然而,也有相反的结论,如包哈森高娃等研究发现,平茬增加了小叶锦鸡儿老龄林林下草本生物量,但群落植被多样性变化不明显(包哈森高娃,2015)。原因可能是平茬有助于短期内草本生物量的提高,但后期随着小叶锦鸡儿生长年限的增加,植物群落也趋于稳定,土壤生物活性降低使得林下植被多样性变化不明显(曹成有,1999)。

人工柠条林带是西北荒漠草原防风固沙的重要措施,随着林带间距增加,防护林降低风速作用减小(石星,2015)。荒漠草原不同间距人工中间锦鸡儿林平茬后,随着带距增加,带间植被盖度和多年生草本比例、土壤粉粒含量以及有机质、全氮、速效磷、速效钾含量呈上升趋势。柠条种植间距的增加可使林间植被多样性和土壤养分得到提高,土壤风蚀量下降。就宁夏荒漠草原目前 4 m、6 m、8 m 种植带间距而言,实践中应选择 8 m 种植带间距(周静静,2017)。

综上所述,柠条种植密度不同,会对林下和林间土壤水分、小气候、土壤微生物等环境产生影响,从而使地上植被群落特征发生变化(王占军,2012)。因此,在平茬抚育管理中可以考虑将林下植被多样性作为确定灌木平茬的最适年限的一个关键指标,对于灌丛化草地的生态恢复具有长远意义。

第二节　生长季平茬对梁地柠条林间植被群落多样性的影响

一、研究目的与设计

针对柠条更新复壮技术管理需求,本项目在宁夏荒漠草原开展不同平茬月份对人工柠条林带间植被多样性的影响研究。设计了柠条生长季不同月份平茬试验,在带距 6 m 的柠条地随机选择两带,用平茬机械进行平茬,每个试验处理三次重复。生长季不同月份时间平茬试验选择在 2017 年 3—8 月,每月中旬进行平茬,平茬方式为隔一带平茬一带,平茬高度均为齐地平茬。平茬后柠条林恢复生长的林间植被群落组成和特征调查于 2018 年 8 月进行。通过植被群落多样性分析,选择生长季柠条平茬的最佳月份。

二、灌木植物生态学野外调查方法

野外调查是植物群落生态学研究的基本方法。下面介绍野外调查的内容和方法,以方便学生查寻和参考。

(一)野外调查设备的准备

海拔仪、地质罗盘、GPS、大比例尺地形图、望远镜、照相机、测绳、钢卷尺、植物标本夹、枝剪、手铲、小刀、植物采集记录本、标签、供样方记录用的一套表格纸、制备土壤剖面用的简易用品等。

(二)调查记录表格的准备

野外植被(森林、灌丛、草地等等)调查的样地(样方记录总表)总表是根据法瑞学派的方法而设计的，目的在于对所调查的群落生境和群落特点有一个总的记录。

（三）植被特征调查取样

2018 年 8 月对 2017 年 3 月、4 月、5 月、6 月、7 月、8 月等不同时间平茬后柠条恢复生长的林间植被特征进行调查。每个处理内随机取样,设置 3 个 1 m×1 m 样方,调查观测植物物种组成、高度、频度、盖度、密度,以及地上生物量,其中,各物种的自然高度用卷尺测定,样圆法测定各物种频度,针刺法测定盖度,随后齐地面分别剪取各物种,封口袋装回实验室 65℃烘干至恒重,称取地上生物量干重。各测定指标重复 30 次。

（四）植物多样性数据计算

基于植被调查数据,计算物种重要值、Mar-galef 种类丰富度指数、Simpson 多样性指数以及 Pielou 均匀度指数。

具体计算公式如下:

重要值=(相对频度+相对盖度+相对密度)×100/3

其中:相对密度为样地内各种植物的个体数占全部植物种个体数的百分比。

相对盖度为群落中某一物种的种盖度占所有种盖度之和的百分比,盖度以离地面 1 英寸(2.54 cm)高度的断面积计算。

相对频度为各种植物在全部样方中的频度与所有植物种频度和之比。

Mar-galef 种类丰富度指数:$Ma = (S-1)/\ln N$

Simpson 指数:$D = 1 - \sum (N_i/N)^2 S$

Shannon-Wiener 多样性指数:$H' = -\sum_{i=1} P_i \ln P_i$

Pielou 均匀度指数:$J = H'/\ln S$

式中:S 为物种总数、N 为物种总个体数、N_i 为某个物种个体数、P_i 为某个物种重要值。

三、结果与分析

(一)生长季不同月份平茬后柠条林间植被生活型组成

在对柠条不同平茬时间后第二年林间植被组成和多样性进行调查分析的基础上,统计了每个平茬月份林间植被的物种数、物种比例及重要值,详见表5-1,主要物种种类详见表5-2。

表5-1　不同月份平茬后柠条林间植被生活型组成

平茬月份	物种总数	小半灌木			多年生草本			一年生草本		
		物种数	物种比例/%	重要值比例/%	物种数	物种比例/%	重要值比例/%	物种数	物种比例/%	重要值比例/%
3月	17	1	5.88	6.04	13	76.47	21.43	3	17.64	13.97
4月	13	1	7.69	3.64	9	69.23	15.96	3	23.08	16.18
5月	17	1	5.88	7.97	13	76.46	8.97	3	17.66	10.38
6月	15	1	6.67	2.43	11	73.33	8.12	3	20.00	31.18
7月	19	1	5.26	8.48	13	68.42	18.64	5	26.32	21.41
8月	12	1	8.33	1.53	9	75.00	13.67	2	16.67	17.85

通过对柠条林间植被生活型组成进行分析可知,不同平茬月份柠条林间的植被由小半灌木、多年生草本和一年生草本组成,植被物种的总数不同,其中多年生草本的物种比例和重要值比例均最高,其次为一年生草本,最少的为小半灌木。从植被物种总数来看,7月平茬的柠条林间植被物种总数最多,达到19种,其中多年生草本13种,物种比例占到68.42%;其次分别为3月、5月,物种总数均达到17种,均以多年生草本为主,占到76%;8月平茬的柠条林间植被物种总数最少,为12种,其中多年生草本有9种,占到75%,一年生草本2种,占16.67%;其次林间植被较少的是4月份,有13种,其中多年生草本占到69.23%,一年生草本占到23.08%。

平茬柠条林间恢复生长的植被以多年生草本为主,占到68.42%~76.47%,小半灌木均只有牛枝子1种,多年生草本主要有猪毛蒿、赖草、蒙古冰草、远志、山苦荬、白草、银灰旋花、米口袋、隐子草、乳浆大戟、砂珍棘豆,一年生草本

表5-2 不同月份平茬后柠条林间植被主要组成(重要值排序前五的物种)

平茬月份	小灌木	多年生草本	一年生草本
3月	牛枝子	猪毛蒿、赖草、蒙古冰草、远志、山苦荬	狗娃花、蒺藜、虫实
4月	牛枝子	猪毛蒿、白草、银灰旋花、远志、山苦荬	狗娃花、蒺藜、虫实
5月	牛枝子	猪毛蒿、银灰旋花、远志、蒙古冰草、白草	狗娃花、蒺藜、狗尾草
6月	牛枝子	猪毛蒿、银灰旋花、赖草、隐子草、远志	狗娃花、猪毛菜、蒺藜
7月	牛枝子	赖草、猪毛蒿、沙葱、米口袋、乳浆大戟	狗娃花、蒺藜、猪毛菜、虫实、狗尾草
8月	牛枝子	猪毛蒿、赖草、银灰旋花、米口袋、砂珍棘豆	狗娃花、蒺藜

有狗娃花、蒺藜、狗尾草、虫实、猪毛菜。总体分析,生长季不同平茬月份对柠条林间植被恢复影响不大,物种组成之间基本相似。

(二)生长季不同月份平茬后柠条林间植被群落多样性特征

通过对不同时间平茬后柠条林间植被的高度、密度、盖度、频度、地上总生物量、重要值等的统计分析(表5-3)可知,从林间植被群落特征来看,3—8月不同时间平茬处理柠条林间植被的高度、盖度、地上总生物量和重要值无显著差异($P>0.05$),而不同时间平茬后的柠条林间的密度和频度之间具有显著性差异($P<0.05$)。3月平茬的林间植被频度显著高于其他各月,而其他各月之间差异不显著;植被密度最高的是6月,其次为4月、3月,7月最低,6月显著高

表5-3 不同月份平茬后柠条林间植被群落特征

平茬月份	高度/cm	密度/(物种株数·m^{-2})	频度/%	盖度/%	地上总生物量/(g·m^{-2})	重要值/%
3月	7.77±1.83a	10.07±3.73ab	11.08±2.43a	5.20±0.91a	56.12±2.21a	7.55±1.67a
4月	6.13±1.01a	12.81±5.42ab	4.45±1.06b	5.30±0.82a	41.13±2.26a	6.89±2.60a
5月	5.17±0.89a	8.53±2.16ab	3.94±0.70b	5.23±0.91a	48.83±1.53a	5.49±0.93a
6月	5.19±0.93a	16.15±5.15a	4.61±1.29b	4.07±0.88a	51.13±1.75a	7.89±1.91a
7月	6.51±1.08a	4.32±1.15b	4.73±1.28b	3.08±0.77a	35.86±1.46a	3.33±0.75a
8月	5.98±1.63a	8.33±3.13ab	5.33±2.56b	4.50±0.45a	36.01±1.58a	5.80±1.73a

于7月。地上生物量以3月份最高,其次分别为6月>5月>4月>8月>7月,从重要值来看,6月平茬处理的林间植被重要值最高,其次为3月、4月,7月最低。

综合分析,从地上总生物量、重要值、高度、密度、频度等指标来看,3月份平茬后第二年柠条林间植被的上述指标均较高,反映了植被生长较好,生长量较大,从植被恢复数量来看,说明3月份平茬也是可行的。从上述分析可知,早春季节的3月、4月平茬与夏秋季节相比,从柠条林间植被恢复情况来看,调查的各月植被群落指标之间差异一致的规律性,差异不大,也说明生长季节各月均可平茬。

由表5-4可知,通过丰富度指数Ma、优势度指数S_i、多样性指数H'、均匀度指数J计算与分析,反映了2017年生长季的3—8月不同月份平茬后的柠条林间2018年植被恢复情况,其林间植被多样性存在着一定差异,说明生长季不同月份平茬后柠条的恢复生长对林间植被的多样性产生了一定影响。7月份平茬的柠条林间植被在第二年8月份恢复情况,表现为除了优势度指数S_i略低于3月份平茬处理外,其余的丰富度指数Ma、多样性指数H'、均匀度指数J三个指标均最高,其次四个指标均较高的是3月份平茬,各指标均较低的是4月和8月平茬处理,5月和6月平茬处理各指标数据居中,6月略高于5月。

表5-4　不同月份平茬柠条林间植被多样性

平茬月份	优势度指数(S_i)	多样性指数(H')	均匀度指数(J)	丰富度指数(Ma)
3月	0.794 3	1.732 1	0.611 3	3.297 5
4月	0.695 3	1.485 5	0.579 2	2.641 2
5月	0.649 2	1.424 9	0.502 9	3.424 0
6月	0.630 2	1.543 0	0.569 8	2.824 9
7月	0.740 7	1.864 4	0.633 2	3.734 2
8月	0.698 1	1.467 5	0.590 6	2.314 0

因此,从5-4表所列的植被多样性指数及以上分析可知,综合而言柠条生长季的7月平茬后林间植被多样性最为丰富,其次是3月。虽然从植物种类、

高度、盖度、各个多样性指数来看,说明生长季的春夏秋三个季节所选择的3—8月份平茬对柠条林间植被恢复来说影响不大,因为各指标均无一致的可遵循的规律性,但综合数据较高的指标分析来看7月和3月平茬处理较好。

四、小结

有关柠条平茬对林间植物多样性的影响研究,多见于不同带宽、不同平茬高度、不同平茬方式等,结论也都不尽相同。关于生长季节不同月份的时间处理上的报道还相对较少。柠条复壮更新必然对土壤、植被产生影响。柠条平茬后,随着柠条本身的恢复生长,会对林间土壤水分、微生物等生态环境产生一定的影响,从而使得荒漠草地植被群落特征发生变化。

本项目调查发现,虽然选择柠条生长季的3—8月进行平茬,但通过平茬后第二年的植被群落特性调查分析可知,尽管植被群落以多年生植被为主,占到68%以上,但一年生草本植物的重要值、频度、盖度等均高,占地上总生物量较大比例的是一年生草本狗娃花、蒺藜、狗尾草、虫实等,说明柠条林间一年生植物的比例还是较大。

从多个植被群落组成和多样性指标来看,生长季不同平茬月份对柠条林间植被恢复影响不大,物种组成之间基本相似,从地上总生物量、重要值、高度、密度、频度等指标来看,3月份平茬后第二年柠条林间植被的上述指标均较高,反映了植被生长较好,生长量较大。从丰富度指数 Ma、优势度指数 S_i、多样性指数 H'、均匀度指数 J 等指标来看,7月份平茬处理的柠条林间植被以上植被较高,其次是3月。

第三节　生长季平茬对沙地柠条林间植被群落
多样性的影响

试验设计同梁地柠条基本一致,设计柠条生长季不同时间平茬试验,在带距6 m的柠条地随机选择两带,用平茬机械进行平茬,每个试验处理三次重复。生长季不同时间平茬试验选择在 2017 年 3—8 月，每月中旬进行平茬，平茬方式为隔一带平茬一带，平茬高度均为齐地平茬。平茬后柠条林恢复生长的林间植被群落组成和特征调查于 2018 年 8 月进行。通过植被群落多样性分析，选择生长季柠条平茬的最佳月份。调查方法和分析方法同梁地柠条林间植物群落多样性。

一、试验区概况

试验区位于盐池县花马池镇柳杨堡村。选择地势较平坦，土壤、植被和生长状况一致的 25 年小叶锦鸡儿人工灌木林及其林间草地作为研究样地，样地柠条种植带间距 6 m。地带性土壤为淡灰钙土，质地沙壤，地带性植被为荒漠草原，以旱生和中旱生植物为主，调查样地主要植物有：中间锦鸡儿、白草（*Pennisetum centrasiaticum*）、披针叶黄华（*Thermopsis lanceolata*）、虫实（*Corispermum mongolicum*）、赖草（*Leymus secalinus*）、牛枝子（*Lespedeza davurieca*）、狗尾草[*S. viridis* (L.)Beauv.]、苦豆子（*Sophora alopecuroides*）、阿尔泰狗娃花[*Heteropappusaltaicus* (Willd.)]、蒺藜（*Puncturevine Caltrop* Fruit）、草木樨状黄芪（*Astragalus melilotoides* Pall）等。

二、结果与分析

（一）生长季不同时间平茬后柠条林间植被生活型组成

在对柠条不同平茬时间后第二年林间植被组成和多样性进行调查分析的基础上，统计了每个平茬时间林间植物的物种数、物种比例及重要值，详见表 5-5。通过对柠条林间植物生活型组成进行分析可知，不同平茬时间柠条林间的植物由小半灌木、多年生草本和一年生草本组成，植物物种的总数不同，其中多年生草本的物种比例和重要值比例均最高，其次为一年生草本，最少的为小半灌木。从植物物种总数来看，5 月平茬的柠条林间植物物种总数最多，达到 17 种，其中多年生草本 11 种，物种比例占到 64.71%；其次分别为 7 月、6 月、8 月和 4 月，物种总数在 12~15 种，均以多年生草本为主；3 月平茬的柠条林间植物物种总数最少，仅为 8 种，其中多年生草本和一年生草本分别有 4 种。总体分析，生长季不同平茬时间对柠条林间植被恢复影响不大，3 月由于气温较低，植被萌发与生长较差，因此物种数量相对于其他处理时间偏少。

表 5-5　不同时间平茬后柠条林间植被生活型组成

平茬时间	物种总数	小半灌木			多年生草本			一年生草本		
		物种数	物种比例/%	重要值比例/%	物种数	物种比例/%	重要值比例/%	物种数	物种比例/%	重要值比例/%
3 月	8	0	0	0	4	50	18.83	4	50	15.83
4 月	12	0	0	0	7	58.33	9.96	5	41.67	20.98
5 月	17	1	5.88	8.03	11	64.71	5.69	5	29.41	12.54
6 月	13	0	0	0	10	76.92	5.12	3	23.08	37.75
7 月	15	2	13.33	14.48	9	60	11.39	4	26.67	13.45
8 月	13	1	7.69	3.45	9	69.23	14.09	3	23.08	16.24

表 5-6　不同时间平茬后柠条林间主要植物物种组成、密度、重要值指标

平茬时间	植物种组成	物种分类	密度/(植物个体数·m⁻²)	重要值/%
3 月	白草	多年生草本	81.00	54.88
	虫实	一年生草本	11.00	34.78
	狗娃花	一年生草本	8.00	19.40
	山苦荬	多年生草本	12.50	9.72
	赖草	多年生草本	5.00	6.46
	灰藜	一年生草本	2.50	5.82
	苦豆子	多年生草本	1.50	4.24
4 月	白草	多年生草本	19.00	27.62
	狗娃花	一年生草本	1.00	15.15
	赖草	多年生草本	13.00	10.39
	山苦荬	多年生草本	9.00	8.35
	苦豆子	多年生草本	3.00	7.46

续表

平茬时间	植物种组成	物种分类	密度/(植物个体数·m⁻²)	重要值/%
4 月	甘草	多年生草本	1.00	7.83
	蒺藜	一年生草本	3.00	4.74
	雾冰藜	一年生草本	1.00	4.71
	狗尾草	一年生草本	2.00	1.54
5 月	白草	多年生草本	28.50	34.99
	虫实	一年生草本	23.00	30.43
	狗娃花	一年生草本	13.00	28.32
	甘草	多年生草本	2.00	6.21
	赖草	多年生草本	2.00	5.76
	苦豆子	多年生草本	1.00	1.15
	牛枝子	小半灌木	2.00	8.03
	砂蓝刺头	多年生草本	1.00	8.01
	山苦荬	多年生草本	6.00	3.11
	蒺藜	一年生草本	4.00	2.44
	角蒿	多年生草本	1.00	1.95
	灰藜	一年生草本	1.00	0.87
	雾冰藜	一年生草本	1.00	0.66
	田旋花	多年生草本	1.00	0.33
6 月	虫实	一年生草本	132.00	82.57
	狗娃花	一年生草本	15.00	24.90
	白草	多年生草本	24.00	21.86
	山苦荬	多年生草本	7.00	7.14
	赖草	多年生草本	3.00	6.68
	蒺藜	一年生草本	3.00	5.77
	甘草	多年生草本	5.00	5.65

续表

平茬时间	植物种组成	物种分类	密度/(植物个体数·m⁻²)	重要值/%
6 月	田旋花	多年生草本	1.00	5.16
	草木犀	多年生草本	1.00	3.54
	角蒿	多年生草本	2.00	0.67
	猪毛蒿	多年生草本	1.00	0.33
7 月	白草	多年生草本	19.50	40.11
	狗娃花	一年生草本	11.00	23.14
	虫实	一年生草本	17.00	20.67
	牛枝子	小半灌木	5.00	19.82
	山苦荬	多年生草本	6.50	18.67
	草木樨黄芪	多年生草本	4.00	13.32
	赖草	多年生草本	16.00	12.32
	草木犀	多年生草本	1.00	10.97
	乳浆大戟	小半灌木	5.00	9.13
	苦豆子	多年生草本	1.00	2.24
	隐子草	多年生草本	1.00	1.92
	角蒿	多年生草本	2.00	0.67
8 月	虫实	一年生草本	89.00	72.68
	狗娃花	一年生草本	7.00	31.80
	白草	多年生草本	14.67	26.87
	草木樨状黄芪	多年生草本	15.00	23.00
	山苦麦	多年生草本	2.00	10.07
	苦豆子	多年生草本	7.00	7.35
	牛枝子	小半灌木	1.00	3.45
	甘草	多年生草本	1.00	1.71
	乳浆大戟	多年生草本	1.00	1.44
	蒺藜	一年生草本	2.00	0.67

重要值是综合数量指标，它以综合数值表示植物物种在群落中的相对重要性。重要值越大表明该种植物在群落中的地位和作用越高。表 5-6 按照物种重要值从高到低排序，分别列出了柠条生长季的 3—8 月不同时间平茬后柠条林间主要植物物种组成，由表 5-6 可知，通过对生长季不同时间平茬第二年柠条林间主要植物物种组成及重要值大小来看，3—8 月不同时间平茬后柠条恢复生长期的林间植被恢复情况基本较为一致，以白草、狗娃花、虫实为主，其他杂草伴生，且品种以山苦荬、赖草、苦豆子、甘草、灰藜等为主，物种数量及变化较小，说明生长季 3—8 月不同时间平茬后从柠条林间植被恢复和生长情况来看无明显差异。

(二)生长季不同时间平茬后柠条林间植被群落多样性特征

通过对不同时间平茬后柠条林间植被的高度、密度、盖度、频度、地上总生物量、重要值，以及植被丰富度指数 Ma、优势度指数 S_i、多样性指数 H'、均匀度指数 J 等的统计分析（表 5-7、表 5-8）可知，从林间植被群落特征来看，3—8月不同时间平茬处理柠条林间植被的高度、密度、盖度、频度和重要值无显著差异（$P>0.05$），而不同时间平茬后的柠条林间植被地上总生物量、植被丰富度指数 Ma、优势度指数 S_i、多样性指数 H'、均匀度指数 J 等之间具有显著性差异。其中地上总生物量以 3 月份最高，其次分别为 8 月>6 月>4 月>5 月>7 月，且 3 月平茬后的柠条林间植被地上总生物量与 4 月、5 月、6 月、7 月的数据差

表 5-7　不同时间平茬后柠条林间植被群落特征（平均值±标准误差）

平茬时间	高度/cm	密度/(物种株数·m⁻²)	频度/%	盖度/%	地上总生物量/(g·m⁻²)	重要值/%
3 月	24.53±2.02a	17.36±10.72a	24.90±11.40a	15.73±3.62a	149.44±91.39a	19.33±7.19a
4 月	20.90±5.75a	17.80±12.18a	17.67±7.02a	18.13±4.91a	31.12±15.66b	16.66±7.28a
5 月	19.86±3.75a	6.18±2.40a	14.87±5.16a	16.66±5.44a	29.69±10.59b	8.89±3.08a
6 月	14.35±2.79a	17.64±11.64a	17.42±7.38a	14.27±4.60a	39.36±18.69b	12.65±6.22a
7 月	16.17±2.75a	7.42±1.95a	19.91±6.05a	17.44±2.80a	16.92±4.83b	12.33±2.81a
8 月	16.74±2.95a	13.97±8.51a	28.01±9.62a	17.58±6.03a	70.75±25.45ab	14.28±5.71a

异显著($P<0.05$),与8月差异不显著($P>0.05$)。8月与4月、5月、6月、7月差异不显著($P>0.05$)。

表5-8   不同时间平茬对柠条林间植被多样性的影响(平均值±标准误差)

平茬时间	丰富度指数 Ma	优势度指数 S_i	多样性指数 H'	均匀度指数 J
3月	1.55±0.05e	0.69±0.03bc	1.54±0.02b	0.73±0.01ab
4月	2.80±0.04c	0.76±0.02ab	1.72±0.04b	0.75±0.02a
5月	3.91±0.04a	0.83±0.02a	2.18±0.05a	0.72±0.03ab
6月	2.59±0.06cd	0.65±0.03c	1.59±0.05b	0.64±0.03bc
7月	3.46±0.15b	0.74±0.04ac	2.19±0.08a	0.72±0.04ab
8月	2.45±0.09d	0.69±0.03bc	1.60±0.03b	0.60±0.03c

3月份平茬后第二年柠条林间植被地上总生物量最高,反映了植被生长较好,生长量较大,通过与前述的对平茬后林间植物物种数量和植被组成分析结合可知,虽然3月份平茬的柠条林间植被恢复数量最少,但生物量却最大,说明3月份平茬也是可行的,虽然3月份气温低,植被当时生长条件差,但3月份地表土壤仍处于冰冻或正在解冻状态,柠条树体仍在休眠或将从休眠期转入萌动期,平茬对柠条及林间植被地上部分和根系的损伤较小,有利于后期快速生长和恢复。

由表5-8可知,通过丰富度指数 Ma、优势度指数 S_i、多样性指数 H'、均匀度指数 J 计算与分析,反映了生长季的3—8月不同时间平茬后的柠条林间植被多样性存在着显著差异。说明生长季不同平茬时间平茬后柠条的恢复生长对林间植被的多样性产生了一定影响。整体分析,5月份平茬后植被丰富度指数 Ma、优势度指数 S_i、多样性指数 H'、均匀度指数 J 均较高,尤其丰富度指数 Ma,3月与各月之间差异均达到了显著水平($P<0.05$),其次依次为7月>4月>6月>8月>3月,除了4月和6月、6月和8月之间差异不显著以外($P>0.05$),其他各月处理之间也均达到了显著差异($P<0.05$)。

5月的植被优势度指数 S_i 和4月、7月之间差异不显著($P>0.05$),与3月、

6月、8月之间差异显著($P<0.05$)。5月的植被多样性指数 H' 除了与7月之间差异不显著以外($P>0.05$),与其他各月之间的差异均达到显著水平($P<0.05$),且除了5月和7月外,其他各月之间差异不显著($P>0.05$)。以均匀度指数 J 分析可知,4月平茬后柠条林间植被的均匀度指数 J 最高,其次为3月、5月和7月,但3月、4月、5月、7月这四个月平茬处理之间差异不显著($P>0.05$),4月平茬后柠条林间植被的均匀度指数 J 与6月和8月之间差异显著($P<0.05$),但6月和8月之间差异不显著($P>0.05$)。

因此,从5-8表所列的植被多样性指数及以上分析可知,综合而言柠条生长季的5月平茬后林间植被多样性最为丰富,说明试验设计的生长季3—8月份平茬处理中以5月最好。

三、讨论与结论

柠条平茬后,随着灌丛的恢复生长,会对林间土壤的水分、微生物等生态环境产生很大的影响,从而使得荒漠草地植被群落特征发生变化。本项目调查研究发现,虽然选择柠条生长季的3—8月进行平茬,但通过平茬后第二年的植被群落特性调查分析,尽管植被群落以多年生草本和一年生草本为主,个别月份多年生草本的物种数量多于一年生草本,但从各月调查的各个物种的重要值排序来看,排在前四的物种多为一年生草本,且占有较高的重要值比例,说明柠条林间一年生草本的比例还是较大,这与长期种植柠条林地土壤水分下降,导致多年生植物减少有着直接的关系。虽然平茬促进了柠条更新复壮,但柠条对于土壤水分的降低问题依然严峻。

生长季不同月份平茬对于柠条林间植被的高度、盖度、密度、频度及物种的重要值影响差异不显著,但影响了地上植物总生物量,且以3月份平茬后恢复生长的林间植被地上总生物量最高,但3月份的植被物种数量最少,说明3月份平茬的柠条林间植被群落相对较为单一,因此从多样性指数也反映出相对较小。5月份平茬的丰富度、优势度、多样性和均匀性都较大。总体而言,生长季不同时间平茬对林间草地植物地上总生物量和植被群落多样性等有显著的影响,但从具体指标来看影响其变化的规律和差异性并不一致,这可能与平茬时间较短有关,深入的研究应在长期观测的基础上完成。

第四节　生长季平茬对柠条平茬对土壤微生物的影响

利用二代测序技术,基于 Illumina HiSeq 测序平台,共计 3—10 月份平茬柠条根系区域进行了微生物多样性分析。

一、试验方法及流程

（一）试验流程图

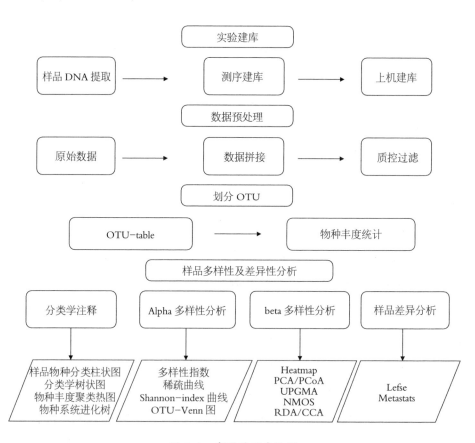

图 5-1　高通量测序流程

(二)试验原理图

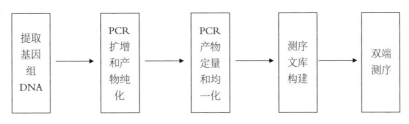

图 5-2　高通量测序试验原理

(三)试验方法

土壤微生物总 DNA 提取、PCR 扩增及 16S rDNA 测序:

采用 CTAB 法对样本的基因组进行 DNA 提取,琼脂糖凝胶电泳检测 DNA 的纯度及浓度,用于 PCR 扩增。利用引物 338F:5′–ACTCCTACGGGA GGCAGCA–3′ 和 806R:5′– GGACTACHVGGGTWTCTAAT–3′ 对细菌 16SrDNA 基因的 V3–V4 变异区域进行 PCR 扩增。PCR 反应体系:50 μL:模板 DNA(10 ng)2 μL,10×PCRbuffer(MG^{2+} Plus)5 μL,Dntp(10 mmol·L^{-1})5 μL,Bar–PCR 引物 F(5 umol·L^{-1})0.5 μL,引物 R(5 umol·L^{-1})0.5 μL,Takapa Tap (5U·μL^{-1})0.5 μL, 灭菌双蒸水 36.5 μL。PCR 反应条件为:95℃ 5 min、95℃ 30 s、50℃ 30 s、72℃ 40 s,共 30 个循环,72℃ 4 min。将纯化质量合格、经过定量和均一化的 PCR 产物用于 DNA 文库构建,建库和测序、分析委托北京百迈客生物科技有限公司完成。

(四)数据处理与统计

测序完成后,根据 Barcode 序列和 PCR 扩增引物序列从得到的下机数据拆分出各样品数据,使用 FLASH v1.2.7 软件对每个样品的 reads 进行拼接,得到的拼接序列为原始 Tags 数据,使用 Trimmomatic v0.33 软件过滤,使用 UCHIME v4.2 软件,鉴定并去除嵌合体序列,得到最终速效数据(Effective Tags)。使用 QIIME(version1.8.0)软件中的 UCLUST 对 Tags 在 97% 的相似度水平下进行聚类、获得 OTU,并基于 Silva(细菌)分类学数据库对 OTU 进行分类学注释,将 OTU 的代表序列与微生物参考数据库进行比对可得到每个

OTU 对应的物种分类信息，进而在门（phylum）、纲（class）、目（order）、科（family）、属（genus）、种（species）各水平统计各样品群落组成，利用 QIIME 软件生成不同分类水平上的物种丰度表，再利用 R 语言工具绘制成样品各分类学水平下的群落结构图。根据每个样品的物种组成和相对丰度进行物种形态热图分析，提取每个分类学水平上的物种，利用 R 语言工具进行作图，分别在门、纲、目、科、属、种分类水平上进行 Heatmap 聚类分析。

采用 Excel 2010、SPSS 22.0 统计软件对试验数据进行处理分析，采用 one-way ANOVA 单因素方差分析和 LSD 多重比较检验柠条不同月份平茬后土壤在 $P=0.05$ 水平上的组间显著性差异。使用 R（version 2.15.3）软件绘制稀释曲线，使用 Mothur（version v.1.30）软件，对样品 Alpha 多样性指数进行评估，Alpha 多样性指数包括 Chao1、Ace、Shannon、Simpson。使用 QIIME 软件进行 Beta 多样性分析，比较不同样品在物种多样性方面的相似程度。使用 R（version 2.15.3）软件进行主成分差异分析并绘制主成分分析（PCA）图。使用 R 语言 vegan 包中 rda 分析土壤理化因子与细菌群落之间的关系。

二、测序数据质量评估

通过统计数据处理各阶段样品序列数目，评估数据质量。主要通过统计各阶段的序列数，序列长度，GC 含量，Q20 和 Q30 质量值，Effective 等参数对数据进行评估。各样品测序数据评估结果如下表所示：Sample ID 为样品名称；PE Reads 为测序得到的双端 reads 数；Raw Tags 为双端 reads 拼接得到的原始序列数；Clean Tags 为原始序列过滤后得到的优化序列数；Effective Tags 为 Clean Tags 过滤嵌合体后的有效序列数；AvgLen（bp）为样品平均序列长度；GC（%）为样品 GC 含量，即 G 和 C 类型的碱基占总碱基的百分比；Q20（%）为质量值大于等于 20 的碱基占总碱基数的百分比；Q30（%）为质量值大于等于 30 的碱基占总碱基数的百分比；Effective（%）为 Effective Tags 占 PE Reads 的百分比。

经过数据统计，63 个样品测序共获得 4 295 633 对 Reads，双端 Reads 拼接、过滤后共产生 3 527 855 条 Clean tags,每个样品至少产生 29 459 条 Clean tags,平均产生 55 998 条 Clean tags。

三、不同平茬时间柠条根际土壤细菌群落操作分类单元(OTU)分析

利用测序得到的土壤细菌 OTU 数据,分析不同平茬时间柠条根际土壤细菌群落操作分类单元(OTU)。利用 Uparse 软件对所有样品的全部 Effective Tags 进行聚类,以 97%的一致性(Identity)将序列聚类成为 OTUs(Operational Taxonomic Units)。63 个样品的 OTU 数如下图 5-3 所示。每个柱子上的数字即为每个样品的 OTU 数。

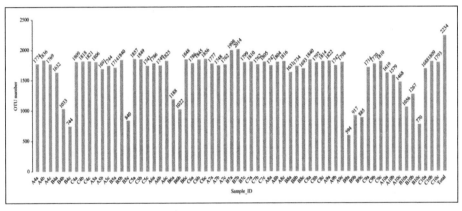

图 5-3 样品 OTU 数

在 97%的相似度水平下,得到了每个样品的 OTU 个数,利用 Venn 图可以展示样品(数目 2~5)之间共有、特有 OTU 数目,直观地表现出样品间OTU的重合情况。结合 OTU 所代表的物种,可以找出不同环境中的共有微生物。根据不同分组绘制的各样本 OTU-Venn 图:不同样品用不同颜色表示,不同颜色图形之间交叠部分数字为两个样品之间共有的 OTU 个数。多个颜色图形之间交叠部分数字为多个样品之间共有 OTU 个数, 非交叠部分为各样品特有 OTU 个数。

从图 5-4 可知,通过对各样品测序得到的细菌 OTU 分析表明,柠条平茬的不同季节(春季 CJ、夏季 XJ、秋季 QJ)所有供试样品共有的 OTU 数有 2 020 个,特有的 OTU 数分别为夏季 87 个、秋季 4 个,春季和夏季共有的 OTU 数有 30 个,春季和秋季共有的 OTU 数有 6 个,夏季和秋季共有的 OTU 数有 87个。

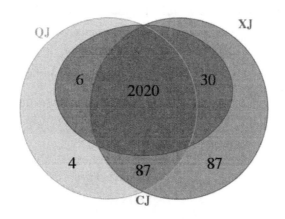

图 5-4　春夏秋不同季节平茬柠条根际土壤细菌群落的 OTU-Venn 图

如图 5-5(8a、8b、8c)所示,分别是春季、夏季、秋季对上一年 4 月、5 月、6 月、7 月、8 月、9 月、10 月平茬的柠条根际土壤微生物取样分析得到的 flower 图,由图可知,通过不同季节土壤样品测序得到的 OTU 分析,春季、夏季、秋季不同季节观测平茬后柠条根际土壤中的细菌 OTU 有所差别。其中春季 5—10

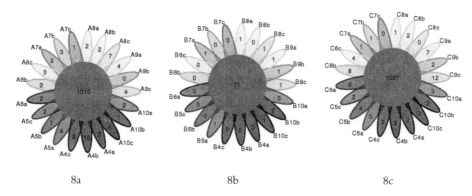

8a　　　　　　　　　8b　　　　　　　　　8c

图 5-5　春夏秋不同季节不同月份平茬柠条根际土壤细菌群落的 OTU-flower 图

月平茬的柠条林地土壤共有的 OTU 数为 1 010 个,其中 4 月特有的 OTU 数最多,为 14 个,其次是 8 月,为 11 个,相对于夏季不同月份的 OTU 数,春季特有的 OTU 数最多。夏季监测的 5—10 月平茬的柠条林地土壤中共有的 OTU 数仅有 71,且每个月特有的 OTU 数只有:5 月 OTU 数 1 个、7 月 OTU 数 1 个、8 月 OTU 数 1 个、9 月 OTU 数 3 个、10 月 OTU 数 1 个。秋季监测的 5—10 月平茬的柠条林地土壤中共有的 OTU 数为 1 057 个,其中特有的 OTU 数最多的是 9 月,21 个,其次是 6 月,14 个,较少的有 7 月,2 个,以及 8 月,3 个。从 OTU 数大小可知,秋季土壤的 OTU 数最高、其次是春季,夏季土壤的 OTU 数最低。

如图 5-6 所示,对不同平茬季节相同月份的柠条根际土壤细菌 OTU 数分析可知,4 月、5 月、6 月、7 月、8 月、9 月、10 月等不同月份平茬处理之间共有的 OTU 数为 2 046,特有的 OTU 数仅在 9 月份检测出,为 1,其他各月之间没有共有的 OTU。

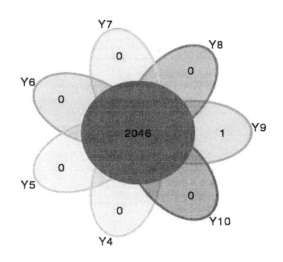

图 5-6　不同月份平茬后柠条根际土壤细菌群落的 OTU-flower 图

四、不同平茬时间柠条根际土壤细菌菌群结构分析

物种注释及分类学分析:将 OTU 的代表序列与微生物参考数据库进行比对可得到每个 OTU 对应的物种分类信息,进而在各水平(phylum,class, order,family,genus,species)统计各样品群落组成,利用 QIIME 软件生成不同分类水平上的物种丰度表,再利用 R 语言工具绘制成样品各分类学水平下的群落结构图。聚类结果:对 OTU 进行去低含量筛除。原始 OTU 聚类结果中可能含有极低丰度的 OTU(物种丰度小于 0.005%),得到最终的 OTU 列表并统计出各样品中各等级的注释到物种的 tags 数。通过数据库比对得到的各样品所包含的物种统计表,即各样品中各等级的物种类型数目。

通过测序分析,不同平茬时间处理下柠条根际土壤共检测出的细菌群落包含 2 个界、30 个门、85 纲、180 目、288 科、504 属、552 种。通过对所有样品统计分析(见表 5-9)可知:不同平茬时间处理下春季土壤共检测出的细菌群落包含 2 个界、26 个门、79 纲、161 目、249 科、400 属、432 种;夏季土壤共检测出的细菌群落包含 2 个界、30 个门、83 纲、172 目、246 科、456 属、498 种;秋季土壤共检测出的细菌群落包含 2 个界、28 个门、82 纲、167 目、253 科、416 属、451 种。表明不同时间平茬后夏季柠条根际土壤中细菌群落数最多,其次是秋季,春季较少。

表 5-9　平茬后不同季节柠条根际土壤细菌群落各等级的物种类型数目

样品	界	门	纲	目	科	属	种
CJ	2	26	79	161	249	400	432
XJ	2	30	83	172	246	456	498
QJ	2	28	82	167	253	416	451

春夏秋三个季节检测的不同平茬时间下柠条根际土壤细菌群落也存在着一定差异,在门水平下,夏季检测到平茬各月的细菌组成个数均高于秋季和春季不同平茬月份,差异显著,其中以 7 月最高,其次是 5 月、6 月;秋季检测到的细菌种类最多的是 9 月,其次 6 月,4 月、5 月和 10 月基本相同;春季检测到细菌种类最多的是 4 月平茬处理的柠条根际土壤,其次是 9 月、5 月;整体来说,细菌物种种类较多的平茬月份均表现为夏季高于秋季、春季,5 月、6 月、7 月平茬的柠条根际细菌种类均较高。下面主要从门水平、目水平和属水平进行不同平茬月份处理下的柠条根际土壤细菌群落组成之间的差异分析。

（一）不同平茬时间柠条根际土壤细菌群落在门水平上的丰度比较

微生物物种的丰度以柱状图来展示，下图是检测到的所有样品各水平物种分布柱状图：从左至右依次为门、纲、目、科、属、种水平；一种颜色代表一个物种，色块长度（柱状图）表示物种所占相对丰度比例；为使视图效果最佳，只显示丰度水平前十的物种，并将其他物种合并为 Others 在图中显示，Unclassified 代表未得到分类学注释的物种，具体物种信息可在相应分类等级中的物种丰度表中查找。

如图 5-7 所示，展示了 4—10 月不同平茬时间柠条根际土壤样品中所含的优势细菌门（丰度水平前十），表明不同平茬时间柠条根际土壤细菌群落主要分布在所列出的 10 个门，相对丰度占比由高到低分别为放线菌门（Actinobacteria）、变形菌门（Proteobacteria）、酸杆菌门（Acidobacteria）、绿弯菌门（Chloroflexi）、芽单胞菌门（Gemmatimonadetes）、拟杆菌门（Bacteroidetes）、厚壁菌门（Firmicutes）、Rokubacteria 门、疣微菌门（Verrucomicrobia）、硝化螺旋菌门（Nitrospirae），图 5-7 是平茬各月柠条根际土壤细菌群落排序前十的各个细菌门丰度占比数据，由图可知，放线菌门、变形菌门、酸杆菌门等前十的细菌平均占到细菌群落总量的 29.77%、23.56%、13.66%、8.38%、7.12%、5.72%、5.68%、1.48%、1.06%、0.8%，平均共占细菌总数量的 97.24%，其他平均仅占细菌总数的2.76%。

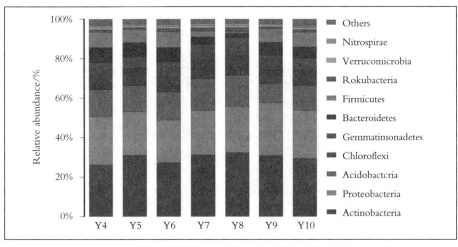

图 5-7　不同平茬时间柠条根际土壤细菌群落相对丰度前十的细菌门

由图 5-7 可知,不同平茬月份柠条根际土壤细菌群落组成基本一致,在平茬各月处理中排序前十的细菌门丰度占比除了 8 月土壤中的厚壁菌门(Firmicutes)明显少于拟杆菌门(Bacteroidetes)外,其他细菌门种类和丰度排序无差异,各月之间的变化也较为一致。其中放线菌门(Actinobacteria)、变形菌门(Proteobacteria)、酸杆菌门(Acidobacteria)为优势菌门,占细菌总数的 66.99%。8 月份平茬的柠条根际土壤中所属放线菌的细菌最高,其次是 7 月、5 月和 9 月,均超过细菌总数的 30%,而 9 月份平茬的柠条根际土壤中所属变形菌的细菌最高,其次是 10 月、4 月和 8 月,均占到细菌总数的 24%,所属酸杆菌的细菌较高的 7 月、8 月,其次是 6 月、4 月和 5 月。说明不同平茬月份柠条根际土壤中的细菌门类的多少存在着一定的差异。

如图 5-8 所示,从柠条平茬后春夏秋不同季节的根际土壤细菌门水平丰度图来看,春季和秋季细菌门种类和丰度占比基本相同,排在前十的优势分布细菌门占到细菌总数的 95%以上,排在前三的放线菌门(Actinobacteria)、变形菌门(Proteobacteria)、酸杆菌门(Acidobacteria)为优势菌门,占细菌总数的 50.72%~76.71%,但个别菌门丰度占比的高地存在一定差异,其中春季土壤中的放线菌门(Actinobacteria)占到细菌总数的 46.27%,显著高于夏季的 17.29%和秋季的24.06%;而变形菌门(Proteobacteria)、酸杆菌门(Acidobacteria)则表现

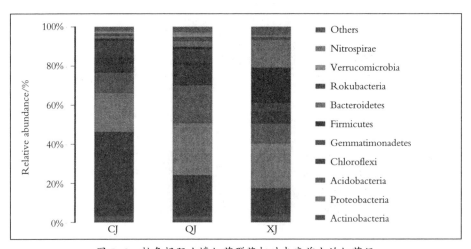

图 5-8　柠条根际土壤细菌群落相对丰度前十的细菌门

为春季低于夏季和秋季。夏季和春秋两季存在一定差异。夏季柠条根际土壤中所属芽单胞菌门（Gemmatimonadetes）和绿弯菌门（Chloroflexi）的细菌显著少于春季和秋季，但厚壁菌门（Firmicutes）和拟杆菌门（Bacteroidetes）的细菌数又显著多于夏季和秋季。

（二）不同平茬时间柠条根际土壤细菌群落在目水平上的丰度比较

如图5-9所示，5—10月等不同月份平茬处理后的柠条根际土壤中细菌群落目水平排列前十的主要有 uncultured_bacterium_c_Subgroup_6 目、Gaiellales 目、芽单胞菌目（Gemmatimonadales）、uncultured_bacterium_c_MB－A2－108 目、土壤红杆菌目（Solirubrobacterales）、变形菌目（Betaproteobacteriales）、根瘤菌目（Rhizobiales）、拟杆菌目（Bacteroidales）、梭菌目（Clostridiales）、黏球菌目（Myxococcales），约占到细菌总数的 50%左右，检出未分类的细菌目占到 50%左右。从图上不同颜色及柱条长短来看，不同月份所属细菌目的种类的丰度占比相当的有 uncultured_bacterium_c_Subgroup_6 目、Gaiellales 目、芽单胞菌目（Gemmatimonadales）、uncultured_bacterium_c_MB-A2-108 目、土壤红杆菌目（Solirubrobacterales）、变形菌目（Betaproteobacteriales）、根瘤菌目（Rhizobiales），除 8 月平茬处理的柠条根际土壤中未检测出梭菌目（Clostridiales）外，其他各月平茬处理的根据土壤中拟杆菌目（Bacteroidales）、黏球菌目（Myxococcales 相

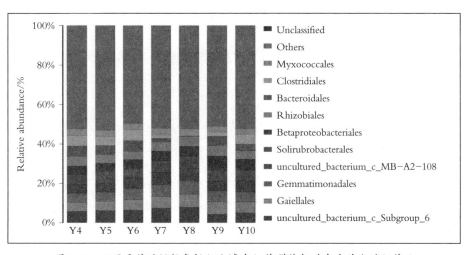

图5-9　不同平茬时间柠条根际土壤中细菌群落相对丰度前十的细菌目

对丰度水平较一致。表明在目水平上,不同月份平茬的柠条根际土壤细菌群落基本一致,无显著差异。

(三)不同平茬时间柠条根际土壤细菌群落在属水平上的丰度比较

如图 5-10 所示,从属水平来看,不同平茬时间处理下柠条根际土壤细菌群落在属水平占比差异不显著。占细菌总数前十包括 RB41、MND1、土壤红杆菌属(Solirubrobacter),共占所有细菌属的 8%左右,以及七个未鉴定的细菌属,约占所有细菌属的 26%左右,除了 8 月份外不同平茬月份之间柠条根际土壤中细菌属的组成种类和比例基本相同,8 月份检测出的 uncultured_bacterium_f_Muribaculaceae 属显著低于其他月份。

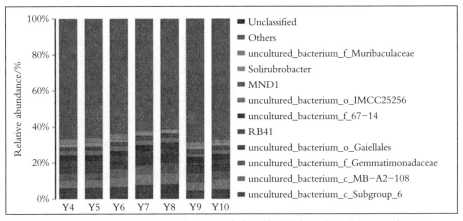

图 5-10 不同平茬时间柠条根际土壤中细菌群落相对丰度前十的细菌属

五、不同平茬时间柠条根际土壤细菌群落的 Alpha 多样性分析

(一)稀释曲线

稀释性曲线(Rarefaction Curve)从样本中随机抽取一定数量的序列,统计这些序列所代表的物种数目,并以序列数与物种数来构建曲线,用于验证测序数据量是否足以反映样品中的物种多样性,并间接反映样品中物种的丰富程度。下图反映了持续抽样下新 OTU(新物种)出现的速率:在一定范围内,随着测序条数的加大,若曲线表现为急剧上升则表示群落中有大量物种被发现;当曲线趋于平缓,则表示此环境中的物种并不会随测序数量的增加而显著增

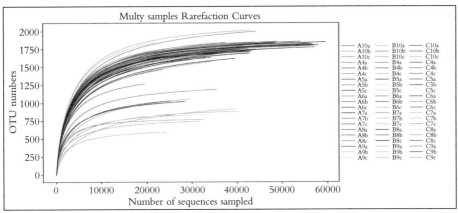

图 5-11　所有供试样品的稀释曲线

多。稀释曲线可以作为对各样本测序量是否充分的判断,曲线急剧上升表明测序量不足,需要增加序列条数;反之,则表明样品序列充分,可以进行数据分析。由图 5-13 可知,所有供试的 63 个样品的稀释曲线逐渐趋于平缓,说明测序的数据量合理,可以用于后续统计分析。

通过对各个样品进行分组整合,得到不同月份和不同季节的分组土壤样品稀释曲线,见图 5-12、5-13,由图中可以看出物种的丰富程度。其中不同平茬月份处理之间柠条根际土壤细菌群落物种的丰富程度表现为:7 月>8 月>5 月>6 月>4 月>10 月>9 月。平茬后不同季节土壤细菌群落物种的丰富程度表现为:秋季>春季>夏季。

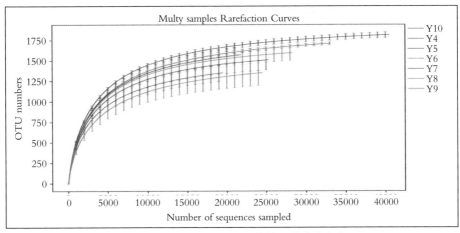

图 5-12　不同月份分组土壤样品的稀释曲线

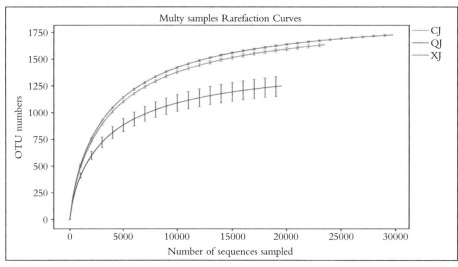

图 5-13　不同季节分组土壤样品的稀释曲线

（二）不同平茬时间柠条根际土壤细菌群落 Alpha 多样性指数

Alpha 多样性是基于 OTU 计算的。Alpha 多样性（Alpha diversity）反映的是单个样品物种丰度（richness）及物种多样性（diversity），有多种衡量指标：Chao1、ACE、Shannon、Simpson。Chao1 和 ACE 指数衡量物种丰度即物种数量的多少。Shannon 和 Simpson 指数用于衡量物种多样性，受样品群落中物种丰度和物种均匀度（Community evenness）的影响。相同物种丰度的情况下，群落中各物种具有越大的均匀度，则认为群落具有越大的多样性，Shannon 指数值越大，Simpson 指数值越小，说明样品的物种多样性越高。另外还统计了 OTU 覆盖率 Coverage，其数值越高，则样本中物种被测出的概率越高，而没有被测出的概率越低。该指数反映本次测序结果是否代表了样本中微生物的真实情况。

Alpha 多样性指数的计算：使用 Mothur（version v.1.30）软件，对样品 Alpha 多样性指数进行评估。通过各样品 OTU 计算 Alpha 多样性指数值如表 5-10 所示。通过对不同平茬时间土壤细菌群落 Alpha 多样性指数（表 5-10）进行方差分析，不同平茬月份之间土壤细菌群落的丰富度和多样性以 7 月份最高，9 月最低，其他各月间差异不大。

表 5-10　不同平茬时间土壤细菌群落 Alpha 多样性指数特征

平茬月份	ACE	Chao1	Simpson	Shannon
4 月	1 629.19±405.52ab	1 647.89±409.62ab	0.005±0.003b	6.29±0.46a
5 月	1 738.74±336.36ab	1 756.79±342.029ab	0.004±0.002b	6.42±0.34a
6 月	1 702.78±317.50ab	1 717.59±317.61ab	0.004±0.002b	6.40±0.33a
7 月	1 885.32±107.65a	1 905.09±112.47a	0.003±0b	6.56±0.09a
8 月	1 832.35±42.720ab	1 854.81±42.13ab	0.003±0b	6.46±0.06a
9 月	1 505.81±503.810b	1 515.75±505.06b	0.027±0.044a	5.70±1.08b
10 月	1 527.74±365.14b	1 548.20±374.90ab	0.006±0.004b	6.16±0.45ab

从 ACE 指数可知,细菌丰度最高的是 7 月份平茬处理,其次 4 月、5 月、6 月、8 月四个月与 7 月无显著差异,细菌物种的丰度均相对较高,7 月与 9 月、10 月平茬处理差异显著。从 Chao1 指数可知,不同平茬时间处理间的差异与 ACE 指数基本一致,也表现为 7 月份最高,9 月份最低,且 7 月和 9 月之间差异达到显著水平,其他各月之间差异不显著。

Simpson 指数分析可见,9 月份平茬处理后土壤细菌群落物种的多样性最高,且显著高于其他各月处理,均达到了显著水平,而除了 9 月份外其他各月处理之间差异不显著。Shannon 指数分析可见,7 月份处理的 Shannon 指数最高,9 月份处理的 Shannon 指数最低,且 9 月份的 Simpson 指数最高,显著高于 4 月、5 月、6 月、7 月、8 月、10 月处理。Shannon 指数值越大,Simpson 指数值越小,说明样品的物种多样性越高,因此,从 Simpson 指数和 Shannon 指数结合分析可知,7 月份平茬处理的土壤细菌群落物种多样性最高。

六、PCA 分析

土壤细菌群落的物种丰度进行主成分分析可知,主成分 1(PC1)和主成分 2(PC2)是造成 7 组样品的两个最大差异特征,分别贡献了总方差的 39.02%、23.86%。9 月份与其他各月处理之间的距离均较远,说明物种群落组成差异较大,其他各月之间距离较近,说明物种群落组成相近。

（一）UPGMA 聚类分析

UPGMA（Unweighted Pair-group Method with Arithmetic Mean）为非加权组平均法，也可理解为样品层次聚类，是一种常用的聚类分析方法。首先将距离最小的两个样品聚在一起，并形成一个新的节点，将其假设为新的样品，其分枝点位于两个样品间距离的 1/2 处，其次计算"新的样品"与其他样品间的平均距离，再找出其中的最小两个样品进行聚类，如此反复，直到所有的样品都聚在一起，得到一个完整的聚类树。

（二）基于 Beta 多样性

基于 Beta 多样性分析得到的四种距离矩阵，通过 R 语言工具采用非加权配对平均法（UPGMA）对样品进行层次聚类，以判断各样品间物种组成的相似性。样品层次聚类树如下图 5-16：样品越靠近，枝长越短，说明两个样品的物种组成越相似。

由图 5-14（a、b）所示的不同分组样品聚类图可知，4 月和 6 月处理首先聚为一支，说明二者的细菌群落结构相似性最高，且分枝长度也是所有分枝中最短的；9 月份的分枝长度是所有分枝中最长的，说明 4 月和 9 月平茬处理的柠条根际土壤细菌群落差异较大，春、夏、秋不同季节不同平茬月份之间相对聚类较为集中、分枝长度也较短，平均长度相当，说了春季、秋季各月份之间的细菌群落相似性较小，而夏季各月份之间分枝较长，说明差异较大。从所有样品的聚类距离来看，9 月、10 月之间分枝较长，9 月和 10 月聚在一起，说明 9 月和 10 月的土壤细菌群落组成较为相似，8 月最短，且和其他各月未聚在一起，4 月、5 月、6 月、7 月之间均聚在一起，分枝较短，说明 4 月、5 月、6 月之间细菌群落相似性较高。

（三）PERMANOVA/Anosim 分析

PERMANOVA（Adonis）又称置换多元方差分析，Anosim（analysis of similarities）分析，也叫相似性分析，主要是用于分析多维度数据组间相似性的统计方法。PERMANOVA 或 Anosim 分析可以对不同分组的样品之间 Beta 多样性是否显著差异进行检验。使用 R 语言中的 vegan 包进行分析，使用 python

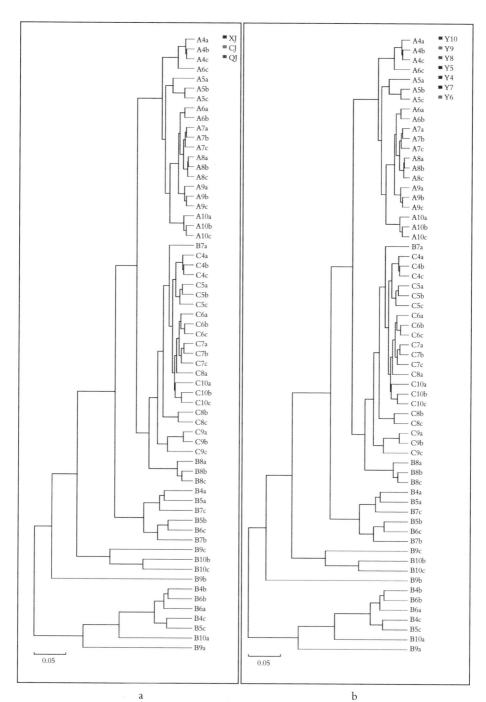

a　　　　　　　　　　　　　　　　b

备注:a 为不同月份分组;b 为不同季节分组。

图 5-14　UPGMA 分析图

绘图。Anosim 分析得到的 R 值越接近 1 表示组间差异越大于组内差异，R 值越小则表示组间和组内没有明显差异，P 值小于 0.05 时说明检验的可信度高。检验的结果的箱形图 5-15 展示如下：

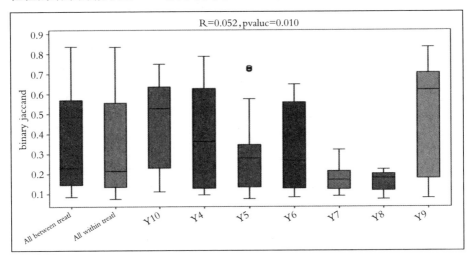

备注：纵坐表示 Beta 距离；"All between ★"上方箱图代表所有组间样品 Beta 距离数据，"All within ★"上方箱图代表所有组内样品 Beta 距离数据，后面的箱型图分别是不同分组的组内样品间的 Beta 距离数据。

图 5-15　PERMANOVA/Anosim 分析箱型图

由图 5-15 可知，$P=0.010$，$P<0.05$，说明本次检验的可信度高，$R=0.052$，表明不同月份平茬处理之间和各月处理组内样品的 Beta 多样性无显著差异。

七、不同平茬时间柠条根际土壤环境因子对细菌群落组成及多样性的冗余(RDA/CCA)分析

RDA(Redundancy analysis)和 CCA(Canonical Correspondence analysis)均为基于对应分析发展的一种排序方法，RDA 分析基于线性模型，CCA 分析基于单峰模型，主要用来反映菌群或样品与环境因子之间的关系。根据物种分布变化，选择最佳的分析模型。RDA 或 CCA 模型的选择原则：先用 species-sample 丰度数据做 DCA 分析，看分析结果中 Lengths of gradient 的第一轴的大小，如果大于 4.0，就应该选 CCA，如果在 3.0~4.0 之间，选 RDA 和 CCA 均可，

如果小于3.0,RDA 的结果要好于 CCA。使用 R 语言 vegan 包中 rda 或者 cca 分析和作图。

本研究选择土壤含水量、土壤温度、EC 等土壤理化因子作为解释变量,根际细菌属丰度作为响应变量,土壤理化因子与柠条根际土壤细菌属分类学水平样品间物种多样性 RDA/CCA 分析结果如下:图中元素点与点之间的关系由距离表示,距离越近代表样品组成相近; 射线与射线之间的关系由夹角表示,钝角代表负相关,锐角代表正相关。

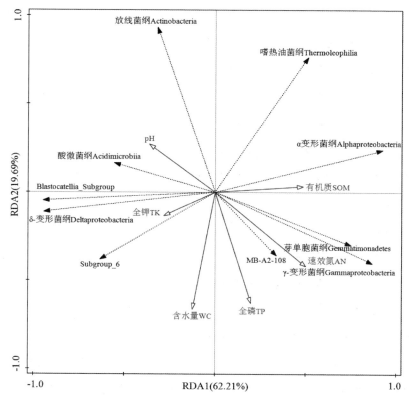

图 5-16 土壤理化因子与柠条根际细菌群落(排序前十细菌纲)的冗余分析

注:排序前十的细菌纲 Top ten bacteria at class level:1. α 变形菌纲 Alphaproteobacteria; 2. γ-变形菌纲 Gammaproteobacteria;3. Subgroup_6;4. 嗜热油菌纲 Thermoleophilia;5. 芽单胞菌纲 Gemmatimonadetes;6. 微酸菌纲 Acidimicrobiia;7. δ-变形菌纲 Deltaproteobacteria;8. Blastocatellia_Subgroup_4;9. 放线菌纲 Acitinobacteria;10. MB-A2-108. WC: 含水量 Soil water content;SOM: 有机质 Organic matter;TS: 全盐 Total salt content;TN: 全氮 Total nitrogen;TP:全磷 Total phosphorus;TK:全钾 Total potassium;AN:速效氮 Available nitroge; AP:速效磷 Available phosphorus;AK:速效钾 Available potassium.

由图 5-16 可知，排序前十的优势细菌纲与环境因子冗余分析结果表明：细菌群落受土壤理化因子影响的程度不同，筛选出影响细菌群落的主要 6 个环境因子(土壤有机质、全磷、全钾、速效氮、pH 和含水量)对群落物种分布的影响具有显著性（$P=0.004$），6 个主要土壤环境因子对物种分布的累计解释率为 96.59%，其中 RDA 前两个排序轴的特征值分别解释了 62.21%和 19.69%的细菌群落变化。土壤全磷、速效氮、有机质与第一排序轴正相关，pH、含水量、全钾与第一排序轴负相关。土壤全磷、速效氮、有机质是贡献率较大的环境因子，贡献率分布为 35.4%、21.0%、17.1%，说明各处理土壤细菌群落主要受到该 3 个土壤因子的影响。土壤理化因子对优势细菌群落的影响主要表现在放线菌纲(Actinobacteria)、酸微菌纲(Acidimicrobiia)与土壤 pH 呈显著正相关，与全磷、速效氮、有机质、含水量含量呈显著负相关；变形菌纲中 α 变形菌纲(Alphaproteobacteria)与土壤有机质呈显著正相关，与含水量、全钾呈显著负相关；δ-变形菌纲(Deltaproteobacteria)与含水量、全钾呈显著正相关，与有机质呈显著负相关；γ-变形菌纲（Gammaproteobacteria）、芽单胞菌纲(Gemmatimonadetes)与有机质、速效氮、全磷呈显著正相关，与 pH、全钾呈显著负相关。

组间差异显著性分析主要用于发现不同组间具有统计学差异的Biomarker。根据设定的 Biomarker 筛选标准(LDA score>4)找出符合条件的 Biomarker，以图标方式展现；常见分析方法有 Lefse 分析筛选 Biomarker，Metastats 分析通过 p、q 值比较各分类水平下两两分组间的差异显著性。本研究采用的是 Lefse 分析。Lefse[Line Discriminant Analysis（LDA）Effect Size] 能够在不同组间寻找具有统计学差异的 Biomarker。下图为 LDA 值分布柱状图 5-17 和 Lefse 分析进化分枝图 5-18。

图 5-18 Lefse 进化分枝图表明了不同平茬月份分组中差异丰富的类群。由内至外辐射的圆圈代表了由门至种的分类级别；在不同分类级别上的每一个小圆圈代表该水平下的一个分类，小圆圈直径大小与相对丰度大小呈正比；着色原则为将无显著差异的物种统一着色为黄色，其他差异物种按该物种所

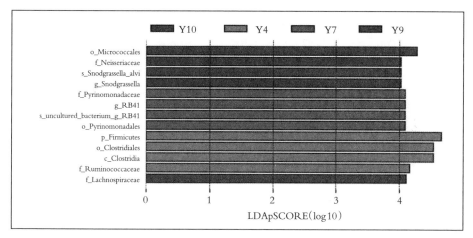

图 5-17 LDA 值分布柱状图

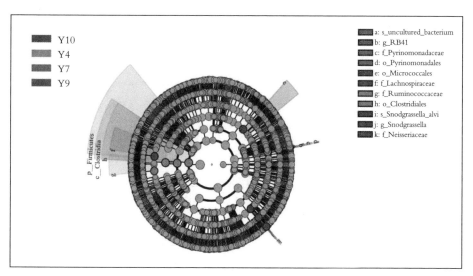

图 5-18 Lefse 分析进化分枝图

在丰度最高的分组进行着色。不同颜色表示不同分组,不同颜色的节点表示在该颜色所代表的分组中起到重要作用的微生物群。

根据设定的 Biomarker 筛选标准(LDA score>4)找出了含有符合条件的 Biomarke 的处理有 4 月、7 月、9 月、10 月, 其中: 在 9 月处理中, 微球菌目(Micrococcales)的细菌含量比较高;在 4 月处理中,厚壁菌门(Firmicutes)、梭菌目(Clostridiales)、梭菌(Clostridia)含量均较高;在 7 月处理中Pyrinomonadaceaeg

_RB41 科、unclitured_bacterium_g_RB41 细菌种和 Pyrinomonadaceae 目的细菌丰度较高;在 10 月处理仅筛选出毛螺菌科(Lachnospiraceae)细菌的丰度较高。在 10 月处理中变形杆菌属(Snodgrassella)和一种变形杆菌 Snodgrassella_alvi、Neisseriaceae 出现了显著差异,说明平茬月份对土壤细菌群落组成产生了一定影响。这与不同月份的土壤温度、含水量、EC 等有着直接的关系。

八、小结

本研究以不同平茬时间和平茬后不同季节柠条根际土壤为研究对象,分别于春季(CJ)、夏季(XJ)、秋季(QJ)三个季节,对 4 月、5 月、6 月、7 月、8 月、9 月、10 月不同月份平茬的柠条根际土壤取样,分三批取样,每次取样各个平茬月份重复 3 次,每批 21 个样品,共 63 个样品,63 个样品测序共获得 4 295 633 对 Reads,双端 Reads 拼接、过滤后共产生 3 527 855 条 Clean tags,每个样品至少产生 29 459 条 Clean tags,平均产生 55 998 条 Clean tags。

通过对各样品测序得到的细菌 OTU 分析表明,柠条平茬的不同季节(春季 CJ、夏季 XJ、秋季 QJ)所有供试样品共有的 OTU 数有 2 020 个,特有的 OTU 数分别为夏季 87 个、秋季 4 个,春季和夏季共有的 OTU 数有 30 个、春季和秋季共有的 OTU 数有 6 个、夏季和秋季共有的 OTU 数有 87 个。通过不同季节土壤样品测序得到的 OTU 分析,春季、夏季、秋季不同季节观测平茬后柠条根际土壤中的细菌 OTU 有所差别。从 OTU 数大小可知,秋季土壤的 OTU 数最高,其次是春季,夏季土壤的 OTU 数最低。

通过测序数据统计和与数据库比对,结果表明不同平茬时间处理下柠条根际土壤共检测出的细菌群落包含 2 个界、30 个门、85 纲、180 目、288 科、504 属、552 种。不同平茬时间处理下春季土壤共检测出的细菌群落包含 2 个界、26 个门、79 纲、161 目、249 科、400 属、432 种;夏季土壤共检测出的细菌群落包含 2 个界、30 个门、83 纲、172 目、246 科、456 属、498 种;秋季土壤共检测出的细菌群落包含 2 个界、28 个门、82 纲、167 目、253 科、416 属、451 种。表明不同时间平茬后夏季柠条根际土壤中细菌群落数最多,其次是秋季,春季较少。春、夏、秋三个季节检测的不同平茬时间下柠条根际土壤细菌群落也存在着一定差异。

从门水平分析，不同平茬时间柠条根际土壤细菌群落相对丰度占比由高到低的前十个门为：放线菌门（Actinobacteria）、变形菌门（Proteobacteria）、酸杆菌门（Acidobacteria）、绿弯菌门（Chloroflexi）、芽单胞菌门（Gemmatimonadetes）、拟杆菌门（Bacteroidetes）、厚壁菌门（Firmicutes）、Rokubacteria 门、疣微菌门（Verrucomicrobia）、硝化螺旋菌门（Nitrospirae），平均占到细菌群落总量的29.77%、23.56%、13.66%、8.38%、7.12%、5.72%、5.68%、1.48%、1.06%、0.8%，平均共占细菌总数量的97.24%，其他平均仅占细菌总数的 2.76%。

不同平茬月份柠条根际土壤中的细菌门类的多少存在着一定的差异。春季和秋季细菌门种类和丰度占比基本相同，排在前十的优势分布细菌门占到细菌总数的 95%以上，排在前三的放线菌门（Actinobacteria）、变形菌门（Proteobacteria）、酸杆菌门（Acidobacteria）为优势菌门，占细菌总数的 50.72%~76.71%，但个别菌门丰度占比的高地存在一定差异。

不同月份平茬处理后的柠条根际土壤中细菌群落目水平排列前十的主要有uncultured_bacterium_c_Subgroup_6 目、Gaiellales 目、芽单胞菌目（Gemmatimonadales）、uncultured_bacterium_c_MB -A2 -108 目、土壤红杆菌目（Solirubrobacterales）、变形菌目（Betaproteobacteriales）、根瘤菌目（Rhizobiales）、拟杆菌目（Bacteroidales）、梭菌目（Clostridiales）、黏球菌目（Myxococcales），约占到细菌总数的 50%左右，检出未分类的细菌目占到 50%左右。

从属水平来看，不同平茬时间处理下柠条根际土壤细菌群落在属水平占比差异不显著。占细菌总数前十包括 RB41、MND1、土壤红杆菌属（Solirubrobacter），共占所有细菌属的 8%左右，以及七个未鉴定的细菌属，约占所有细菌属的 26%左右，除了 8 月份外不同平茬月份之间柠条根际土壤中细菌属的组成种类和比例基本相同，8 月份检测出的uncultured_bacterium _f_Muribaculaceae 属显著低于其他月份。

从稀释曲线分析可知不同平茬月份处理之间柠条根际土壤细菌群落物

种的丰富程度表现为:7 月>8 月>5 月>6 月>4 月>10 月>9 月。平茬后不同季节土壤细菌群落物种的丰富程度表现为:秋季>春季>夏季。通过对不同平茬时间土壤细菌群落 Alpha 多样性指数进行方差分析可知,不同平茬月份之间土壤细菌群落的丰富度和多样性以 7 月份最高,9 月最低,其他各月间差异不大。

通过 PCA 主成分分析和 UPGMA 聚类分析的 Beta 多样性分析可知,9 月份与其他各月处理之间的距离均较远,说明物种群落组成差异较大,其他各月之间距离较近,说明物种群落组成相近。通过 PDA 分析了不同平茬月份细菌群落特征与土壤含水量、土壤温度、EC 等土壤理化因子的相关性,结果表明土壤含水量、温度和 EC 均影响了土壤细菌群落的组成,EC 可以主导性解释根际细菌和群落组成的变化,其次是土壤含水量和温度。uncultured_bacterium_f_Muribaculaceae 细菌门的相对丰度与 EC 呈正相关,uncultured_bacterium_c_OLB14 细菌门、uncultured_bacterium_c_MB－A2－108 细菌门与 EC 呈负相关。

在筛选丰度差异显著种群时发现:9 月处理微球菌目(Micrococcales)的细菌含量比较高;4 月处理厚壁菌门(Firmicutes)、梭菌目(Clostridiales)、梭菌(Clostridia)含量均较高;7 月处理Pyrinomonadaceae_g_RB41 科、unclitured_bacterium_g_RB41 细菌种和 Pyrinomonadaceae 目的细菌丰度较高;10 月处理仅筛选出毛螺菌科(Lachnospiraceae)细菌的丰度较高。10 月处理中变形杆菌属(Snodgrassella)和一种变形杆菌 Snodgrassella_alvi、Neisseriaceae 出现了显著差异,说明平茬月份对土壤细菌群落组成产生了一定影响。这与不同月份的土壤温度、含水量、EC 等有着直接的关系。

第六章　柠条生长季平茬对土壤养分及抗风蚀的影响

第一节　平茬对土壤养分的影响

平茬是柠条林更新复壮的主要方式，研究平茬措施对柠条林地土壤性质的影响，对科学种植人工柠条林、促进柠条林效益提升具有重要的理论与现实意义。本研究以宁夏盐池苏步井干梁地、德胜墩梁地两个试验点的人工柠条林为对象，研究生长季不同月份平茬后人工柠条林地土壤性质的差异。

一、苏步井干梁地不同月份平茬对土壤有机质、全氮等养分指标的影响

苏步井试验点生长季节平茬分为 5 月、6 月、7 月、8 月，所有土壤样品在 9 月取得，9 月作为对照。测定指标包括 0~100 cm 土壤有机质、全氮、全磷、全钾的含量。结果表明 5 月、6 月、7 月、8 月四个月份平茬处理与 9 月平茬处理（对照）相比，5 月平茬处理显著提高了人工柠条林地的土壤有机质和全氮含量，不同平茬月份处理下人工柠条林地 0~100 cm 土壤全磷含量无差异。从土壤全钾指标来分析，8 月、9 月平茬的柠条土壤全钾含量较高，而 5 月份的最低。综合分析，平茬对 0~100 cm 各个深度的土壤有机质、全氮、全磷、全钾等含量没有显著影响，含量差异较大的集中表现在土壤表层 0~20 cm 和 20~40 cm，可能与枯落物及伴生植物多为一、二年生草本有关。

一般来说，土壤中营养元素表现为自上而下的丰富特征，此种规律一方面验证了营养元素随着雨水淋溶作用向下转移的特性，另一方面也表征了其作

为稳定状态与缓释状态的存储空间。不论平茬与否,与生长季初期样地土壤相比,生长季末期土壤营养元素均表现为上升趋势,即土壤由贫瘠土壤向营养化土壤进行转变。平茬对土壤有机质和全氮影响较大。对比不同土层的土壤营养元素发现,其提高比例呈现出由浅表土壤向深层土壤累积的现象。具体指标差异分析如下。

(一)土壤有机质

由表6-1,可知6—8月不同月份平茬对人工柠条林地土壤有机质具有一定影响。从数据来看,土壤有机质主要变动幅度较大表现在土壤表层(0~40 cm),可能与枯落物以及柠条和其他伴生植物根系等集中在这一土层有关。从不同平茬月份0~40 cm土壤平均有机质含量对比来看,5月最大为2.25‰,比8月高144.56%。从不同月份来看:5月(3.34‰)>7月(2.80‰)>6月(1.23‰)>8月(1.08‰),5月平茬的土壤有机质含量比对照9月高出5.03%,比8月高2倍。因此,以5月平茬对提高土壤有机质效果最好。0~100 cm各个土层深度差异不显著。有机质随着深度逐渐减少,$y=-0.010\ 4x+2.518$($R^2=0.651\ 8$)。

表6-1 苏步井不同月份柠条平茬土壤有机质变化

单位:‰

土壤深度/cm	平茬时间					
	5月	6月	7月	8月	对照	平均
0~20	2.85	1.26	2.45	1.56	2.76	2.18a
20~40	3.82	1.19	3.15	0.60	3.59	2.47a
40~60	1.70	0.96	1.34	0.22	3.96	1.64a
60~80	1.34	1.78	1.26	1.04	2.62	1.61a
80~100	1.56	2.08	1.04	1.19	2.00	1.57a
0~40	3.34	1.23	2.80	1.08	3.18	2.32
平均	2.25ABab	1.45Bbc	1.85ABbc	0.92Bc	2.99Aa	1.89a

（二）土壤全氮

6—8 月不同平茬月份、0~100 cm 不同层次土壤全氮含量见表 6-2，可见土壤全氮含量的变化也是在土壤表层比较活跃，各月之间差异显著，土壤深度 100 cm 以内的评价全氮含量以 5 月最高，为 0.18 g/kg，比 8 月高一倍。从不同月份 0~40 cm 来看：5 月（0.26 g/kg）>7 月（0.19 g/kg）>6 月（0.11 g/kg）>8 月（0.06 g/kg），5 月的土壤全氮含量比对照 9 月高 5.03%，比 8 月高 3 倍，因此以 5 月平茬对土壤全氮含量的提高效果最好。0~100 cm 各个土层深度差异不显著。

表 6-2　苏步井不同月份柠条平茬土壤全氮变化

单位：g/kg

土壤深度/cm	平茬时间					
	5 月	6 月	7 月	8 月	对照	平均
0~20	0.25	0.12	0.16	0.086	0.22	0.17a
20~40	0.26	0.10	0.22	0.036	0.24	0.17a
40~60	0.14	0.071	0.11	0.042	0.20	0.11a
60~80	0.12	0.13	0.082	0.16	0.17	0.13a
80~100	0.13	0.14	0.078	0.11	0.16	0.12a
0~40	0.26	0.11	0.19	0.06	0.23	0.17a
平均	0.18ABab	0.11ABbc	0.13ABabc	0.09Bc	0.20Aa	0.14

（三）土壤全磷

由表 6-3 可知，6—8 月四个平茬处理下人工柠条林地土壤 0~100 cm 平均全磷含量变化各月之间差异不显著。然而，不同土层深度之间存在差异，其中 0~20 cm 与 40~60 cm 之间差异达到显著水平（$P<0.05$），说明全磷的差异来自不同土层的含量不同，与不同月份平茬处理之间没有相关性。不同月份平茬对人工柠条林 0~100 cm 土壤全磷含量无显著影响。

表 6-3　苏步井不同月份柠条平茬土壤全磷变化

单位:g/kg

土壤深度/cm	平茬时间					
	5 月	6 月	7 月	8 月	对照	平均
0~20	0.29	0.23	0.28	0.30	0.27	0.27a
20~40	0.25	0.17	0.22	0.26	0.23	0.23ab
40~60	0.23	0.15	0.25	0.21	0.21	0.21b
60~80	0.24	0.29	0.22	0.22	0.20	0.23ab
80~100	0.24	0.28	0.24	0.22	0.27	0.25ab
平均	0.25a	0.22a	0.24a	0.24a	0.24a	0.24

(四)土壤全钾

不同平茬月份柠条 0~100 cm 土层中全钾平均含量的变化情况见表 6-4,由表 4 可知,5 月、6 月、7 月、8 月不同平茬月份处理之间存在差异。5 月平茬处理土壤平均全钾含量最低,与其他 4 个月之间差异显著($P<0.05$),5 月平茬处理的土壤表层 0~40 cm 全钾含量低于 8 月 28.33%,8 月平茬处理的土壤全钾含量最高,各个土层深度之间也存在差异,其中 0~20 cm 与 20~80 cm 之间差

表 6-4　苏步井不同月份柠条平茬土壤全钾变化

单位:g/kg

土壤深度/cm	平茬时间					
	5 月	6 月	7 月	8 月	对照	平均
0~20	12.6	15.2	15.4	15.4	16.1	14.94Aa
20~40	8.9	14.6	12.0	14.6	13.6	12.74Bb
40~60	10.4	13.6	13.0	14.8	13.5	13.06Bb
60~80	10.8	11.8	14.0	12.8	14.6	12.80Bb
80~100	12.0	13.5	14.2	13.6	15.2	13.70ABab
0~40	10.75	14.90	13.70	15.00	14.85	13.84
平均	10.94Bb	13.74Aa	13.72Aa	14.24Aa	14.60Aa	13.45

异显著（$P<0.05$），土壤全钾含量的变化幅度较大也集中表现在表层，0~20 cm 以 9 月份平茬处理的全钾含量最高，20~40 cm 以 8 月份最高。说明平茬主要影响了土壤表层全钾，且以 8 月、9 月较高。

（五）综合评价

对不同处理的土壤有机质、全氮、全磷、全钾应用 DPS 进行 Topsispi 评价（表 6-5），不同平茬处理对改良土壤肥力综合排名为 5 月>7 月>6 月>8 月。

表 6-5　Topsispi 评价

样本	D⁺	D⁻	统计量 CI	名次
5 月	0.136 4	0.639 6	0.824 2	2
6 月	0.535 7	0.181 5	0.253 1	4
7 月	0.201 7	0.456 6	0.693 6	3
8 月	0.627 8	0.164 1	0.207 2	5
对照	0.085 9	0.576 3	0.870 2	1

二、德胜墩梁地不同月份平茬对土壤有机质、全氮等养分指标的影响

德胜墩梁地的平茬试验设计为 4—10 月七个时间处理，于设计的每月中旬平茬，平茬后的第二年 8 月取土壤样品进行测定，测定指标包括 0~100 cm 土壤有机质、全氮、全磷、全钾、速效氮、速效磷、速效钾的含量。结果表明，4—10 月不同月份平茬处理下柠条林地 0~100 cm 土壤平均有机质、全氮、全钾、速效氮的含量差异不显著，说明不同平茬月份对土壤有机质、全氮、全钾、速效氮无显著影响，平茬影响了土壤全磷、速效磷和速效钾的含量。以磷元素含量及变化来看，土壤全磷、速效磷含量均是 7 月份平茬处理最高，而 6 月和 5 月平茬处理的两个指标含量最低；不同月份平茬土壤平均速效钾含量却以 5 月份最高，且显著高于 6 月、7 月、8 月、10 月，7 月平茬处理速效钾的含量却较低，说明平茬对土壤钾元素的影响规律不同于氮和磷。0~20 cm、20~40 cm 土壤层有机质、全氮、全磷、全钾等土壤养分含量均较高，随着土壤深度的增加，土壤

养分逐渐降低。

(一)土壤有机质

由表 6-6 可知,4—10 月平茬各月柠条林地 0~100 cm 深度平均土壤有机质含量以 6 月最高,9 月最低,但各月之间差异不显著,说明不同平茬月份对柠条林地土壤有机质含量无显著影响。大小为:6 月>5 月>8 月>7 月>4 月>10 月>9 月。但从不同土层深度平均土壤有机质含量来看存在一定差异,随着深度增加有机质含量逐渐减少 $y=-0.039\,2x+5.29$($R^2=0.965\,1$)。0~20 cm 表层土壤的有机质含量最高,其次是 20~40 cm,且 0~40 cm 深度的土壤有机质极显著高于 40~100 cm 深度的土壤,40~100 cm 深度土层之间有机质含量差异不显著。80~100 cm 土层平均土壤有机质含量最低。

表 6-6　德胜墩梁地不同月份柠条平茬土壤有机质变化

单位:g/kg

土壤深度/cm	平茬时间							
	4 月	5 月	6 月	7 月	8 月	9 月	10 月	平均
0~20	2.54	4.13	6.19	6.51	3.81	4.92	3.17	4.47Aa
20~40	4.29	5.08	4.44	3.17	3.73	2.87	4.53	4.02Aa
40~60	3.33	1.90	3.25	2.30	3.18	1.66	2.56	2.60Bb
60~80	2.54	2.30	1.90	1.90	2.70	1.36	2.11	2.12Bbc
80~100	1.74	2.38	1.11	1.27	1.75	1.21	1.06	1.50Bc
平均	2.89a	3.16a	3.38a	3.03a	3.04a	2.40a	2.69a	2.94

(二)土壤全氮

由表 6-7 可知,平茬各月之间及不同土壤深度之间平均全氮变化情况与土壤有机质一致。4—10 月七个平茬月份土壤 0~100 cm 土壤全氮含量变化之间差异不显著,说明不同平茬月份对柠条林地土壤全氮无显著影响。其中,土壤全氮含量最高的是 4 月,最低的是 7 月,大小为:4 月>5 月>6 月、8 月>10 月>9 月>7 月。以 0~40 cm 表层土壤的全氮含量最高,随着土壤深度的加深,全氮含量逐渐下降,$y=-0.002\,8x+0.372\,9(R^2=0.886\,5)$。

表 6-7　德胜墩梁地不同月份柠条平茬土壤全氮变化

单位:g/kg

土壤深度/cm	平茬时间							
	4 月	5 月	6 月	7 月	8 月	9 月	10 月	平均
0~20	0.20	0.32	0.35	0.34	0.24	0.32	0.22	0.284Aa
20~40	0.35	0.40	0.3	0.26	0.28	0.27	0.34	0.314Aa
40~60	0.28	0.12	0.22	0.16	0.22	0.17	0.22	0.199Bb
60~80	0.18	0.14	0.12	0.12	0.19	0.12	0.16	0.147BCb
80~100	0.10	0.11	0.072	0.056	0.13	0.076	0.096	0.091Cc
平均	0.222a	0.218a	0.212a	0.187a	0.212a	0.191a	0.207a	0.207

(三)土壤全磷

德胜墩梁地 4—10 月不同月份柠条平茬后土壤 0~100 cm 平均全磷含量及变化情况,由表 6-8 可知,4—10 月七个不同平茬月份处理下柠条林地土壤全磷含量存在一定差异,以 7 月最高,6 月最低,大小为:7 月>5 月>4 月>8 月>10 月>9 月>6 月。7 月分别高出 6 月和 8 月 67.57%、63.16%,其他 4 月、5 月、9 月、10 月之间差异不显著。从不同土层深度土壤平均全磷含量来看,全磷

表 6-8　德胜墩梁地不同月份柠条平茬土壤全磷变化

单位:g/kg

土壤深度/cm	平茬时间							
	4 月	5 月	6 月	7 月	8 月	9 月	10 月	平均
0~20	0.36	0.42	0.40	0.40	0.40	0.40	0.38	0.394Ab
20~40	0.40	0.40	0.35	0.38	0.40	0.36	0.40	0.384Ab
40~60	0.44	0.40	0.34	0.38	0.40	0.35	0.38	0.384Ab
60~80	0.40	0.39	0.34	0.48	0.40	0.34	0.34	0.384Ab
80~100	0.42	0.51	0.37	0.62	0.38	0.42	0.42	0.449Aa
平均	0.404ABabc	0.424ABab	0.360Bc	0.452Aa	0.396ABabc	0.374ABbc	0.384ABbc	0.399

的变化不同于有机质和全氮,表现为不同深度土壤之间基本相同,0~80 cm 不同土层之间无显著差异,随着土壤深度的增加,全磷含量有增加的趋势,80~100 cm 处的土壤全磷含量最高,显著高于 0~80 cm 土层。

(四)土壤全钾

德胜墩梁地 4—10 月不同月份柠条平茬后土壤 0~100 cm 平均全钾含量及变化情况,由表 6-9 可知,4—10 月七个不同平茬月份处理下柠条林地土壤全钾含量差异不显著,说明不同月份平茬对柠条林地土壤全钾无显著影响。各月 0~100 cm 深度土壤平均全钾含量均为 17 g/kg,7 月较高,10 月最低,大小为:7 月>4 月>9 月>5 月>6 月>8 月>10 月。不同深度土层之间变化不一致,与土壤有机质、全氮和全磷的变化规律也不同,80~100 cm 土层等全钾含量最高,显著高于 20~40 cm 土层,其他土壤深度之间差异不显著。随着深度增加全钾有增长的趋势:$y=0.010\ 1x+16.986(R^2=0.495)$。

表 6-9 德胜墩梁地不同月份柠条平茬土壤全钾变化

单位:g/kg

土壤深度/cm	平茬时间							
	4 月	5 月	6 月	7 月	8 月	9 月	10 月	平均
0~20	17.40	18.00	16.60	18.40	16.90	18.00	17.80	17.59ab
20~40	17.80	17.50	16.60	16.80	17.90	17.10	15.40	17.01b
40~60	18.00	18.90	17.20	16.50	16.50	17.40	16.80	17.33ab
60~80	17.10	17.40	17.50	19.20	17.00	18.50	17.90	17.80ab
80~100	18.9	17.10	19.80	18.40	17.90	18.00	17.40	18.21a
平均	17.84a	17.78a	17.54a	17.86a	17.24a	17.80a	17.06a	17.59

(五)土壤速效氮

由表 6-10 可知,4—10 月平茬各月柠条林地 0~100 cm 深度平均土壤速效氮含量以 7 月最高,6 月最低,大小为 7 月>8 月>5 月>9 月>4 月>10 月>6 月。各月之间差异不显著,说明不同平茬月份对柠条林地土壤速效氮含量无显著影响。但

表 6-10　德胜墩梁地不同月份柠条平茬土壤速效氮变化

单位:mg/kg

土壤深度/cm	平茬时间							
	4 月	5 月	6 月	7 月	8 月	9 月	10 月	平均
0~20	3	22	19	38	19	27	19	21.00Aa
20~40	18	22	6	18	15	12	16	15.29ABa
40~60	12	8	4	6	13	8	2	7.57BCb
60~80	8	4	6	5	8	4	2	5.29Cb
80~100	6	4	4	2	12	2	4	4.86Cb
平均	9.40a	12.00a	7.80a	13.80a	13.40a	10.60a	8.60a	10.80

从不同土层深度土壤速效氮含量来看,整体表现出随着土层深度的增加土壤速效氮逐渐减少的趋势:$y=-0.211\ 4x+23.486$($R^2=0.892\ 6$)。土壤速效氮集中在 0~40 cm 土壤层积累,显著高于 40~100 cm 深度土壤含量,80~100 cm 土层平均土壤速效氮含量最低,仅为 0~20 cm 土壤的 23.14%。这与土壤全氮的含量变化情况一致。速效氮与全氮之间关系:y(速效氮)$=66.998x$(全氮)-3.067($R^2=0.773\ 2$)。

（六）土壤速效磷

由表 6-11 可知,4—10 月平茬各月柠条林地 0~100 cm 深度平均土壤速

表 6-11　德胜墩梁地不同月份柠条平茬土壤速效磷变化

单位:mg/kg

土壤深度/cm	平茬时间							
	4 月	5 月	6 月	7 月	8 月	9 月	10 月	平均
0~20	1.85	1.30	1.94	2.53	2.45	1.96	1.72	1.96Aa
20~40	1.58	1.04	1.47	2.24	1.47	1.22	1.43	1.49Bb
40~60	1.24	1.08	1.22	1.34	1.34	1.17	1.18	1.22Bbc
60~80	1.29	1.17	1.26	1.17	1.22	1.81	1.55	1.35Bbc
80~100	1.16	1.08	1.30	1.22	1.18	1.00	0.92	1.12Bc
平均	1.42ABab	1.13Bb	1.44ABab	1.70Aa	1.53ABa	1.43ABab	1.36ABab	1.43

效磷含量存在差异，说明不同平茬月份对柠条林地土壤速效磷含量有一定影响。以 7 月最高,5 月最低,土壤速效磷在 7 月、8 月、9 月三个月份平茬处理中较高,大小为 7 月>8 月>6 月>9 月>4 月>10 月>5 月。但从不同土层深度土壤速效磷含量来看整体表现为 0~60 cm 随着土层深度的增加土壤速效磷含量逐渐减少的趋势 $y=-0.009\ 1x+1.974(R^2=0.768\ 4)$,这与土壤全磷的含量变化也相同。

(七)土壤速效钾

德胜墩梁地 4—10 月不同月份柠条平茬后土壤 0~100 cm 平均速效钾含量及变化情况,由表 6-12 可知,4—10 月七个不同平茬月份处理下柠条林地土壤速效钾含量有差异,说明不同月份平茬影响了柠条林地 0~100 cm 土壤速效钾。不同月份平茬之间以 5 月份的土壤平均速效钾含量最高,且显著高于 6 月、7 月、8 月、10 月这四个月,但与 4 月、8 月、9 月之间差异不显著。10 月平茬的土壤速效钾含量最低,其次较低的是 6 月、7 月,大小为 5 月>9 月>4 月>8 月>7 月>6 月>10 月。不同深度土层之间速效钾的变化趋势一致,随着土层的加深,速效钾含量不断降低,$y=-1.015x+131.16(R^2=0.746\ 8)$,0~20 cm 土层速效钾与 40~100 cm 各层均达到了极限值差异。

表 6-12　德胜墩梁地不同月份柠条平茬土壤速效钾变化

单位:mg/kg

土壤深度/cm	平茬时间							
	4 月	5 月	6 月	7 月	8 月	9 月	10 月	平均
0~20	100	245	125	115	120	130	98	133.29Aa
20~40	81	100	58	68	74	83	58	74.57Bb
40~60	62	47	42	46	54	54	46	50.14Bbc
60~80	63	48	39	43	52	50	44	48.43Bbc
80~100	56	44	34	44	46	48	42	44.86Bc
平均	72.40Aab	96.80Aa	59.60Ab	63.20Ab	69.20Aab	73.00Aab	57.60Ab	70.26

(八)综合评价

对不同处理应用 DPS 进行 Topsispi 综合评价(表 6-13),不同平茬处理对改良土壤肥力综合排名为 5 月>8 月>7 月>4 月>9 月>6 月>10 月。

表 6-13 Topsispi 评价

样本	D+	D-	统计量 CI	名次
4 月	0.225 6	0.158 0	0.411 9	4
5 月	0.166 7	0.283 7	0.629 9	1
6 月	0.306 3	0.156 9	0.338 7	6
7 月	0.194 4	0.282 9	0.592 7	3
8 月	0.169 6	0.248 4	0.594 1	2
9 月	0.239 4	0.150 3	0.385 6	5
10 月	0.309 7	0.087 3	0.219 9	7

三、柠条平茬对土壤养分及理化性质的影响

平茬处理对于土壤理化性质的影响相对广泛,具体表现为其对于土壤养分的补充、对于土壤微生物活性的激活、对于降低土壤化肥使用量以及改善农业生态环境四个方面,根据现有的研究结果,研究结论如下:(1)平茬处理补充了土壤养分。柠木枝条含有一定养分和纤维素、半纤维素、木质素、蛋白质和灰分元素,既含有较多有机质,还有氮、磷、钾等营养元素。如果全部成材和柠木枝条被从田间运走,那么残留在土壤中的有机物一般说来仅有 10%左右,造成土壤肥力下降,因此,只有通过施肥或平茬处置等多种途径才能得以补充。(2)平茬处理促进了微生物活动。土壤微生物在整个农业生态系统中具有分解土壤有机质和净化土壤的重要作用。平茬处置给土壤微生物增添了大量能源物质,随之各类微生物数量和酶活性也相应增加。这就加速了对有机物质的分解和矿物质养分的转化,使土壤中的氮、磷、钾等元素增加。经微生物分解转化后产生的纤维素、木质素、多糖和腐殖酸等黑色胶体物。这种胶体物具有黏结

土粒的能力,同黏土矿物形成有机与无机的复合体,促进土壤形成团粒结构,使土壤容量减轻。这样就提高了土壤保水、保肥、供肥的能力,改善了土壤理化性状。(3)平茬处理可减少化肥使用量。化肥对于农业获得高产的作用是明显的,但长期过量使用,会导致土壤板结、肥力破坏、环境污染。

土壤养分状况对植物根系发育的影响具有最直接的关系。营养全面,根系生长旺盛,地上部分生长良好,根深叶茂。而土壤瘠薄,营养缺乏,根系发育不良,地上部分也生长不好。然而植物地上部分植株的枯落物及其根系的分泌物又可以培肥土壤,使得二者之间形成良性循环。由于柠条的微生物固氮作用和大量根系分泌物的存在,根际土壤的全氮含量普遍较高。但是柠条生长季刈割对土壤养分含量影响的试验结果表明:除全钾外,柠条根际土壤中全氮、全磷、速效磷和速效钾的含量均随刈割频率的增大而减少,这不仅与柠条刈割后地上部分的枯落物减少有关,而且与刈割后地上组织的补偿生长密切相关。刈割频率越大,地上部分生长所需的营养物质越多,根部从土壤吸收的养分越多,因而对其根际土壤养分的影响越大。而全钾含量在不同刈割频率下依然能够保持稳定,是因为土壤全钾的 92%~98%是矿物钾,矿物钾只有经过长期的风化作用后才能释放出来,成为植物可吸收利用的钾素形态,因而短期内根际土壤全钾的含量都会保持稳定水平。作物所吸收的氮主要来自土壤中的原有氮素,来自化肥的仅占 23%~24%。这说明即使施用化肥,土壤有机物对作物生长仍然是最重要的。所以平茬处置是弥补化肥长期使用缺陷的极好办法。尤其是在水土保持作物区,缺乏必要的化肥添加,其主要营养物质均来自于自然界,为此,在平茬处置的过程中,能够为土壤提供大量的有机肥料。形成平茬枝条与土壤微生物之间的良好互动及其物质循环,在这样的情况下,能够为土壤补充有效的肥料并作为化肥的替代品而使用。

四、讨论

平茬措施对林下土壤以及林间土壤中不同土层之间理化性质的影响,其相关的可能机理与因素如下。(1)平茬措施对于林下土壤的影响要高于林间土

壤，这与平茬后植物的生长特征尤其是地下部分与林下土壤不同土层之间的
互动关系相关。已有研究表明,柠条在地上组织破坏后会从地表根颈处萌生大
量枝条，且在生长季节生长迅速，这对柠条维持其生存生态位具有重要的意
义,也是地上枝条作为补偿饲料和燃料的重要基础。平茬后植株根冠比失调,
萌蘖株庞大的根系吸收水分和养分供给有限的地上组织，使水分和氮素条件
得以改善,光合同化作用增强;同时,根系将储存的淀粉水解成可溶性糖供给
地上组织恢复;光合产物和根系淀粉水解产物仅用于营养生长而非生殖生长,
从而使萌蘖株当年生枝条生物量是对照株的 100 倍左右（李耀林,2011）。为
此，再此种良性互动的过程中，不仅柠条对于土壤营养的需求存在一定的不
同，而且还进一步通过降低了自身植物的蒸腾量来达到更好的土壤饱水作用
（侯志强,2010）。(2)不同土层营养元素的分布与绝对变化量不一致,这与土壤
营养元素和理化指标各自的性质相关。(3)平茬措施有助于土壤,尤其是林下
土壤理化指标的改善。林下土壤的理化性质有着明显的改善，包括土壤含水
量、总 C、总 N、总 P、总 K 等营养物质等均有着向好的趋势。此结果与左忠
(2013)、丁志刚(2010)、郑士光(2014)等的研究一致。总之,柠条在地上枝条平
茬后,庞大的根系将大量储存态氮素转化为游离态等生长所需物质,如游离氨
基酸,从根系不断供给地上部分,促进枝条的再生生长。游离态氨基酸的充分
供给是柠条平茬后进行迅速再生生长的重要机制之一。

第二节　柠条平茬对土壤风蚀的影响

　　风蚀即风力侵蚀,是指一定风速的气流作用于土壤或土壤母质,而使土壤
颗粒发生位移,造成土壤结构破坏、土壤物质损失的过程,是塑造地球景观的
基本过程之一,也是发生于干旱、半干旱地区及部分半湿润地区土地沙漠化的
首要环节。这一过程的生态后果表现为:一是造成表土层大量富含营养元素的
细微颗粒的损失,致使农田表土层粗化、土壤肥力下降和土地生产力衰退;二
是土壤风蚀过程中会产生大量的气溶胶颗粒,这些颗粒悬浮于大气中,是造成

所在地区乃至周边地区沙尘天气出现的沙尘源。试验分别于 2018 年 4 月和 2019 年 4 月,盐池县起风的时候进行观测。

一、沙地柠条风蚀指标的监测与分析

(一)不同处理柠条带风速测定

从表 6-14 可以看出,不同月份柠条平茬处理风速比(V200/V50),2018 年调查:8 月>7 月>9 月>6 月>3 月>4 月>5 月。2019 年调查:8 月>7 月>5 月>6 月>3 月>4 月>9 月。从变异系数来看,风速低的时候测试,变异较大。相反,风速较高的是变异较小,所以在测试的时候尽量选择风速大的时候进行。

表 6-14　沙地不同柠条风速测定结果

处理	观测高度/cm	2018 年				2019 年			
		平均值/(m·s⁻¹)	标准差	CV/%	风速比 A	平均值/(m·s⁻¹)	标准差	CV/%	风速比 A
3 月	50	1.99	0.585 2	29.41	1.587 9	4.61	0.195 2	4.23	1.473 8
	200	3.16	0.809 9	25.63		6.80	0.355 9	5.23	
4 月	50	1.75	0.606 4	34.65	1.542 9	4.56	0.263 7	5.78	1.432 7
	200	2.70	0.711 8	26.36		6.53	0.593 6	9.09	
5 月	50	1.98	0.719 8	36.35	1.489 9	4.47	0.672 6	15.05	1.568 8
	200	2.95	0.675 3	22.89		7.01	0.689 0	9.83	
6 月	50	1.65	0.444 6	26.95	1.593 9	4.39	0.425 9	9.70	1.540 6
	200	2.63	0.610 2	23.20		6.76	1.065 9	15.77	
7 月	50	1.49	0.427 1	28.66	1.805 4	3.59	0.397 6	11.08	1.617 4
	200	2.69	0.737 6	27.42		5.80	0.645 5	11.13	
8 月	50	1.14	0.312 4	27.40	1.921 1	4.46	0.765 6	17.17	1.618 6
	200	2.19	0.531 4	24.26		7.21	0.823 5	11.42	
9 月	50	1.45	0.531 7	36.67	1.800 0	4.81	0.601 2	12.50	1.326 5
	200	2.61	0.950 0	36.40		6.39	0.847 4	13.26	

（二）风的速度脉动特征

由表 6-15 可知,不同观测高度下,不同风蚀地貌风的速度脉动差异性较为明显。2018 年 6 月平茬 50 cm 和 200 cm 观测高度上风的速度脉动比值最大,达1.738 1,其余则:4 月>7 月>3 月>6 月>9 月>8 月。2019 年 6 月平茬速度脉动比值最大,达 1.646 7,其余则:8 月>9 月>6 月>7 月>3 月>4 月。不同平茬处理后,一年后灌丛高度和冠幅增加,对风力干扰程度也发生了变化,防风蚀效果发生变化。

表 6-15 沙地柠条不同风蚀地貌风速测定结果

| 处理 | 观测高度/cm | 2018 年 | | | | 2019 年 | | | |
		平均值/ (m·s⁻¹)	极差	脉动特征	特征值比	平均值/ (m·s⁻¹)	极差	脉动特征	特征值比
3 月	50	1.99	1.9	0.954 8	1.117 5	4.61	0.5	0.108 5	0.737 6
	200	3.16	2.7	0.854 4		6.80	1.0	0.147 1	
4 月	50	1.75	2.0	1.142 9	1.543 0	4.56	0.6	0.131 6	0.537 1
	200	2.70	2.0	0.740 7		6.53	1.6	0.245 0	
5 月	50	1.98	2.8	1.414 1	1.738 1	4.47	2.1	0.469 8	1.646 7
	200	2.95	2.4	0.813 6		7.01	2.0	0.285 3	
6 月	50	1.65	1.3	0.787 9	1.036 0	4.39	1.3	0.296 1	1.053 4
	200	2.63	2.0	0.760 5		6.76	1.9	0.281 1	
7 月	50	1.49	1.5	1.006 7	1.231 0	3.59	1.1	0.306 4	0.987 4
	200	2.69	2.2	0.817 8		5.80	1.8	0.310 3	
8 月	50	1.14	0.9	0.789 5	0.864 5	4.46	2.2	0.493 3	1.546 4
	200	2.19	2.0	0.913 2		7.21	2.0	0.319 0	
9 月	50	1.45	1.7	1.172 4	0.987 1	4.81	2.0	0.415 8	1.155 3
	200	2.61	3.1	1.187 7		6.39	2.3	0.359 9	

（三）下垫面粗糙度和摩阻速度

从表 6-16 可以看出,2018 年 8 月平茬下垫面粗糙度最小仅为 0.264 4,9月平茬次之为 0.433 3,3 月最大为 0.797 3 是 8 月的 3 倍。柠条平茬后 1 年,灌丛的生长对干扰风速产生一定重要作用,灌丛高下垫面粗糙度也就越大,呈直

表 6-16　沙地不同风蚀地貌风速测定结果

处理	2018 年			2019 年		
	丛高/cm	下垫面粗糙度/cm	摩阻速度/(m·s⁻¹)	丛高/cm	下垫面粗糙度/cm	摩阻速度/(m·s⁻¹)
3 月	60.25	0.797 3	0.146 8	96.14	5.128 8	0.274 7
4 月	58.20	0.576 5	0.119 2	93.71	4.854 5	0.247 1
5 月	57.62	0.740 0	0.121 7	87.01	5.076 3	0.318 6
6 月	56.07	0.519 8	0.122 9	92.35	4.782 9	0.297 3
7 月	40.71	0.462 6	0.150 5	81.53	3.966 0	0.276 0
8 月	38.26	0.264 4	0.131 7	71.20	4.201 8	0.245 0
9 月	20.68	0.433 3	0.145 5	65.80	4.081 6	0.198 2
平均	47.40	0.542 0	0.134 0	83.96	4.584 6	0.265 3

线相关,$y=0.008\,8x+0.125\,4$($R^2=0.500\,3$)。

2019 年调查,通过柠条不断恢复生长,柠条灌丛高度也有所增大,特别是冠幅,下垫面粗糙度平均值是 2018 年的 8.46 倍。摩阻速度也增大,2019 年是 2018 年的 2 倍。7 月份平茬下垫面粗糙度最小仅为 3.166 0,6 月平茬次之,为 4.782 9,最大为 3 月,为 5.128 8。柠条平茬后 2 年,柠条灌丛对干扰风速更大的作用,灌丛越高下垫面粗糙度也就越大,$y=0.034x+1.714\,4$($R^2=0.658\,4$)。3 月>5 月>4 月>6 月>8 月>9 月。摩阻速度:$y=0.002\,7x+0.020\,4$($R^2=0.702\,5$)(图 6-1)。

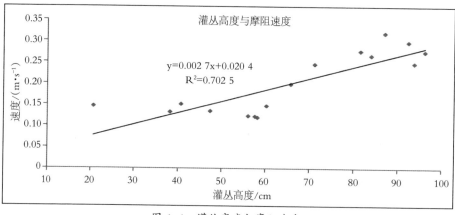

图 6-1　灌丛高度与摩阻速度

2018 年下垫面粗糙度相对在 1.0 以内,摩阻速度随着粗糙度增加有下降的趋势,但 2019 年下垫面粗糙度相对在 3.9 以上,摩阻速度随着粗糙度增加有上升的趋势。

二、梁地柠条风蚀指标的监测与分析

(一)不同处理柠条带风速测定

从表 6-17 可以看出,不同月份柠条平茬处理风速比(V200/V50),2018 年调查:7 月>3 月>4 月>8 月>6 月>9 月>5 月。2019 年调查:6 月>5 月>4 月>8 月>3 月>9 月>7 月。

表 6-17 梁地不同柠条风速测定结果

处理	观测高度/cm	2018 年				2019 年			
		平均值/(m·s⁻¹)	标准差	CV/%	风速比 A	平均值/(m·s⁻¹)	标准差	CV/%	风速比 A
3 月	50	1.83	0.510 8	27.91	1.573 8	4.90	1.023 1	20.88	1.502 0
	200	2.88	0.617 5	21.44		7.36	1.477 4	20.07	
4 月	50	2.38	0.738 8	31.04	1.348 7	5.27	0.738 7	14.02	1.523 7
	200	3.21	0.513 2	15.99		8.03	1.189 8	14.82	
5 月	50	2.62	0.701 0	26.76	1.198 5	5.24	0.814 2	15.54	1.605 0
	200	3.14	0.528 7	16.84		8.41	0.609 4	7.25	
6 月	50	2.55	0.685 0	26.86	1.235 3	5.03	0.275 2	5.47	1.675 9
	200	3.15	0.585 2	18.58		8.43	0.672 6	7.98	
7 月	50	2.12	0.697 2	32.89	1.594 3	5.63	0.797 3	14.16	1.426 3
	200	3.38	0.540 9	16.00		8.03	0.901 3	11.22	
8 月	50	2.01	0.594 8	29.59	1.363 2	5.10	0.559 8	10.98	1.517 6
	200	2.74	0.546 1	19.93		7.74	0.407 7	5.27	
9 月	50	2.27	0.718 7	31.66	1.290 7	5.11	0.696 2	13.62	1.446 2
	200	2.93	0.542 9	18.53		7.39	0.800 9	10.84	

(二)风的速度脉动特征

不同观测高度下,不同风蚀地貌风的速度脉动差异性较为明显(表6-18)。2018年7月平茬50 cm和200 cm观测高度上风的速度脉动比值最大,达2.752 5,其余为:4月>3月>9月>5月>6月>8月。2019年5月平茬速度脉动比值最大,达2.139 6,其余为:8月>9月>7月>4月>3月>6月。不同平茬处理后,一年后灌丛高度和冠幅增加,对风力干扰程度也发生了变化,防风蚀效果发生变化。

表6-18 梁地柠条不同处理风速脉动特征

处理	观测高度/cm	2018 年				2019 年			
		平均值/(m·s⁻¹)	极差	脉动特征	特征值比	平均值/(m·s⁻¹)	极差	脉动特征	特征值比
4 月	50	1.83	1.5	0.833 3	1.421 5	4.90	2.7	0.551 0	0.901 2
	200	2.88	1.7	0.586 2		7.36	4.5	0.611 4	
5 月	50	2.38	2.2	0.916 7	2.256 2	5.27	2.1	0.398 5	0.914 2
	200	3.21	1.3	0.406 3		8.03	3.5	0.435 9	
6 月	50	2.62	1.4	0.538 5	1.284 2	5.24	2.0	0.381 7	2.139 6
	200	3.14	1.3	0.419 3		8.41	1.5	0.178 4	
7 月	50	2.55	1.5	0.600 0	1.239 9	5.03	0.6	0.119 3	0.529 3
	200	3.15	1.5	0.483 9		8.43	1.9	0.225 4	
8 月	50	2.12	1.7	0.809 5	2.752 5	5.63	2.3	0.408 5	1.261 6
	200	3.38	1.0	0.294 1		8.03	2.6	0.323 8	
9 月	50	2.01	1.5	0.750 0	1.012 6	5.10	1.6	0.313 7	2.207 6
	200	2.74	2.0	0.740 7		7.74	1.1	0.142 1	
10 月	50	2.27	1.8	0.782 6	1.335 0	5.11	1.9	0.371 8	1.446 1
	200	2.93	1.7	0.586 2		7.39	1.9	0.257 1	

(三)下垫面粗糙度和摩阻速度

2018年8月平茬下垫面粗糙度最小仅为0.699 9,9月平茬次之为0.874 9,

5月最大,为1.124 5,是8月的1.6倍。柠条平茬后1年,灌丛的生长对干扰风速产生一定重要作用,灌丛高下垫面粗糙度也就越大,呈直线相关。

2019年4月调查,柠条不断恢复生长,柠条灌丛高度也有所增大,特别是冠幅,下垫面粗糙度平均值是2018年的7.62倍。摩阻速度也增大,2019年是2018年的3.38倍。3月份平茬下垫面粗糙度最小,仅为6.010 3,9月平茬次之,为6.373 0,7月最大,为7.855 3。柠条平茬后2年(图6-2),柠条灌丛对干扰风

表6-19　梁地柠条不同处理风速测定结果

处理	2018年			2019年		
	丛高/cm	下垫面粗糙度/cm	摩阻速度/(m·s⁻¹)	丛高/cm	下垫面粗糙度/cm	摩阻速度/(m·s⁻¹)
3月	58.74	0.651 6	0.131 7	64.97	6.010 3	0.308 6
4月	63.88	1.021 5	0.104 1	68.97	7.208 9	0.346 2
5月	53.11	1.124 5	0.065 2	70.52	7.486 7	0.397 7
6月	54.40	1.091 5	0.075 3	81.41	7.103 7	0.426 5
7月	44.36	0.925 9	0.158 1	83.20	7.855 3	0.301 1
8月	30.26	0.699 9	0.091 6	80.47	6.658 3	0.331 2
9月	19.89	0.874 9	0.082 8	77.76	6.373 0	0.286 0
平均	46.38	0.912 8	0.101 3	75.33	6.956 6	0.342 5

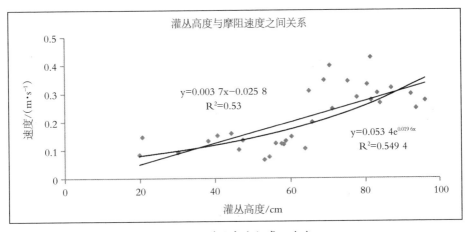

图6-2　灌丛高度与摩阻速度

速的作用更大,灌丛越高下垫面粗糙度也就越大。2018年下垫面粗糙度相对在1.0以内,摩阻速度随着粗糙度增加有下降的趋势,但2019年下垫面粗糙度相对在3.9以上,摩阻速度随着粗糙度增加有上升的趋势。

三、不同立地类型抗风蚀能力对比

图6-3中是沙地和梁地柠条平茬1年后(2019年)摩阻速度,沙地与梁地摩阻速度变化趋势一致。5月和8月平茬抗风蚀能力强一些。

盐池县大风天气主要在3—5月(图6-4)。3—4月地表一年生牧草没有返青,此时平茬,地面有效阻挡较少,风蚀下垫面粗糙度较低,抗风蚀能力弱。5月份以后,平均风速逐渐降低,此时降水量增加,牧草开始生长,植被覆盖率提高,抗风蚀能力较强。因此,从5月至9月开始平茬,就可以不考虑抗风蚀的效果。

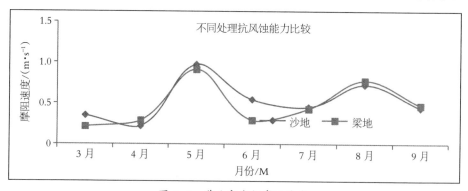

图6-3 灌丛高度与摩阻速度

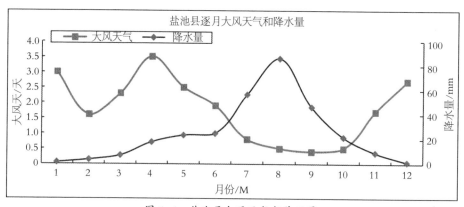

图6-4 盐池县大风天气与降雨量

根据杨文斌(2006)研究表明:柠条灌丛丛高 2.3 m,经林带防风作用后到第二林带后 2 H 处风速减少到 5 m/s,第三林带后 1 H 处风速减少到 6 m/s,所以有效防护距离为 19.6~26.5 m 之间,则林带间距至少可拉大到 20 m。盐池县柠条带距在 6 m 或 8 m,通过隔带平茬后,带间距离当年变为 12 m 或 16 m。柠条灌丛高度一般在 1.5 m,行带式柠条固沙林应保证其合理的林带间距,使其达到有效的防风作用。根据防风效果灌丛丛高是防风距离的 10 倍,所以防风效果是15 m。平茬后一年柠条生长抗风蚀能力较弱,恢复两年柠条比恢复 1 年柠条抗风蚀能力高出几倍。高函(2010)通过风洞研究结果表明:柠条以双行一带、带距 8 H 或者 10 H 都是比较好的选择。

闫敏(2018)认为 8 m 宽林带恢复效果明显,营造多条林带的组合防风效果具有累加作用,种植带状柠条锦鸡儿后物种生活型明显提高,随着带间距的增加,多年生草本数量增加,并在 8 m 带间距出现半灌木,且禾本科和菊科植物种类增加,优质牧草增加,带间植被趋于稳定,8 m 带间距柠条锦鸡儿防护林更有利于植被恢复。

四、柠条林地的防风蚀作用

柠条是干旱半干旱地区重要的防风固沙植物,其根系发达,主根明显,侧根根系向四周水平方向延伸,纵横交错,固沙能力很强,不仅能固定原土,还能积累刮来的肥土(戴海伦,2011)。柠条林能有效降低风速、减弱侵蚀。影响风蚀量的因素多且复杂,不同种植行距和方式的柠条林可能会导致地上植被、土壤养分、土壤湿度、空间异质性等方面有很大的差异,使得不同种植行距、种植方式的柠条林的防风固沙性能有一定的差异性。据观测,网格中心与空旷地相比。距地表 50 cm、20 cm 处的平均风速分别降低了 39.2%和 59.1%;林带中心和林带南缘 2 m 处与空旷地相比,其距地表 20 cm 处的平均风速分别降低了 9.1%和 15.9%。由于近地表风速的降低,风的运载能力随之下降,空气中的一些尘沙被拦截下来,起到了防护林的防风固沙作用(顾新庆,1998)。在内蒙古低覆盖度的柠条固沙林,采用多点式自记风速仪,测定林内不同部位、不同高度的风速，发现行带式固沙林的平均防风效果比同覆盖度随机分布的固沙林高48.2%，说明灌丛的水平分布格局是制约固沙林防风固沙效果的重要因素，行带式配置具有显著的防止风蚀、固定流沙的作用（杨文斌，2006）。程娟在研究荒漠草原人工柠条林防治土壤风蚀效应中得出，掌握当地主导风向有利于指导柠条防护林的建设，可以根据主导风向调整林带的种植方向。不同种植带距和种植年限的柠条林防风沙效果不同，随着林带行距增加，防护林降低风速作用减弱（朴起亨，2008）。柠条的防风固沙作用极显著。据测定，一般 3~4 年生柠条，每丛根可固沙 0.2~0.3 m³。5 年以上柠条林覆盖度可达 70%以上，每丛固沙0.5~1 m³。在成片的柠条林间，一般平均固沙厚度可达 0.5 m 左右，特别是小叶锦鸡儿、柠条锦鸡儿，更是不怕风刮沙埋（宋彩荣，2006），沙子越埋越能促进其分枝，生长越旺，固沙能力越强。据调查，一株侧枝被沙埋的柠条锦鸡儿两年内从沙埋的枝上萌生出 60~80 根新枝条，形成防风固沙强大的灌丛。

柠条带的林网作用，使大面积耕地免受风沙灾害。据有关资料记载，当疏透度为 60%时，可降低风速 15%左右，林网内距地面 0~20 cm 的平均地温较林网外高 0.50~0.70℃，距地面 50 cm 高度的气温，林网内日平均气温较林网外略高，白天的差别较大，夜间的距地心较小，且林网内较林网外稍低。林网内白天或夜间的相对湿度和绝对湿度均高于林网外。相关湿度白天高 0.3 mbar，夜间高 0.50 mbar。

第七章 柠条营养动态变化研究

第一节 柠条营养变化研究进展

饲料养分是建造和维持动物体的构成物质,也是产热、役用和脂肪沉积的能量来源,调节动物机体的生命过程或动物产品的形成。而饲料物质一方面是动物体养分的来源,另一方面作为养分的载体,以增进饲养的效果。饲料中所含的营养成分是动物维持生命活动和生产的物质基础。如果所含的养分越多,并且这些养分又能大部分被动物利用的话,该饲料的营养价值就越高。通过对饲料养分含量的测定,可为饲料营养价值的评定提供基础数据。柠条锦鸡儿作为一种饲料物质,其各养分的含量大小对于其饲料加工工艺的开发至关重要。

一、柠条营养成分含量

研究中发现柠条叶片的纤维性物质含量较高, 这可能是因为在沙漠高温下生长的植物, 品质大多低于低温条件下生长的植物,Grant 等研究认为高温条件下生长的植物,难以消化的纤维性物质较多,因此也造成了易于消化的碳水化合物存储较少;而低温条件下生长的植物易于积累可消化的碳水化合物和蛋白质,从而能够提高其营养品质。研究中的柠条叶片具有较高的粗蛋白含量,也具有较好的营养品质。中性洗涤纤维主要包括纤维素、半纤维素和木质素,是植物细胞壁的主要构成部分。通常,在瘤胃中 NDF 的降解速度并不完全一样,纯纤维素更易被瘤胃微生物所降解,而结构紧密的木质素在瘤胃中却难以被微生物所降解。

吴秀娟(2014)研究柠条锦鸡儿不同饲料营养成分在枝条中的加权平均含量,柠条锦鸡儿枝条中饲料养分指标含量最高的是粗纤维,达 42.5%;其次是无氮浸出物、粗蛋白,含量分别为 29.2%和 9.7%;含量最低的是磷和钙,分别为 0.06%和 0.45%。可见,柠条锦鸡儿作为饲料而言,具有粗纤维含量高、蛋白质含量较高的特点。粗纤维可以增加饲料体积,在消化道中起填充容积的作用,并能刺激胃肠蠕动,利于粪便排泄,促进代谢机能的加强。但是过多的粗纤维含量则会使家畜难以利用,还会影响其他营养物质的消化,从而降低整个饲料的营养价值,故在柠条锦鸡儿饲料加工过程中应适当减少枝条中粗纤维的含量。

二、柠条不同生育期营养成分含量

有研究显示,灌木种群生物量与林龄有着密切的关系。针对柠条叶生物量年内变化的研究发现,柠条叶生物量的年内变化呈现双峰型的特点。其中,第一个峰值出现在 5 月下旬至 6 月上旬, 第二个峰值出现在 7 月下旬至 9 月上旬,之后柠条进入了生长后期,叶生物量开始下降。马普(2018)认为柠条叶生物量的年内变化呈现单峰型,并在 7 月中旬达到最大。牛西午证实了有效积温和无霜期都将是决定当地柠条叶期长短的因素。因此,实验结果的差异很可能是由于研究区域的气候所造成的。

柠条生育期对营养物质含量的影响与豆科和禾本科牧草相似, 随着生育期的推进,植株逐渐老化,水分含量降低,CP 含量逐渐下降,而粗纤维含量逐渐增加,木质化程度逐渐提高,整体营养水平呈下降趋势。魏建秋测得小叶锦鸡儿孕蕾期和开花期 CP 含量分别为 17.29%和 19.61%。吴建国测得的柠条锦鸡儿营养期、开花期和结实期 CP 的含量分别为 31.59%、23.09%和 11.52%。王聪等的研究结果表明,从开花期到结实期,NDF 含量呈极显著下降($P<0.01$),ADF 含量呈显著下降($P<0.05$),而 CP、粗脂肪、OM 和无氮浸出物含量差异不显著($P>0.05$),结实期柠条锦鸡儿 CP 含量高达 16.16%,从营养学角度讲,认为结实期营养价值最高,为最适利用时期。而本试验结果提示,开花期为最适利用时期。

从柠条叶片营养价值的年内变化结果可知:5 月到 10 月间,柠条叶片的生长也经历了生长旺盛期向生长末期的过渡，柠条叶片的营养物质积累和转化也主要在这段时间进行。研究结果显示不同生长年限的柠条叶片营养成分存在差异,随着生长期的推移,CP 含量总体呈现下降趋势,而叶片中的纤维性物质的变化较为复杂。可能是因为随着收获期的推迟,植株成熟度就越提高,枝条越老化,木质化程度也越高,NDF 及 ADF 含量均呈现增加趋势。细胞壁越老化主要成分间则具有越强的结合键,这类结合键可以抵抗微生物的消化,从而降低在瘤胃中的消化率;此外,随着木质化程度的增强,蛋白质会形成结合蛋白,难以被动物吸收利用。结合不同生育期柠条锦鸡儿营养物质含量、饲草DM 产量以及不同生育期柠条锦鸡儿营养物质的瘤胃降解特性可知，开花期柠条锦鸡儿营养价值较高且营养物质的利用效率最高,为最佳利用时期。

三、不同林龄营养成分含量变化规律

柠条中无氮浸出物和磷的比例在不同林龄间差异不显著($P>0.05$),而粗蛋白、粗脂肪、粗灰分和钙的比例在不同林龄间存在显著差异($P<0.05$)。随着林龄的增加,粗蛋白在枝条中的比例呈先减少后略有增加的趋势,其比例开始增加的林龄为 10 年,表明含氮水平以幼林期较高;粗灰分在枝条中的比例变化与粗蛋白的相似,也是先减少后增加,粗灰分在林龄 4~12 年期间比例较低;粗脂肪在枝条中的比例呈波浪式递减的趋势，原因可能是脂类大部分存在于果实和种子中,营养器官中含量很少,故随着林龄的增加,含量会下降;粗纤维在枝条中的比例在 5 年前呈明显增加趋势,5 年后比例稍有波动,但较为稳定,粗纤维含量以幼林期最低;无氮浸出物和磷的比例相对较为稳定,无氮浸出物仅在前 2 年稍微较高,磷在林龄 3 年时稍有下降,后比较稳定,在 11 年时又开始下降;钙在林龄为 3 年时比例明显下降,10 年时开始明显增加,后呈波浪式递增趋势,因为钙主要存在于老的组织和器官中,故其在 10 年后会有所增加。

研究结果显示不同生长年限的柠条叶片营养成分存在差异，随着生长期的推移,CP 含量总体呈现下降趋势,而叶片中的纤维性物质的变化较为复杂。

可能是因为随着收获期的推迟,植株成熟度就越提高,枝条越老化,木质化程度也越高,NDF 及 ADF 含量均呈现增加趋势。细胞壁越老化主要成分间则具有越强的结合键,这类结合键可以抵抗微生物的消化,从而降低在瘤胃中的消化率;此外,随着木质化程度的增强,蛋白质会形成结合蛋白,难以被动物吸收利用。

研究发现,饲料品质的优劣与粗蛋白和纤维性物质含量有关,劣质饲料中的纤维性物质占干物质的 70%~80%,而粗蛋白质仅占干物质的 3%~6%,优质饲料恰与之相反。但饲料中 NDF 的含量过低又会导致胃异常,比如发生真胃移位以及酸中毒。因此柠条叶片的营养价值还是较高的。从柠条叶片营养价值的年内变化结果角度可以看出,5—10 月间,柠条叶片的生长也经历了生长旺盛期到生长末期的过渡,柠条叶片的营养物质积累和转化也主要在这段时间进行。

四、不同品种柠条的营养特性

柠条饲料营养特性见表 7-1,蛋白质含量高、粗纤维含量高、氨基酸含量丰富。还含有黄酮类、生物碱、香豆素类等功能性物质,其对动物的生长发挥着重要的作用。目前,关于柠条的微量元素、氨基酸含量测定相对较少,因为柠条

表 7-1 不同柠条营养成分含量

单位:%

柠条种类	粗蛋白	粗脂肪	粗纤维	粗灰分
小叶锦鸡儿	23.09	4.07	23.20	4.93
狭叶锦鸡儿	17.29	4.52	28.11	3.79
矮锦鸡儿	14.90	4.56	35.53	6.35
毛刺锦鸡儿	3.86	7.46	24.73	16.02
鬼剑锦鸡儿	18.96	6.06	31.86	4.76
柠条锦鸡儿	17.42	5.14	32.41	4.85
中间锦鸡儿	16.80	1.90	53.10	——

的营养特性受诸多因素的影响,比如不同组织和器官、生长年限、品种、生育时期、加工方式等,因此合理的加工与调制技术是改善柠条饲用价值的关键。柠条含有鞣酸和一些挥发性化学物质,因此其口感差,同时其茎秆木质化程度高,粗纤维和木质素含量高等诸多因素,在很大程度上限制其在动物生产中发展。

五、不同器官营养价值

柠条各组织、器官的营养价值高低依次是叶片>花>枝条等。柠条叶片中的营养成分含量高于枝条,也高于根系(粗纤维和铁除外);叶片中粗蛋白质达到 27.5%,粗纤维的含量降低到 12.4%,钙和磷也分别达到 1.63%和 0.88%,这些成分远远高于其他树叶和大多数牧草中的营养成分含量。

六、讨论

柠条在动物生产中应用已经相对较多,但主要集中在反刍动物中,柠条的营养物质含量丰富,但也受到许多方面的影响,从而限制其应用。柠条含有抗营养因子,如鞣酸、单宁等,会影响其适口性,进而影响动物的食欲,降低其添加量。柠条木质化程度高,粗纤维和木质素含量高,动物难以消化,也很大程度上限制了柠条在单胃动物和家禽中的应用。柠条带有刺条,也会在一定程度上降低其饲用价值。柠条营养价值受到很多因素的影响,且变异系数相对较大,会导致柠条在动物生产中不能充分利用其营养价值等。

柠条营养价值存在一定的差异,受品种土壤类型、施肥、生育期、年龄和部位等诸多因素的影响,因此在应用过程中需要对其营养价值进行评定,才能更加精确地应用在饲料中;柠条饲喂时的加工方式有很多,物理加工(切碎、粉碎和揉碎)、化学加工(酸化、碱化、氨化等)和微生物发酵处理等,不同的加工方式影响饲喂结果,目前,也没有探讨一条合适的加工工艺,因此应根据不同的饲喂目的制定适宜的加工工艺;柠条中含有多种抗营养因子,在饲料中应用时应根据动物品种、年龄、生理状况等进行添加;柠条含有鞣酸等物质,纤维含量高,影响其适口性。

第二节 柠条营养动态变化的研究

一、营养价值变化

(一)柠条全株年份营养成分含量(表 7-2)的变化

采样为平茬间隔期 1~5 年的全株枝条,以 13 年未平茬柠条为对照。与对照进行比较,平茬间隔期 1~5 年柠条全株枝条粗蛋白(CP)含量的大小排序为 1 年>2 年>3 年>对照>4 年>5 年;粗纤维(CF)含量大小排序为 5 年>对照>4 年>3 年>2 年>1 年。说明平茬间隔期越短,柠条枝条就越鲜嫩,营养价值越高,相反周期越长,粗纤维含量就越高,营养价值越低。因此,根据营养价值选择平茬间隔时间应以 4 年以下较为适宜。

表 7-2 不同年份柠条营养成分含量的对比

单位:%

平茬间隔期	水分	粗蛋白	粗脂肪	无氮浸出物	粗纤维	粗灰分	钙	磷
CK	6.57	8.87	2.95	34.28	43.64	3.69	1.62	0.82
5 年	6.41	8.26	3.82	33.64	45.35	3.52	1.52	0.75
4 年	6.33	8.57	3.73	34.87	43.52	2.98	1.48	0.78
3 年	6.54	9.97	3.71	34.36	42.35	3.07	1.51	0.77
2 年	6.49	10.25	3.40	34.39	41.50	3.97	1.75	0.85
1 年	6.50	10.60	3.99	36.67	38.55	3.47	1.52	0.74

(二)不同月份柠条枝条营养成分含量的变化

不同月份柠条枝条营养成分含量的测定结果见表 7-3。从表中可以看出,成年柠条枝条粗蛋白含量年季变化呈现出单峰曲线,$y=-0.125\ 7x^2+1.534\ 9x+6.261\ 5$($R^2=0.483\ 1$)。从 2 月开始,柠条粗蛋白含量逐渐上升,在 6 月份达到最高值,随后逐渐下降,到 10 月达到最低。根据粗蛋白含量确定柠条平茬月份,

表7-3　不同平茬月份柠条营养成分对比

单位:%

平茬月份	水分	粗蛋白	粗脂肪	无氮浸出物	粗纤维	粗灰分	木质素
2 月	8.01	9.01	3.65	32.42	44.30	2.62	8.00
4 月	7.11	9.56	3.91	33.96	42.76	2.70	7.11
5 月	7.32	10.26	3.18	36.03	39.57	3.64	7.32
6 月	7.61	12.65	3.76	36.15	35.58	4.25	7.61
7 月	6.99	11.28	5.5	35.39	36.65	4.19	6.99
8 月	6.56	10.33	6.22	34.57	37.76	4.56	6.56
9 月	6.57	9.68	3.45	37.35	39.45	3.5	6.57
10 月	7.34	7.11	4.85	36.17	41.32	3.21	7.34
11 月	6.01	9.30	3.88	35.05	42.23	3.53	6.01

备注:平茬样品为成年柠条全株营养成分。

以 6 月份为最佳。柠条粗纤维在生长季节呈现"V"字型,$y=0.317x^2-4.4101x+52.869(R^2=0.7844)$,从 2 月份开始,柠条粗纤维含量逐渐下降,在 6 月份达到最低值,随后逐渐上升,至 10 月又恢复到了 4 月份的水平。以粗蛋白、粗纤维、粗纤维中木质素含量确定柠条平茬月份以 6 月份为最佳。

(三)柠条叶营养成分含量的变化

柠条叶营养成分的含量(表 7-4)在花期、果期和落叶前期(5 月、6 月和 9 月)差异不显著。5 月叶粗蛋白含量为最高, 可达 22.82%,9 月相对较小为 19.03%;粗脂肪 9 月含量最大,分别为 3.70%,无氮浸出物在 46.48% 左右,是玉

表7-4　不同月份柠条叶营养成分含量的对比

单位:%

采集时间	水分	粗蛋白	粗脂肪	无氮浸出物	粗纤维	木质素	粗灰分	钙	磷
5 月	9.10	22.82	2.88	43.13	14.16	5.24	7.91	0.72	0.60
6 月	9.51	21.23	1.73	33.53	19.55	9.10	8.45	1.67	1.39
9 月	9.08	19.03	3.70	46.48	14.34	8.57	7.37	1.64	1.36

米(70.7%)的 66.23%,粗纤维、粗纤维中木质素和粗灰分 6 月最大,分别为 19.55%、9.10%和 8.45%,钙磷比比较平衡。总体上,柠条叶营养质量要比柠条枝条的好,而且季节性变化幅度不大,是很理想的家畜饲料。为了获得枝叶较多的柠条饲料加工原料,平茬时间可确定在生长季进行。

(四)不同立地类型柠条营养成分变化

1. 沙地柠条生长季营养成分

沙地柠条(表 7-5)枝条粗蛋白含量年季变化呈现出单峰曲线,从 3 月开始,柠条粗蛋白含量逐渐上升,在 7 月份达到最高值为 13.91%,随后逐渐下降,到 10 月达到最低 9.07%,平均为 10.72%。$y=-0.237\ 1x^2+2.34x+6.239\ 6$($R^2=0.475\ 9$)。粗脂肪与粗蛋白曲线相反,逐渐下降到 7 月最低,然后逐渐呈上升趋势。NDF 含量以 7 月最低,为 48.02%,8、9 两月含量也相对较低。

表 7-5　沙地柠条生长季逐月常规营养成分

单位:%

指标	粗脂肪	粗灰分	钙	磷	CF	CP	NDF	ADF	ADL
3 月	1.94	4.3	1.19	0.045	47.36	9.14	66.82	52.77	20.00
4 月	1.61	3.49	1.24	0.046	38.50	9.33	69.02	59.21	30.28
5 月	1.38	4.53	0.76	0.075	42.24	11.26	69.60	53.28	20.67
6 月	1.11	4.30	0.87	0.088	46.37	10.29	70.09	49.30	19.01
7 月	0.94	7.98	1.58	0.120	28.06	13.91	48.02	43.09	18.91
8 月	1.39	5.56	1.00	0.072	46.10	12.66	59.66	48.37	20.54
9 月	2.20	5.92	1.45	0.062	43.10	11.12	61.31	49.17	12.72
10 月	1.88	4.2	0.99	0.069	52.89	9.07	71.54	58.55	14.32
均值	1.56	5.04	1.14	0.070	43.08	10.72	65.51	51.72	19.56

柠条粗纤维、酸性洗涤纤维含量,从 3 月份开始呈现下降趋势,到 7 月份达到最低值,随后逐渐上升,至 10 月又恢复到了 4 月份的水平。根据 CP、NDF(48.02)、ADF(43.09)含量柠条 7 月份营养价值最好。

2. 梁地柠条生长季营养成分

梁地柠条(表7-6)枝条 CP 含量年季变化呈现出单峰曲线,从 3 月开始 CP 为 8.44%,柠条粗蛋白含量逐渐上升,在 7 月份达到最高值,为 14.78%,随后逐渐下降,到 10 月达到最低 9.43%,逐月平均含量为 11.55%。$y=-0.361\ 1x^2+5.109\ 2x-4.511\ 2(R^2=0.660\ 8)$。粗脂肪与粗蛋白曲线相反,逐渐下降到 6 月,最低为 1.03%, 然后逐渐上升趋势。纤维类 NDF(53.79%)、ADF(43.56%)、ADL(16.03%)含量以 7 月最低,根据 CP、NDF、ADF 含量柠条 7 月份营养价值最好。

表 7-6　梁地柠条生长季逐月常规营养成分

单位:%

指标	粗脂肪	粗灰分	钙	磷	CF	CP	NDF	ADF	ADL
3 月	2.00	3.34	1.08	0.027	41.61	8.44	69.02	57.00	23.88
4 月	2.24	4.25	1.19	0.088	39.28	8.53	65.13	51.35	31.77
5 月	1.87	5.99	1.05	0.081	40.40	13.44	62.57	49.23	19.21
6 月	1.03	5.63	0.86	0.081	40.52	11.25	71.62	48.48	19.65
7 月	1.16	6.24	1.24	0.082	31.96	14.78	53.79	43.56	16.03
8 月	2.64	5.93	1.28	0.093	48.71	12.58	58.89	50.24	22.27
9 月	1.73	7.13	1.62	0.075	46.11	13.93	64.61	51.74	17.22
10 月	2.07	5.25	1.07	0.045	48.61	9.43	72.25	56.99	18.57
均值	1.84	5.47	1.17	0.070	42.15	11.55	64.74	51.07	21.08

二、柠条草粉常规贮存过程中营养物质衰减规律研究

采样时间于 2017 年 5 月中旬,柠条样为小叶锦鸡儿(林龄 25 年),对所采的柠条样粉碎成 2~3 mm 草粉,搁置在干燥的环境中,柠条草粉搁置 1 天、15 天、30 天、60 天、90 天、120 天六个时间段,进行常规营养物质和氨基酸成分监测,分析不同时间段柠条草粉饲料在常规贮存过程中营养成分变化。

(一)梁地柠条营养物质变化

表 7-7,梁地柠条粗脂肪 120 天内逐渐损失,从 1.87%下降到 1.51%,粗脂

表7-7　不同时间梁地柠条草粉营养物质含量变化

单位:%

指标	1天	15天	30天	60天	90天	120天	均值	标准差	RSD
EE	1.87	1.84	1.72	1.63	1.56	1.51	1.69	0.134 6	7.97
Ash	5.99	5.85	2.97	2.98	5.84	2.94	4.43	1.465 8	33.10
Ca	1.05	0.97	0.97	1.06	1.03	1.03	1.02	0.035 8	3.51
P	0.081	0.079	0.078	0.083	0.087	0.079	0.081	0.003 1	3.79
CF	40.40	40.29	42.32	42.25	41.26	42.50	41.50	0.909 8	2.19
CP	13.44	13.35	13.58	13.59	13.59	13.86	13.57	0.158 3	1.17
NDF	62.57	63.23	63.34	64.66	63.69	63.69	63.53	0.629 3	0.99
ADF	49.23	47.89	46.94	48.44	47.66	49.63	48.30	0.920 2	1.91
ADL	19.21	18.78	18.54	19.15	17.58	17.12	18.40	0.784 6	4.26

肪损失率为19.25%;钙从1.05%下降到1.02%,钙损失为2.85%;磷基本上变化不大。粗纤维含量上升了2.10%,粗蛋白含量上升了0.42%,中性洗涤纤维含量上升了1.12%,酸性洗涤纤维上升了0.40%,木质素下降了2.09%,损失率为10.88%。从RSD来看,变异最大的是粗灰分,为33.10%,第二为粗脂肪,为7.97%,第三为木质素,为4.26%,最小的是中性洗涤纤维,为0.99%。

通过DPS数据处理(唐启义,2002),对梁地柠条营养物质中各指标进行直线回归,只有粗脂肪、粗蛋白可以得到较好的数学模型(表7-8)。

表7-8　不同时间梁地柠条草粉营养物质数学模型

营养指标	B	A	R^2	模型
粗脂肪	1.852 8	−0.003 1	0.949 3	$y=-0.003\ 1x+1.852\ 8$
粗蛋白	13.39 3	0.003 3	0.778 9	$y=0.003\ 3x+13.393$

(二)沙地柠条营养物质变化

从表7-9可以看出,沙地柠条粗脂肪120天内逐渐损失,从1.38%下降到0.83%,粗脂肪损失为39.86%;钙从0.76%下降到0.72%,钙损失为5.26%。粗纤

表7-9 不同时间梁地柠条草粉营养物质含量变化

单位:%

指标	1天	15天	30天	60天	90天	120天	均值	标准差	RSD
EE	1.38	1.35	1.15	1.14	1.04	0.83	1.15	0.186 0	16.17
Ash	4.53	4.35	2.32	2.28	2.29	2.29	3.01	1.012 6	33.64
Ca	0.76	0.71	0.72	0.78	0.72	0.72	0.74	0.025 7	3.47
P	0.075	0.079	0.085	0.081	0.077	0.083	0.08	0.003 4	4.27
CF	42.24	42.80	40.78	43.65	43.34	43.08	42.65	0.944 1	2.21
CP	11.26	11.36	11.49	11.61	11.91	12.03	11.61	0.278 6	2.40
NDF	69.60	68.38	68.36	67.50	69.66	69.91	68.90	0.876 5	1.27
ADF	53.28	57.75	54.37	52.24	57.96	56.50	55.35	2.191 3	3.96
ADL	20.67	21.33	20.7	23.50	21.56	22.37	21.69	0.992 1	4.57

维含量上升了0.84%,粗蛋白含量上升了0.77%,中性洗涤纤维含量上升了0.31%,酸性洗涤纤维上升了3.22%,木质素上升了1.7%。从RSD来看,变异最大的是粗灰分,为33.60%,次之为粗脂肪,为16.17%,第三为木质素,为4.57%,最小的是中性洗涤纤维,为1.27%。

通过DPS数据处理,对沙地地柠条营养物质中各指标进行直线回归,只有粗脂肪、粗蛋白可以得到较好的数学模型(表7-10)。

表7-10 不同时间沙地柠条草粉营养物质数学模型

营养指标	B	A	R^2	模型
粗脂肪	1.373 0	−0.004 3	0.928 1	$y=-0.004\ 3x+1.373\ 0$
粗蛋白	11.263 0	0.006 6	0.985 5	$y=0.006\ 6x+11.263\ 0$

(三)两种柠条样营养物质变化对比

从营养物质含量来看,沙地柠条草粉中:粗脂肪、粗灰分、钙、磷、粗蛋白均低于梁地;粗纤维、中性洗涤纤维、酸性洗涤纤维、木质素高于梁地。主要营养成分粗蛋白含量沙地(11.61%)低于梁地(13.57%)16.88%;粗纤维含量(42.65%)

沙地高于梁地（41.50%）2.77%；中性洗涤纤维含量沙地（68.90%）高于梁地（63.53%）8.45%；酸性洗涤纤维（55.35%）含量沙地高于梁地（48.30%）14.60%；木质素含量沙地（21.69%）高于梁地（18.40%）17.88%。两种柠条草粉总体营养物质随着时间延长都有所下降，但不显著；但梁地柠条的营养价值要高于沙地柠条的营养价值。柠条粉碎后，更容易接触空气，水分蒸发后，造成柠条草粉中干物质比例逐渐增大，相应粗纤维、粗蛋白、中性洗涤纤维、酸性洗涤纤维含量增大。

沙地柠条不论从灌丛高，还是冠幅都比梁地柠条要高、要大。灌丛高的柠条纤维类含量要比灌丛低的柠条含量要高，木质化程度也会随着增高，也造成沙地柠条样中粗纤维、中性洗涤纤维、酸性洗涤纤维、木质素高于梁地。

营养成分中粗脂肪、粗灰分、钙、磷在120天有所损失（表7-11），其他营养成分基本保持稳定状态（变异在5%以内）。柠条粉碎后因水分蒸发损失干物质比例增大，相应粗纤维、粗蛋白、中性洗涤纤维、酸性洗涤纤维含量也增大。梁地柠条生长势低于沙地柠条，纤维类物质含量低，造成中性洗涤纤维、酸性洗涤纤维、木质素含量低，蛋白质含量高。因此，梁地柠条营养价值高于沙地柠条。

表7-11　两种立地类型柠条生长调查

| 月份 | 灌丛高/cm | 冠幅/cm | | | 枝数/枝 | 生物量/kg | 单枝重/(g·枝⁻¹) | 地径/mm |
		长	宽	平均				
沙地	133.42	174.08	148.28	161.18	39.15	6.40	163.47	9.71
梁地	89.47	132.00	100.19	116.10	38.61	3.35	86.77	9.53
平均	111.45	153.04	124.24	138.64	38.88	4.88	125.12	9.62

（四）不同营养物质之间相关性分析

1. 粗蛋白与中性洗涤纤维相关性

柠条中粗蛋白与中性洗涤纤维之间存在负相关，随着蛋白质含量的增加，中性洗涤纤维含量下降。两者之间数学关系：$y=-2.723x+101.27$（$R^2=0.6983$）。粗蛋白每增加1%，中性洗涤纤维就会减少2.723%。

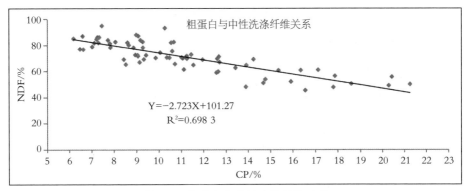

图 7-1　粗蛋白与中性洗涤纤维关系

2. 纤维类之间相关性

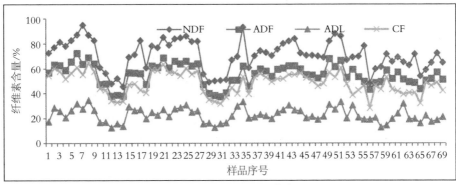

图 7-2　纤维类之间关系

柠条中 NDF 与 ADF、ADL、CF 之间存在正相关,几种纤维类物质波动曲线一致,以 NDF 与其他三类做回归:$y=1.525\ 95+0.992\ 2x$(ADF)$+0.299\ 7x$(ADL)$+0.163\ 7x$(CF)($R^2=0.929\ 3$,$P=0.000\ 01$)。灰色关联权重表明 NDF 与 ADF、ADL、CF 在柠条饲料纤维类中 0.268 8、0.225 4、0.245 5、0.260 3。

三、不同立地类型氨基酸变化

柠条饲料的高营养价值主要体现在蛋白质含量高,因此,对蛋白质主要组成成分氨基酸含量的变化,需要进一步检测分析有重要意义。

(一)梁地柠条氨基酸含量变化

通过表 7-12 中可以看出,梁地柠条中各种氨基酸含量排序:脯氨酸>天

表 7-12　不同时间梁地柠条草粉氨基酸含量变化

单位:%

名称	1 天	15 天	30 天	60 天	90 天	120 天	均值	标准差	RSD
天门冬氨酸	0.767	0.793	0.710	0.707	0.759	0.821	0.760	0.041 2	5.42
苏氨酸	0.432	0.454	0.432	0.431	0.441	0.489	0.447	0.020 6	4.62
丝氨酸	0.362	0.375	0.364	0.343	0.358	0.390	0.365	0.014 5	3.98
谷氨酸	0.601	0.627	0.600	0.582	0.607	0.642	0.610	0.019 5	3.20
甘氨酸	0.214	0.226	0.216	0.219	0.223	0.251	0.225	0.012 4	5.50
丙氨酸	0.231	0.243	0.236	0.239	0.245	0.276	0.245	0.014 6	5.96
胱氨酸	0.175	0.176	0.173	0.167	0.169	0.136	0.166	0.013 8	8.30
缬氨酸	0.548	0.549	0.576	0.515	0.511	0.467	0.528	0.034 9	6.62
蛋氨酸	0.466	0.319	0.461	0.230	0.198	0.172	0.308	0.119 1	38.73
异亮氨酸	0.274	0.172	0.282	0.174	0.169	0.190	0.210	0.048 5	23.07
亮氨酸	0.357	0.330	0.362	0.324	0.319	0.362	0.342	0.018 4	5.36
酪氨酸	0.259	0.262	0.254	0.265	0.252	0.324	0.269	0.024 8	9.22
苯丙氨酸	0.472	0.492	0.613	0.848	0.784	0.719	0.655	0.141 3	21.58
赖氨酸	0.427	0.444	0.414	0.65	0.574	0.637	0.524	0.099 2	18.92
组氨酸	0.203	0.212	0.198	0.322	0.204	0.322	0.244	0.055 7	22.86
精氨酸	0.272	0.28	0.281	0.289	0.29	0.324	0.289	0.016 6	5.75
脯氨酸	0.980	0.903	0.932	0.914	0.938	0.884	0.925	0.030 4	3.28
限制性氨基酸总和	1.800	1.709	1.786	1.922	1.707	1.944	1.811	0.093 1	5.14
总和	7.041	6.857	7.106	7.219	7.042	7.406	7.112	0.169 7	2.39
限制性氨基酸占比例	25.56	24.92	25.13	26.62	24.24	26.25	25.45	0.802 9	3.15

门冬氨酸>苯丙氨酸>谷氨酸>缬氨酸>赖氨酸>苏氨酸>丝氨酸>亮氨酸>蛋氨酸>精氨酸>酪氨酸>丙氨酸>组氨酸>甘氨酸>异亮氨酸>胱氨酸。蛋氨酸含量损失最大,其次为异亮氨酸,损失最低为谷氨酸。所有氨基酸的含量基本保

持不变,氨基酸总含量在 7.11%。

　　饲料必需氨基酸中,由于某种氨基酸缺乏,而导致动物其他氨基酸利用率降低,则这种缺乏性氨基酸被称为限制性氨基酸(郭荣富,2001)。试验研究表明,赖氨酸、蛋氨酸、组氨酸为奶牛的第一、第二、第三限制性氨基酸(Fraser,1991;Schwab,1992)。生长牛的限制性氨基酸为蛋氨酸、赖氨酸、精氨酸、亮氨酸、苏氨酸(Titgemeger,1990; Rulquin,1987)。生长绵羊的限制性氨基酸为蛋氨酸、赖氨酸、苏氨酸、组氨酸、精氨酸(Nimrich,1970)。柠条在宁夏主要是用于滩羊的饲用,所以,以生长绵羊的限制性氨基酸为目标。

　　梁地柠条中,第一限制性氨基酸蛋氨酸含量变化最大,一直处于波动的状态,从第一天的 0.466% 下降到 120 天的 0.172%,下降 0.294%,损失率为63.09%;第二限制性氨基酸赖氨酸、第四限制性氨基酸组氨酸含量都有增加,赖氨酸含量从 0.427% 上升到 0.637%,增加 0.210%,增加了 49.18%;组氨酸含量从 0.203% 增加到 0.322%,增加 0.119%,增加了 58.62%,两种氨基酸波动曲线变化趋势基本一致。第三、五限制性氨基酸含量基本没有变化。限制性氨基酸总量从 1.80% 增加到 1.94%,增加了 7.78%;限制性氨基酸占氨基酸总量在25% 左右。

　　对所有氨基酸进行相关性分析(表 7-13),只有这 12 对氨基酸之间存在显著相关,其他氨基酸之间不存在相关性。其中:丙氨酸×胱氨酸、胱氨酸×酪氨酸、胱氨酸×精氨酸之间存在负相关,其他 9 对存在正相关。从 RSD 来看,氨基酸总和变异为 2.39%,其中:变异最大的是蛋氨酸为 38.73%,第二异亮氨酸为 23.07%,第三为组氨酸为 22.86%,第四为苯丙氨酸为 21.58%,最小的是谷氨酸为 3.20%。

　　(二)沙地地柠条氨基酸含量变化

　　通过表 7-14 中可以看出,沙地柠条中各种氨基酸含量排序:脯氨酸>谷氨酸>缬氨酸>天门冬氨酸>苯丙氨酸>苏氨酸>赖氨酸>丝氨酸>亮氨酸>蛋氨酸>丙氨酸>酪氨酸>胱氨酸>甘氨酸>精氨酸>组氨酸>异亮氨酸。所有氨基酸的总量基本保持不变,氨基酸总含量在 4.529%。

表 7-13　梁地柠条部分氨基酸相关显著表

氨基酸名称	氨基酸名称	R 系数	P 值
天门冬氨酸	谷氨酸	0.920 1	0.009
苏氨酸	甘氨酸	0.983 5	0.000 4
苏氨酸	丙氨酸	0.957 1	0.003
丝氨酸	谷氨酸	0.965 9	0.002
甘氨酸	丙氨酸	0.992 0	0.000 1
甘氨酸	酪氨酸	0.935 9	0.006
甘氨酸	精氨酸	0.938 1	0.006
丙氨酸	胱氨酸	−0.948 6	0.004
丙氨酸	酪氨酸	0.927 6	0.008
丙氨酸	精氨酸	0.970 3	0.001
胱氨酸	酪氨酸	−0.958 8	0.003
胱氨酸	精氨酸	−0.978 7	0.000 6

表 7-14　不同时间沙地柠条草粉氨基酸含量变化

单位:%

名称	1 天	15 天	30 天	60 天	90 天	120 天	均值	标准差	RSD
天门冬氨酸	0.357	0.424	0.410	0.392	0.336	0.414	0.389	0.032 0	8.22
苏氨酸	0.252	0.283	0.276	0.273	0.252	0.290	0.271	0.014 5	5.34
丝氨酸	0.239	0.25	0.249	0.241	0.229	0.257	0.244	0.009 0	3.70
谷氨酸	0.522	0.551	0.544	0.532	0.503	0.459	0.519	0.030 8	5.93
甘氨酸	0.131	0.152	0.148	0.138	0.139	0.152	0.143	0.007 9	5.49
丙氨酸	0.144	0.164	0.164	0.149	0.150	0.164	0.156	0.008 4	5.37
胱氨酸	0.172	0.144	0.147	0.163	0.160	0.159	0.158	0.009 5	6.03
缬氨酸	0.441	0.427	0.411	0.440	0.459	0.455	0.439	0.016 3	3.71
蛋氨酸	0.248	0.205	0.283	0.221	0.303	0.230	0.248	0.034 5	13.90
异亮氨酸	0.101	0.122	0.117	0.115	0.103	0.119	0.113	0.008 0	7.06

续表

名称	1天	15天	30天	60天	90天	120天	均值	标准差	RSD
亮氨酸	0.202	0.232	0.222	0.226	0.205	0.234	0.220	0.012 4	5.65
酪氨酸	0.137	0.157	0.149	0.163	0.144	0.161	0.152	0.009 4	6.16
苯丙氨酸	0.417	0.408	0.371	0.398	0.409	0.403	0.401	0.014 6	3.65
赖氨酸	0.230	0.272	0.262	0.250	0.261	0.266	0.257	0.013 7	5.33
组氨酸	0.108	0.124	0.102	0.098	0.133	0.125	0.115	0.013 0	11.29
精氨酸	0.114	0.142	0.136	0.127	0.123	0.136	0.130	0.009 4	7.24
脯氨酸	0.511	0.484	0.449	0.510	0.509	0.504	0.495	0.022 3	4.52
限制性氨基酸总量	0.952	1.026	1.059	0.969	1.072	1.047	1.021	0.045 1	4.42
总和	4.324	4.544	4.439	4.437	4.418	4.529	4.449	0.073 3	1.65
限制性氨基酸占比例	22.02	22.58	23.86	21.84	24.26	23.12	22.95	0.895 1	3.90

沙地柠条中，第一限制性氨基酸蛋氨酸含量呈现波浪状变化，平均值为0.248%。第二限制性氨基酸赖氨酸含量有增加，赖氨酸含量从0.230%上升到0.266%，增加0.036%，增加了15.65%。第三、四、五限制性氨基酸基本呈现直线状态，都有增加。苏氨酸、组氨酸、精氨酸分别增加0.038%、0.017%、0.022%，增加了15.08%、15.74%、19.30%。限制性氨基酸总量从0.952%增加到1.047%，增加了9.98%；限制性氨基酸占氨基酸总量在22%左右。

对所有氨基酸进行相关性分析(表7-15)，只有这十对氨基酸之间存在显著正相关，其他氨基酸之间不存在相关性。

从RSD来看，氨基酸总和变异为1.65%，其中：变异最大的是蛋氨酸为13.90%，第二为组氨酸，为11.29%，第三为天门冬氨酸，为8.22%，第四为异亮氨酸，为7.06%，最小的是苯丙氨酸，为3.65%。

(三)两地柠条样氨基酸含量变化对比

从各氨基酸含量来看，梁地、沙地两种立地类型柠条氨基酸总体含量保持在稳定的状态。梁地柠条草粉中氨基酸含量均高于沙地柠条氨基酸含量。梁地

表 7-15　部分氨基酸相关显著表

氨基酸名称	氨基酸名称	R 系数	p 值
天门冬氨酸	苏氨酸	0.944 4	0.005
天门冬氨酸	异亮氨酸	0.961 1	0.002
天门冬氨酸	亮氨酸	0.922 3	0.009
苏氨酸	异亮氨酸	0.960 1	0.002
苏氨酸	亮氨酸	0.980 5	0.006
甘氨酸	丙氨酸	0.979 8	0.0006
甘氨酸	精氨酸	0.964 6	0.002
丙氨酸	精氨酸	0.946 4	0.005
异亮氨酸	亮氨酸	0.972 1	0.001
异亮氨酸	精氨酸	0.943 6	0.005

氨基酸总量为 7.112% 比沙地（4.449%）高 2.663%；梁地限制性氨基酸总量为 1.811%，比沙地（1.021%）高 0.79%。氨基酸是蛋白质的基本组成单位，因此氨基酸的含量也决定了蛋白质的含量，梁地柠条氨基酸含量高，所以粗蛋白含量也就高。

从图 7-3 中可以看出，沙地柠条赖氨酸、组氨酸、精氨酸含量只有梁地柠条赖氨酸、组氨酸、精氨酸含量的一半。沙地苏氨酸、蛋氨酸分别占梁地苏氨酸、蛋

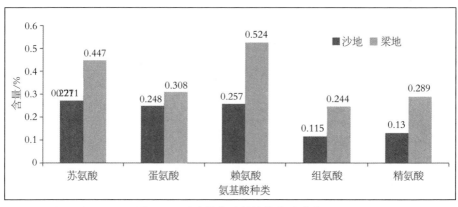

图 7-3　两地柠条限制性氨基酸对比

氨酸含量的 60.63%、80.52%。从相关显著性来看：沙地柠条和梁地柠条相同的有三对甘氨酸×丙氨酸、甘氨酸×精氨酸、丙氨酸×精氨酸，都存在正相关关系。

(四)小结

柠条作为优良的饲料灌木，合理开发利用可以拓宽干旱沙区饲料资源，缓解草原压力，改善生态环境。饲料从生产到贮存过程中会因各种因素的影响使其化学成分及营养成分发生变化。饲料保存是确保柠条饲料化生产的一项关键技术内容，只有确保解决了饲料保存的问题，才能够实现批量化生产，降低柠条饲料化产生营养损失的现象。目前柠条饲料主要以草粉为主，通常是粉碎后放置在干燥通风的环境中。基于柠条常规营养成分、氨基酸含量对柠条草粉营养成分分析对比，在 120 天(4 月)内柠条草粉营养成分主要是粗脂肪、钙、磷的损失，不影响总体的营养成分含量。同时，对柠条进行机械化粉碎生产，可以更好地进行长途运输，扩大柠条饲料化生产的市场，对畜牧业的发展有重要促进作用。

四、不同立地类型柠条饲用价值评价

(一)沙地柠条饲用价值

粗饲料干物质随意采食量(DMI)是反刍家畜健康和生产所需的营养物质的量化基础，是决定反刍家畜生产力水平高低的重要因素，因而与饲料营养值。通常粗饲料的 DMI 越高，其品质越好。以 DMI 对所测定的粗饲料品质优劣比较排序为 7 月>8 月>9 月>3 月>4 月>5 月>6 月>10 月。总体平均为1.89。

相对饲用价值是以盛花期苜蓿为 100，从表 7-16 中可以看出，7 月相对饲用价值(RFV)高于苜蓿草。柠条饲料品质优劣比较排序为 7 月>8 月>9 月>6 月>3 月>5 月>4 月>10 月，总体平均为71.83。

粗饲料分级指数对所测定的柠条饲料品质评定 GI 值越大，粗饲料品质越好，总体平均为 6.49。柠条饲料优劣比较排序为 7 月>8 月>9 月>5 月>3 月>6 月>4 月>10 月。8 月是 7 月的 61.01%，10 月是 7 月的 29.49%。

(二)梁地柠条饲用价值

通常粗饲料的 DMI 越高，其品质越好。以 DMI 对所测定的粗饲料品质优

表7-16 沙地柠条可食部分营养评价

月份	RFV	DMI/%	DDM/%	GI	蛋白产量/ (g·丛⁻¹)
3 月	66.53	1.80	47.79	4.57	388.45
4 月	57.65	1.74	42.78	4.45	400.26
5 月	63.35	1.72	47.39	5.27	720.64
6 月	67.02	1.71	50.50	4.50	732.65
7 月	107.19	2.50	55.33	13.80	1155.92
8 月	79.86	2.01	51.22	8.42	733.01
9 月	76.77	1.96	50.60	6.84	470.38
10 月	56.29	1.68	43.29	4.07	326.52
平均	71.83	1.89	48.61	6.49	615.98

劣比较排序为 7 月>8 月>5 月>9 月>4 月>3 月>6 月>10 月,总体平均为 1.87。

相对饲用价值是以盛花期苜蓿为 100,柠条粗饲料品质优劣比较排序为 7 月>8 月>9 月>5 月>4 月>6 月>3 月>10 月,总体平均为 71.54。

表7-17 梁地可食部分营养评价

月份	RFV	DMI/%	DDM/%	GI	蛋白产量/ (g·丛⁻¹)
3 月	59.97	1.74	44.50	3.93	95.37
4 月	69.84	1.84	48.90	4.57	232.87
5 月	75.15	1.92	50.55	7.50	397.82
6 月	66.42	1.68	51.13	4.73	439.88
7 月	95.06	2.23	54.97	11.21	614.85
8 月	78.61	2.04	49.76	8.74	368.59
9 月	69.96	1.86	48.59	7.81	312.03
10 月	57.30	1.66	44.50	4.32	113.16
平均	71.54	1.87	49.11	6.60	321.82

粗饲料分级指数对所测定的粗饲料品质评定 GI 值越大,粗饲料品质越好,总体平均为 6.60。优劣比较排序为 7 月>8 月>9 月>5 月>4 月>6 月>3 月>10 月。8 月是 7 月的 77.97%,10 月是 7 月的 38.54%。

从沙地、梁地来看,立地类型对饲用价值影响不大,立地类型主要影响生物量,梁地柠条粗蛋白含量为 321.82 g/丛是沙地柠条粗蛋白含量(615.98 g/丛)的为 52.24%。两地的 RFV、DMI、DDM、GI 之间差异很小,月份对饲用价值的影响较大。

（三）相对饲用价值与饲料分级

从柠条营养成分来看(图 7-4),营养价值高的相对饲用价值就高,饲料分级也就越好。通过对饲料相对饲用价值和饲料分级之间进行拟合,两者之间存在直线相关关系。$y=6.643x+38.109$($R^2=0.739\ 7$)。

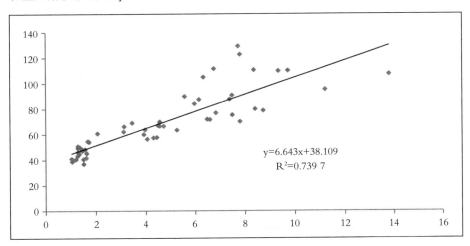

$$y=6.643x+38.109$$
$$R^2=0.739\ 7$$

图 7-4　相对饲用价值与饲料分级

第三节　柠条可食动态变化的研究

作为饲料灌木,羊只对柠条的利用主要集中在可采食的部分,可采食部分作为牲畜的补充饲料在草牧场建设中有重要作用,因此,对柠条地上可采食部分生物量及其占总量的百分比进行研究分析,对草原管理起到指导作用。

一、幼林柠条可食与不可食生物量动态

表7-18 不同树龄柠条可食与不可食部分统计

单位:kg/丛

树龄	生物量/kg	不可食/kg	可食/kg	不可食比例/%	可食比例/%	不可食/可食
1 年	0.035	0.011	0.024	31.43	68.57	0.46
2 年	0.106	0.043	0.063	40.57	59.43	0.68
3 年	1.667	0.714	0.953	42.83	57.17	0.75
4 年	3.187	1.875	1.312	58.84	41.16	1.43
5 年	4.558	3.045	1.513	66.68	33.32	2.00
6 年	6.506	4.879	1.627	74.99	25.01	3.00
平均	2.677	1.761	0.915	52.56	47.44	1.39

1~6 年生柠条的可采食部分呈迅速增长的趋势,由最初的 0.024 kg/丛,增加到 1.627 kg/丛,$y=0.363\,5x-0.357\,1$($R^2=0.909\,4$)。而随着年龄的增长,其占地上部分鲜重的百分比却呈明显下降的趋势,$y=-8.918\,3x+78.657$($R^2=0.975\,5$)。不可食部分回归方程 $y=0.985\,9x-1.689\,5$($R^2=0.919\,8$),平均为 1.761 kg/丛。可食与不可食之比最大为 3.00:1,平均为 1.39:1,总生物量平均为 2.677 kg/丛。生长曲线回归 $y=7.640\,9/(1+e^{4.596\,7-1.034\,5t})$($R^2=0.9851$)。

二、沙地柠条可食与不可食生物量动态

表 7-19可知,沙地柠条可食部分生物量从 3 月份(0.55 kg/丛)上升,到 7 月最大,为 1.52 kg/丛,随后逐渐下降到 10 月,为 0.72 kg/丛,平均为 1.11 kg/丛。可食部分动态趋势是抛物线,回归方程为 $y=-0.077\,6x^2+1.009\,8x-1.771$($R^2=0.850\,1$)。不可食部分规律如同可食部分,从 3 月(2.58 kg/丛)开始上升,到 7 月最大,为 4.40 kg/丛,平均为 3.18 kg/丛,回归方程为

表 7-19　柳杨堡柠条平茬调查

月份	生物量/kg	不可食/kg	可食/kg	不可食比例/%	可食比例/%	不可食/可食
3 月	3.13	2.58	0.55	82.43	17.57	4.69∶1
4 月	3.60	2.75	0.85	76.34	23.66	3.23∶1
5 月	4.67	3.04	1.63	65.05	34.95	1.86∶1
6 月	5.06	3.56	1.50	70.30	29.70	2.37∶1
7 月	5.92	4.40	1.52	74.26	25.74	2.89∶1
8 月	4.67	3.45	1.22	73.95	26.05	2.84∶1
9 月	3.55	2.67	0.88	75.21	24.79	3.03∶1
10 月	3.73	3.01	0.72	80.69	19.31	4.18∶1
平均	4.29	3.18	1.11	74.78	25.22	2.97∶1

$y=-0.087\ 6x^2+1.194\ 8x-0.421\ 5$（$R^2=0.5549$）。可食比例呈直线上升，由 3 月的 17.57% 上升到 5 月的 34.95%，平均为 25.22%。回归方程为 $y=-0.914\ 2x^2+11.732x-7.612\ 3$（$R^2=0.6677$）。可食与不可食之比最大为 4.69∶1，最低为 1.86∶1，平均为 2.97∶1。

三、梁地地柠条可食与不可食生物量动态

由表 7-20 可知，梁地柠条可食部分生物量从 3 月份（0.30 kg/丛）上升，到 7 月最大为 1.19 kg/丛，随后逐渐下降到 10 月为 0.28 kg/丛，平均为 0.62 kg/丛。可食部分动态趋势是抛物线，回归方程为 $y=-0.055\ 3x^2+0.734\ 2x-1.524\ 6$（$R^2=0.799\ 1$）。不可食部分规律同可食部分一致，从 3 月（1.43 kg/丛）开始上升，到 7 月最大，为 2.05 kg/丛，平均为 1.57 kg/丛，回归方程为 $y=-0.047x^2+0.612\ 6x-0.182\ 1$（$R^2=0.560\ 8$）。可食比例呈直线上升，由 3 月的 17.57% 上升到 7 月的 36.87%，平均为 26.98%。回归方程为 $y=-1.311\ 4x^2+17.488x-24.397$（$R^2=0.886\ 5$）。可食与不可食之比最大为 4.82∶1，最低为 1.17∶1，平均为 2.71∶1。

表 7-20　得胜墩柠条平茬调查

月份	生物量/kg	不可食/kg	可食/kg	不可食比例/%	可食比例/%	不可食/可食
3 月	1.73	1.43	0.30	82.81	17.19	4.82∶1
4 月	1.80	1.39	0.41	77.44	22.56	3.43∶1
5 月	2.04	1.39	0.65	68.01	31.99	2.13∶1
6 月	2.62	1.80	0.82	68.83	31.17	2.21∶1
7 月	3.24	2.05	1.19	63.13	36.87	1.71∶1
8 月	2.69	1.92	0.77	71.52	28.48	2.51∶1
9 月	1.90	1.35	0.55	70.89	29.11	2.44∶1
10 月	1.50	1.22	0.28	81.53	18.47	4.41∶1
平均	2.19	1.57	0.62	73.02	26.98	2.71∶1

四、沙地柠条可食与不可食营养动态

(一)营养动态变化

通常粗饲料中 CP 含量越高,其品质越好(表 7-21)。沙地柠条可食部分粗蛋白含量呈直线下降,从 3 月份的 20.43%下降到 10 月份的 10.27%,粗蛋白含量减少了一半。回归方程为 $y=-1.6544x+27.112(R^2=0.8977)$。中性洗涤纤维(NDF)与瘤胃容积充满度及日粮采食量有关, 其含量与能量浓度成负相关, 粗饲料中高的 NDF 含量可限制反刍家畜的采食量及对粗饲料的能量利用率。通常粗饲料中 NDF 含量越低, 其品质越好。中性洗涤纤维的含量下抛物线, $y=0.9533x^2-10.615x+63.146(R^2=0.8169)$。以 CP 和 NDF 来看 5 月份柠条可食部分营养品质最好,但生物量却没有到达高峰期。粗纤维、酸性洗涤纤维、木质素含量趋势与中性洗涤纤维一致, 呈下抛物线。钙的含量呈上抛物线, $y=-0.0602x^2+0.8121x-0.8951(R^2=0.987)$。可食部分能量呈上升的趋势, $y=325.07x+16\,208(R^2=0.769)$。

沙地柠条不可食部分粗蛋白含量基本保持水平状态(表 7-22), 平均为 7.31%。中性洗涤纤维略、粗纤维、酸性洗涤纤维、木质素、钙含量趋势与粗蛋白

表 7-21　沙地柠条可食部分营养

月份	脂肪/%	蛋白/%	能量 J/g	灰分/%	钙/%	磷/%	粗纤维/%	中洗/%	酸洗/%	木质素/%
3 月	2.01	20.43	17 579	5.93	1.00	0.19	41.17	55.60	47.04	15.48
4 月	1.93	20.29	17 398	6.64	1.43	0.20	34.78	48.99	40.02	16.14
5 月	1.79	21.25	17 976	8.33	1.61	0.19	33.29	49.97	38.37	12.54
6 月	2.10	18.60	17 957	8.67	1.77	0.16	31.57	50.34	37.44	15.54
7 月	2.06	14.69	17 677	7.28	1.86	0.12	37.03	50.97	40.38	16.29
8 月	1.58	12.72	19 150	5.89	1.79	0.05	44.44	66.89	50.47	21.55
9 月	2.45	12.62	18 862	5.80	1.54	0.07	39.79	69.55	50.61	29.62
10 月	2.23	10.27	19 971	3.95	1.18	0.03	53.37	93.10	61.96	33.18
平均	2.02	16.36	18 321	6.56	1.52	0.13	39.43	60.68	45.79	20.04

基本一致保持水平的状态。中性洗涤纤维平均 81.84%。柠条不可食部分粗蛋白是可食部分的 44.68%,中性洗涤纤维是可食部分的 134.87%,钙是可食部分的 66.45%,能量是可食部分的 104.57%,木质素含量是可食部分的 128.84%。

表 7-22　沙地柠条不可食部分营养

月份	脂肪/%	蛋白/%	能量 J/g	灰分/%	钙/%	磷/%	粗纤维/%	中洗/%	酸洗/%	木质素/%
3 月	2.64	7.85	19 191	3.15	0.86	0.05	58.93	78.17	62.19	24.65
4 月	3.29	6.63	18 928	2.92	1.07	0.02	58.48	76.70	60.90	22.43
5 月	1.52	6.19	19 473	2.32	0.81	0.03	63.46	85.00	68.59	26.92
6 月	1.52	7.03	17 906	4.35	1.12	0.04	56.61	78.73	60.42	21.27
7 月	2.03	9.18	19 537	3.99	1.37	0.02	56.65	83.82	65.90	27.45
8 月	1.97	7.23	19 941	2.82	0.89	0.03	54.17	84.61	63.83	28.40
9 月	1.96	7.27	19 379	2.65	0.93	0.02	60.10	86.05	65.86	30.61
10 月	1.75	7.13	18 923	3.59	1.01	0.04	55.39	81.67	62.13	24.84
平均	2.09	7.31	19 159	3.22	1.01	0.03	57.97	81.84	63.73	25.82

(二)饲用价值评定

表 7-23,粗饲料干物质随意采食量(DMI)是反刍家畜健康和生产所需的营养物质的量化基础,是决定反刍家畜生产力水平高低的重要因素,因而与饲料营养价值相提并论。通常粗饲料的 DMI 越高,其品质越好。以 DMI 对所测定的粗饲料品质优劣比较排序为 4 月>5 月>6 月>7 月>3 月>8 月>9 月>10 月。

表 7-23 沙地可食部分营养评价

月份	RFV	DMI/%	DDM/%	GI	IVOMD/%	蛋白产量/(g·丛⁻¹)
3 月	87.43	2.16	52.26	7.39	70.67	61.29
4 月	109.61	2.45	57.72	9.35	75.86	83.19
5 月	109.85	2.40	59.01	9.73	75.64	138.13
6 月	110.38	2.38	59.73	8.37	73.79	152.52
7 月	104.84	2.35	57.44	6.34	70.98	174.81
8 月	68.96	1.79	49.59	3.46	57.12	97.94
9 月	66.17	1.73	49.47	3.14	54.93	69.41
10 月	40.60	1.29	40.63	1.51	34.76	28.76
平均	87.23	2.07	53.23	6.16	64.22	100.76

相对饲用价值是以盛花期苜蓿为 100,从表中可以看出,4—7 月可食部分相对饲用价值高于苜蓿草。以 DDM 对所测定的粗饲料品质优劣比较排序为 6 月>5 月>4 月>7 月>3 月>8 月>9 月>10 月。DMI 与 DDM 之间关系:$y=15.219x+21.744(R^2=0.954)$。

粗饲料分级指数对所测定的粗饲料品质评定 GI 值越大,粗饲料品质越好。优劣比较排序为 5 月>4 月>6 月>3 月>7 月>8 月>9 月>10 月。

表 7-24,以 DMI 对所测定的粗饲料品质,只是可食部分的 71%,优劣比较排序为 4 月>3 月>6 月>10 月>7 月>8 月>5 月>9 月。

相对饲用价值(RFV)总体价值都比较低,只是可食部分一半,粗饲料品质

表 7-24 沙地不可食部分营养评价

月份	RFV	DMI/%	DDM/%	GI	蛋白产量/ (g·丛⁻¹)
3 月	48.29	1.54	40.45	1.57	202.53
4 月	50.14	1.56	41.46	1.35	182.33
5 月	38.77	1.41	35.47	1.06	188.18
6 月	49.29	1.52	41.83	1.29	250.27
7 月	41.64	1.43	37.56	1.62	403.92
8 月	43.13	1.42	39.18	1.28	249.44
9 月	40.51	1.39	37.60	1.21	194.11
10 月	46.15	1.47	40.50	1.29	214.61
平均	44.74	1.47	39.26	1.34	235.67

优劣比较排序为 4 月>6 月>3 月>10 月>8 月>7 月>9 月>5 月。

粗饲料分级指数对所测定的粗饲料品质评定 GI 值越大，粗饲料品质越好。不可食部分与可食部分的 10 月分级基本相当，优劣比较排序为 7 月>3 月>4 月>6 月>10 月>8 月>9 月>5 月。

五、梁地柠条可食与不可食营养动态

(一)营养动态变化

表 7-25，梁地柠条可食部分粗蛋白含量呈直线下降，从 3 月份的 17.13% 下降到 10 月份的10.67%，粗蛋白含量减少 37.71%。回归方程为 $y=-0.966\ 9x+21.65$（$R^2=0.824\ 8$）。NDF 含量越低，饲料品质越好，NDF 的含量下抛物线，$y=1.748\ 7x^2-19.374x+103.46$（$R^2=0.8582$）。以 CP 和 NDF 来看 7 月份柠条可食部分营养品质最好。CF、ADF、ADL 含量趋势与 NDF 一致，呈下抛物线。总体来说，7 月份以后粗纤维、NDF、ADF、ADL 含量要比 3—6 月含量要大。沙地柠条可食部分能量基本保持水平状态。

表 7-25　梁地柠条可食部分营养

月份	脂肪/%	蛋白/%	能量 J/g	灰分/%	钙/%	磷/%	粗纤维/%	中洗/%	酸洗/%	木质素/%
3 月	2.05	17.13	18 584	5.61	1.10	0.15	43.70	60.92	47.35	16.65
4 月	1.69	17.88	18 151	6.34	1.59	0.14	42.62	56.24	47.67	16.86
5 月	1.80	17.81	16 454	9.05	1.70	0.13	33.86	47.71	37.86	12.36
6 月	1.89	15.93	17 482	9.13	1.86	0.09	32.68	51.98	38.64	15.58
7 月	1.88	16.56	17 005	7.80	1.80	0.07	33.41	45.32	37.87	13.48
8 月	1.43	14.25	20 359	5.52	1.37	0.08	46.77	69.08	56.78	29.24
9 月	1.71	12.69	19 039	7.19	1.78	0.07	47.54	71.10	56.54	26.11
10 月	2.78	10.67	19 559	5.64	1.60	0.06	42.42	82.41	55.95	26.93
平均	1.90	15.37	18 329	7.04	1.60	0.10	40.38	60.60	47.33	19.65

表 7-26，梁地柠条不可食部分粗蛋白含量基本保持水平状态，平均为 8.07%。NDF 略呈上升趋势，$y=2.526\ 7x+66.077$（$R^2=0.778\ 1$），NDF 平均 82.50%。ADF 也呈上升趋势，$y=1.461\ 9x+54.388$（$R^2=0.501$），平均为 63.89%。粗纤维、木

表 7-26　梁地不可食部分营养

月份	脂肪/%	蛋白/%	能量 J/g	灰分/%	钙/%	磷/%	粗纤维/%	中洗/%	酸洗/%	木质素/%
3 月	2.47	8.95	19 047	3.76	0.91	0.06	54.25	72.49	56.74	17.24
4 月	2.25	6.48	18 559	2.25	0.79	0.013	60.21	76.94	63.13	28.39
5 月	1.57	7.83	18 995	4.04	1.54	0.027	57.70	81.22	62.65	25.57
6 月	2.31	8.87	18 147	4.19	1.10	0.028	51.60	78.03	58.53	20.56
7 月	1.78	9.28	19 040	4.13	1.19	0.02	56.25	82.55	65.39	26.07
8 月	1.24	9.08	19 933	4.16	1.27	0.02	60.90	87.06	72.24	31.57
9 月	2.04	7.47	19 651	2.58	0.91	0.03	55.01	94.82	63.54	27.43
10 月	1.42	6.60	20 034	3.08	0.94	0.02	64.58	86.89	68.90	34.35
平均	1.89	8.07	19 176	3.52	1.08	0.03	57.56	82.50	63.89	26.40

质素含量动态趋势与粗蛋白 ADF、NDF 一样保持上升的趋势。柠条不可食部分粗蛋白是可食部分的 52.50%中性洗涤纤维是可食部分的 136.14%；钙是可食部分的 67.50%；能量是可食部分的 104.57%；木质素含量是可食部分的104.62%。

(二)饲用价值评定

由表 7-27 可知,粗饲料干物质随意采食量(DMI)是反刍家畜健康和生产所需的营养物质的量化基础,以 DMI 对所测定的粗饲料品质优劣比较排序为7 月>5 月>6 月>4 月>3 月>8 月>9 月>10 月,平均为 2.06%。

表 7-27 梁地可食部分营养评价

月份	RFV	DMI/%	DDM/%	GI	IVOMD/%	蛋白产量/(g·丛⁻¹)
3 月	84.05	1.97	52.01	5.98	64.48	51.39
4 月	90.61	2.13	51.77	7.49	68.65	73.31
5 月	122.58	2.52	59.41	7.81	75.42	115.77
6 月	111.36	2.31	58.80	6.76	70.90	130.63
7 月	129.02	2.65	59.40	7.74	76.59	197.06
8 月	63.65	1.74	44.67	3.98	56.27	109.73
9 月	62.10	1.69	44.86	3.12	53.74	69.80
10 月	54.13	1.46	45.31	1.73	43.52	29.88
平均	89.69	2.06	52.03	5.58	63.70	97.20

相对饲用价值平均为 89.69%,5—7 月可食部分相对饲用价值高于苜蓿草。相对饲用价值与干物质随意采食量排序一样。

粗饲料分级指数对所测定的粗饲料品质评定 GI 值越大，粗饲料品质越好，平均为 5.58；优劣比较排序为 5 月>7 月>4 月>6 月>3 月>8 月>9 月>10月。综合以上各因子,表明 10 月柠条可食部分的营养品质最低。

以 DMI 对所测定的粗饲料品质(表 7-28),只是可食部分的 71.36%,优劣比较排序为 3 月>4 月>6 月>5 月>7 月>10 月>8 月>9 月。相对饲用价值

(RFV)总体价值都比较低,只是可食部分 52%,粗饲料品质优劣比较排序为 3 月>6 月>4 月>5 月>7 月>9 月>10 月>8 月。粗饲料分级指数对所测定的粗饲料品质评定 GI 值越大,粗饲料品质越好,优劣比较排序为 3 月>6 月>7 月>8 月>5 月>4 月>10 月>9 月。

表 7-28　梁地不可食部分营养评价

月份	RFV	DMI/%	DDM/%	GI	蛋白产量/ (g·丛⁻¹)
3	60.70	1.66	44.70	2.07	127.99
4	50.82	1.56	39.72	1.29	90.07
5	48.60	1.48	40.10	1.44	108.84
6	54.63	1.54	43.31	1.68	159.66
7	45.27	1.45	37.96	1.64	190.24
8	36.89	1.38	32.63	1.52	174.34
9	40.91	1.27	39.40	1.04	100.85
10	39.91	1.39	35.23	1.11	80.52
平均	47.22	1.47	39.13	1.47	129.06

六、小结

沙地或梁地,柠条可食部分相对饲用价值,4—7 月可食部分相对饲用价值高于苜蓿草。以 DMI 排序来看,3—6 月比 7—10 月要高。通过沙地、梁地可食部分柠条营养成分来看,CP、NDF 动态变化趋势一样,CP 含量分别为:16.36%、15.37%;NDF 含量分别为 60.68%、60.60%。7 月份以后 CF、NDF、ADF、ADL 含量要比 3—6 月含量要大。当地一年生牧草主要是从 5 月以后开始生长,柠条林补充了牧草短缺的不足。7—9 月份牧草生长起来以后,羊只对柠条枝条不愿采食,也有利于柠条修养生息。盐池滩羊从 12 月到第二年 5 月底,在草原上以采食柠条为主。

第四节　生长季平茬对根系贮藏营养物质的影响

　　植物根系对植物生命活动有着重要作用,是植物吸收水分、养分、转化和储藏营养物质的重要器官, 也是植物从土壤中获取水分和营养元素的主要途径。根系贮藏物质是植物生长发育的能源,刈割和放牧等利用方式能够影响植物根系贮藏物质如碳水化合物、可溶性蛋白含量的变化,对植被生长会产生一定的影响。由于生长特性,柠条生长 7~8 年后,就会出现生长缓慢、枯枝等衰退现象,加上病虫害现象等现象,会造成柠条林经济效益、生态效益不断下降。在生产实际中, 根据营林措施,需要对柠条林采取平茬措施对柠条进行更新复壮。前人对林木根系研究的主要有对根系形态、生长情况、分布情况、影响因素、根系周转、水养吸收等的研究。有关柠条平茬的研究报道,多集中于平茬措施对柠条的生态效益、生物产量、柠条生理、土壤水分的影响以及平茬复壮技术等宏观方面。有关平茬措施对等生长季柠条根系营养物质含量方面影响的探讨还鲜有报道。因此,柠条根系在生长季平茬下根系贮存性营养物质变化有待研究。重点探讨柠条根系在生长季平茬后根系营养物质动态变化规律,寻找它们之间的相互关系,揭示柠条根系对生长季平茬的响应与变化规律,对科学平茬利用提供参考依据。

一、材料与方法

(一)方法

　　在研究区选择较平坦地段两块, 选择生长 25 年小叶锦鸡儿(*Caragana microphylla*),在生长季(3—10 月)逐月平茬,柠条到 10 月基本停止生长,平茬时间为每月中旬,平茬选择两个样地。取样时间,柠条萌发期 3 月中旬取样一次,10 月中旬对 4—10 月平茬柠条根系进行采集后去除杂质, 置于试验基地仓库阴干后置于密封袋内带回。将取得的样于 65℃烘干至恒重,将每个样品分为 2 份粉碎,分别过 40 目筛和 80 目筛后密封保存备用。

(二)测定内容及方法

常规营养物质:粗脂肪(EE)、粗灰分(Ash)、粗蛋白(CP)、粗纤维(CF)、中性洗涤纤维(NDF)、酸性洗涤纤维(ADF)、木质素(ADL)、钙(Ca)、磷(P)、淀粉(amylum),可溶性淀粉、可溶性糖(葡萄糖、果糖)、可溶性蛋白、可溶性碳水化合物。

常规营养物质测定:粗脂肪的测定 GB/T 6433-2006 索氏提取法,粗灰分的测定 GB/T 6438-2007 重量法,粗蛋白的测定 GB/T 6432-94 凯氏定氮法,粗纤维含量的测定 GB/T 6434-2006 过滤法;酸洗洗涤木质素的测定 GB/T 20805-2006 过滤法,中洗洗涤纤维的测定 GB/T 20807-2006 过滤法,酸洗洗涤纤维的测定 NY/T 1459-2007 过滤法,钙的测定 GB/T 6437-2002 滴定法,总磷的测定 GB/T 6437-2002 分光光度法。可溶性淀粉、葡萄糖、果糖、可溶性蛋白、可溶性碳水化合物各指标提取具体步骤参考《植物生理学实验指导》和《植物生理生化实验原理和技术》的方法进行测定,不同处理均重复三次。

(三)数据处理

数据分析用 DPS 软件和 Excel。

RSD%(变异系数)=标准差/平均值×100%。

二、结果与分析

(一)常规营养物质的动态变化分析

植物通过光合作用合成有机物部分被用于生长需要,其余则贮备起来作为植物生长发育的能源,这些贮存营养物质对植物平茬后再生、休眠、返青具有重要的作用,是植物对外界环境变化的一个反应策略。柠条在生长季不同月份平茬,必然会引起根系贮藏营养物质含量的变化,而这些变化对于保证柠条植株的更新复壮、健康生长具有重要意义。

1. 蛋白质变化

蛋白质作为衡量植物饲用价值高低的重要指标之一, 同时其含量的高低不仅能反映植物再生能力的强弱。不同月份平茬柠条根系蛋白质含量的影响见表 7-29。不同月份平茬根系蛋白质含量逐渐下降均低于 3 月萌发期,10 月份柠条未平茬蛋白质含量为 9.73%低于其他平茬月份柠条的蛋白质含量。蛋白质含量与月份之间存在直线回归关系:y(蛋白质)=−0.353 0x(月份)+12.581 0(R^2=0.732 9)。不同处理间根部粗蛋白含量差异均不显著(P>0.05),说明不同月份平茬对柠条根部粗蛋白的含量影响不大。

2. 淀粉、脂肪变化

根系淀粉对于植株刈割、放牧后的再生和春季返青都有重要作用。对于柠条不同月份平茬根部淀粉在不同时期的含量变化见表 7-29。不同月份柠条平茬后淀粉含量均高于 3 月萌发期, 在平茬的几个月份中,9 月份淀粉含量最高为 43.82%,7 月份最低为 26.71%。9 月 (43.82%)>5 月份(42.18)>8 月份(41.18%)>10 月份(39.73)>4 月份(28.79)>6 月份(28.08)>7 月份(26.71)。脂肪与淀粉 RSD 变化均比较大,分别为 27.43%、26.28%,各月平茬柠条根系脂肪含量均低于萌动期(2.96%),根系脂肪含量最低为 10 月仅为 3 月的一半。淀粉与脂肪之间存在互补现象,也就是存在相互转化的可能,两者之间存在显著负相

表 7-29　柠条平茬不同月份常规营养物质变化

单位:%

营养物质	3 月	4 月	5 月	6 月	7 月	8 月	9 月	10 月	平均	RSD
EE	2.96	2.33	1.30	1.95	2.14	1.50	1.60	1.45	1.90	27.43
Ash	3.70	9.16	10.95	7.48	8.19	9.14	6.02	8.09	7.84	26.24
Ca	1.04	1.07	1.13	0.98	1.21	1.12	0.93	1.17	1.08	8.23
P	0.07	0.08	0.07	0.05	0.06	0.05	0.06	0.06	0.06	15.49
CF	42.84	49.69	45.31	51.02	48.73	48.83	48.27	49.72	48.05	5.21
CP	12.02	11.19	10.82	10.26	9.08	9.99	9.20	9.73	10.29	9.18
NDF	59.15	71.79	68.39	70.50	68.66	70.31	71.39	70.29	68.81	5.54
ADF	46.13	56.72	53.73	56.23	54.52	54.41	54.91	52.06	53.59	5.83
ADL	18.90	13.28	13.26	16.15	16.34	14.15	14.77	16.61	15.43	11.72
starch	17.86	28.79	42.18	28.08	26.71	41.18	43.82	39.73	33.54	26.28

关(−0.941 8)。淀粉的增加势必造成脂肪的减少,相反,脂肪的增加会造成淀粉的减少(图7−5)。说明两者在柠条根系进行协调应对平茬造成的逆境变化,在逆境条件下根系营养物质淀粉、脂肪等会分解转化成其他物质供植物维持生命或再生。柠条淀粉含量变化与地上生物量关系正好相反,两者之间存在负相关关系(−0.857 4)。

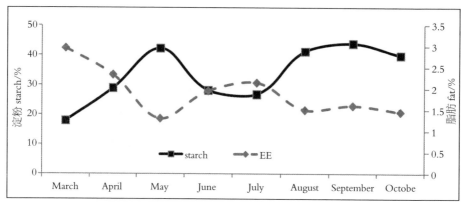

图7−5　不同月份柠条平茬根部淀粉、脂肪变化

3. 纤维类物质变化

柠条根部中 CF、NDF、ADF、ADL 是植物体根系形态建成的结构物质对柠条植物具有支撑、连接、包裹、充填等作用。从图7−6中可以看出,不同月份柠条平茬后 CF、NDF、ADF 含量均高于3月萌发期,4—10月柠条 CF 极差为

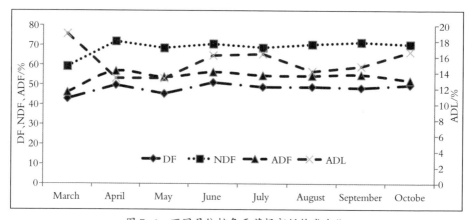

图7−6　不同月份柠条平茬根部纤维类变化

8.18%，NDF 含量极差为 2.49%，ADF 含量极差为 4.66%；CF 与 NDF（0.858 1）、ADF（0.807 2）之间存在显著正相关，NDF、ADF（0.923 7）之间存在正相关关系。不同处理间根部 CF、NDF、ADF RSD 变化在 5%~6%，物质含量差异均不显著（$P>0.05$），说明不同月份平茬对柠条根部 CF、NDF、ADF 的含量基本没有影响。ADL 含量呈"降-升-降-升"曲线变化，RSD 为 11.72%。

（二）可溶性物质的动态变化分析

可溶性物质的含量（表 7-30），可溶性碳水化合物>可溶性糖>可溶性淀粉>可溶性蛋白质。几种可溶性物质 RSD 变化趋势：葡萄糖>果糖>可溶性蛋白质>可溶性碳水化合物>可溶性淀粉。以 10 月为标准，可溶性蛋白质只有 3 月比 10 月低；葡萄糖 3 月、9 月低于 10 月；果糖 3 月、4 月、9 月低于 10 月；可溶性淀粉只有 8 月低于 10 月；可溶性碳水化合物 3 月、9 月低于 10 月。可溶性物质作为植物体内重要的能量物质以及调节物质，其积累对植物生长发育至关重要，根系含量的高低也反映了植株体对外界的反应能力。

表 7-30　柠条平茬不同月份可溶性营养物质变化

月份	可溶蛋白/（mg·g⁻¹）	葡萄糖/（g·100 g⁻¹）	果糖/（g·100 g⁻¹）	可溶性淀粉/（g·100 g⁻¹）	可溶性碳水化合物/（g·100 g⁻¹）	可溶性糖/可溶性淀粉
3 月	0.58	0.83	1.15	2.73	4.18	0.73：1
4 月	1.57	1.56	1.56	2.65	5.20	1.18：1
5 月	2.14	2.10	2.97	3.20	5.65	1.58：1
6 月	2.13	2.13	2.50	2.73	5.05	1.70：1
7 月	2.01	1.77	2.39	2.53	4.57	1.64：1
8 月	2.22	3.53	3.73	1.49	7.88	4.87：1
9 月	1.51	0.87	1.82	2.92	2.89	0.92：1
10 月	1.48	1.65	2.22	1.43	4.34	2.71：1
平均	1.71	1.81	2.29	2.46	4.97	1.67：1
RSD	30.05	44.14	33.25	24.68	27.09	—

1. 可溶性蛋白质变化

不同月份平茬柠条根系可溶性蛋白质含量的影响见表7-29。根系可溶性蛋白含量与生长季密切相关,且含量低于其他四项。可溶性蛋白在整个生长季节内呈现抛物线状态,蛋白质含量与月份之间存在二次回归关系:y(蛋白质)$=-0.096\ 9x^2+1.332\ 6x-2.354$($R^2=0.857\ 2$)。生物量与可溶性蛋白质存在线性回归关系:$y$(生物量)$=0.737\ 9+2.012\ 3x$($R^2=0.704\ 3$),可溶性蛋白质与生物量之间存在显著正相关(0.853 8)。植物体内的可溶性蛋白大多数是参与各种代谢酶类,其含量是植物体内总代谢的一个重要指标。根系可溶性蛋白随着生长季含量增加,有利于柠条的代谢水平,促进了柠条的生长、发育,从而提高柠条的生物量。可溶性蛋白作为植物总体代谢的一个重要指标随着月份变化而变化,说明适当地平茬可以促进柠条生长发育。

2. 可溶性淀粉变化

相关研究表明植物体内可溶性淀粉与根系的生长密切相关,淀粉作为贮藏物质在柠条生根过程中同样发挥着重要的作用。8月平茬(表7-30)对可溶性淀粉影响特别大,仅占7月的58.59%,9月的51.02%,10月份以后柠条停止生长,可溶性淀粉以大分子直链淀粉形式贮存能量,所以含量也就有所下降。同时,由于可溶性淀粉存在某种转化的作用,来协调调节为植物维持生命或再生。可溶性淀粉与淀粉含量变化趋势一致;可溶性淀粉与可溶性蛋白、可溶性碳水化合物都存在负相关,但不显著。

3. 可溶性碳水化合物变化

可溶性碳水化合物又称非结构性碳水化合物(果糖、葡萄糖、蔗糖等),是参与植株代谢活动的重要物质。从表7-30中可以看出,不同月份柠条平茬后果糖、葡萄糖含量均高于3月萌发期,在平茬的几个月份中,8月份可溶性碳水化合物含量最高为7.88 g·100 g^{-1},9月份最低为2.89 g·100 g^{-1}。可溶性碳水化合物含量出现两个低谷分别是7月、9月。可溶性碳水化合物与果糖(0.777 7)、葡萄糖(0.934 3)之间显著正相关。可溶性碳水化合物与葡萄糖、果糖之间存在线性回归:$y=2.843\ 2+2.495\ 7x$(葡萄糖)$-1.037\ 3x$(果糖)($R^2=0.944\ 8$,$p=0.001\ 6$),

葡萄糖对可溶性碳水化合物含量增加促进作用大于果糖。可溶性碳水化合物 RSD 变异最大，说明碳水化合物对柠条不同月份平茬后产生的应激反应较大。

4. 可溶性糖变化

葡萄糖和果糖是植物体内主要的代谢单糖，其含量的高低反映了植株体内可利用态物质和能量的物质基础。果糖含量高于葡萄糖，两者变化趋势一致与可溶性碳水化合物。从图 7-7 中可以看出，不同月份柠条平茬后果糖、葡萄糖含量均高于 3 月萌发期，在平茬的几个月份中，8 月份果糖、葡萄糖含量最高分别为 3.73 g·100 g^{-1}、3.53 g·100 g^{-1}，果糖 4 月份最低为 1.56 g·100 g^{-1}，葡萄糖 9 月份最低为 0.87 g·100 g^{-1}。果糖、葡萄糖含量出现两个降低，分别是 7 月、9 月。果糖与可溶性蛋白(0.844 6)、葡萄糖(0.924 1)之间显著正相关。葡萄糖与可溶性蛋白(0.844 6)之间也存在显著正相关。

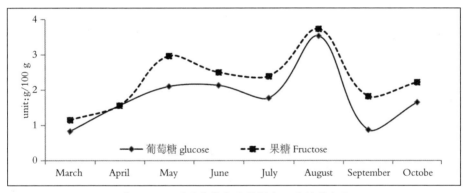

图 7-7　不同月份柠条平茬根部可溶性糖变化

(三)可溶性糖与可溶性淀粉比例

随着月份增加可溶性糖类与可溶性淀粉的比例逐渐在增加，到 8 月达到最大值为 4.87∶1，9 月份下降至 0.92∶1，10 月为 2.71∶1。8 月 (4.87)>10 月 (2.71)>6 月(1.70)>7 月(1.64)>4 月(1.58)>9 月(0.92)>3 月(0.73)。可溶性糖类在提高植物抗性中起到一定作用。王世珍等认为淀粉与抗冻性存在负相关，较高的可溶性糖类与淀粉的比例有利于植株抗击冻害。对柠条主要承担着植株的存活与再生的双重任务。

(四)根系可溶性营养物质对常规性营养物质的影响

应用 DPS 对可溶性物质与常规性物质进行回归分析(表 7-31):可溶性蛋白对常规性营养物质中关联系数最大的占三个，分别为 CF（0.334 9)、ADF（0.482 4)、Starch(0.361 2)，可溶性蛋白质与 CF、ADF、Starch 之间呈正相关，表明可溶性蛋白质对 CF、ADF、Starch 在根系中含量有促进作用；其次为果糖占两个，分别为 EE(0.392 3)、ADL(0.414 6)，果糖与 EE、ADL 之间呈负相关，果糖对CF、ADF、Starch 在根系中含量有抑制作用；可溶性淀粉占一个，为 NDF（0.419 5)可溶性淀粉与 NDF 之间呈负相关，可溶性淀粉对 NDF 根系含量有抑制作用；可溶性碳水化合物占一个，为 CP(0.485 1)，两者之间呈正相关，表明可溶性碳水化合物对 CP 根系中含量有促进作用。可溶性糖是低分子化合物，一方面有增加细胞液浓度、降低冰点的作用，另一方面可能是适应环境的信号物质。

表 7-31　可溶性营养物质对常规性营养物质关联

营养物质	可溶蛋白	葡萄糖	果糖	可溶性淀粉	可溶性碳水化合物
EE	0.377 5	0.319 9	0.392 3	0.353 9	0.371 9
CF	0.334 9	0.223 3	0.257 0	0.246 8	0.193 9
CP	0.341 3	0.418 6	0.333 6	0.294 5	0.485 1
NDF	0.311 8	0.410 3	0.326 2	0.419 5	0.285 0
ADF	0.482 4	0.306 9	0.294 3	0.297 4	0.318 0
ADL	0.412 6	0.354 3	0.414 6	0.340 3	0.263 7
starch	0.361 2	0.270 4	0.336 5	0.239 7	0.240 6

三、讨论与分析

(一)不同月份平茬对常规营养物质的影响

由于植物是一个整体协调的生命系统，柠条地上部刈割势必对地下部根系生长及其活力造成影响,必然会引起根系贮藏营养物质含量的变化。柠条植株从 6 月生长旺季进入 7 月后夏季休眠,所以蛋白质、淀粉含量明显有下降。过了夏季休眠后蛋白质、淀粉开始蓄积,8 月份含量高于 7 月份。淀粉、脂肪、蛋白都是植物贮存营养的重要形式,不同月份平茬对柠条根部粗蛋白的含量影响不大,但淀粉、脂肪的 RSD 比较高。淀粉与脂肪之间存在相互转化的可能,呈显著负相关。其他常规性营养物质由一些大高分子物质组成,可变性较差,RSD 系数也较小。

(二)不同月份平茬对可溶性物质的影响

可溶性碳水化合物是柠条根系主要贮藏的营养物质, 也是保障其柠条平茬后再生的主要能源。国外有的研究已证明,植物贮藏的碳水化合物常常被就近利用,尤其是能被植物利用的葡萄糖、果糖对植物的各种抗逆特性(抗寒、抗旱等)、应激反应、维持呼吸以及放牧和平茬后的再生起着重要作用。3 月份为柠条萌动期,可溶性蛋白、可溶性碳水化合物含量较低,通过调查 3 月份柠条再生能力也最弱,同许志信的研究结果一致,在碳水化合物贮藏水平低时进行刈割,对植物是有害的。4—8 月份平茬有利于碳水化合物的积累,多年的平茬经验也表明这一段时间平茬能使柠条具有良好的再生能力和生命力;7 月份可溶性碳水化合物、可溶性糖、可溶性蛋白含量低,主要是应对柠条植株夏季休眠;9 月中旬初霜前和 10 月中旬初霜后,可以看出柠条根系 9 月可溶性碳水化合物、可溶性糖含量低于 8 月和 10 月。柠条平茬时间愈接近初霜期,营养物质含量就会降低,对于植株越冬会带来副作用,与王卫东研究结果有共同点。10 月份可溶性碳水化合物、可溶性糖含量蓄积主要为植物减少冬季寒冷逆境对植物造成的伤害起着重要作用。7—10 月可溶性淀粉含量与可溶性碳水化合物之间存在负相关关系,之间存在的转化关系还有待于进一步深入研究。

四、结论

(1)随着平茬时间推迟,柠条根系蛋白质含量逐渐下降的趋势,淀粉与脂肪之间显著负相关,两者之间存在相互转化协调逆境变化。淀粉含量与柠条生物量之间存在负相关。淀粉、脂肪之间存在某种为柠条在逆境条件下维持生命或再生发挥作用。柠条淀粉含量变化与地上生物量存在负相关关系。

（2）可溶性蛋白随着生长季含量增加，与生物量之间呈现线性相关，可溶性蛋白含量的增加有利于柠条的代谢水平。可溶性碳水化合物是柠条根系主要贮藏的营养物质，对柠条不同月份平茬逆境胁迫下反应比较敏感。可溶性糖类与可溶性淀粉的比例逐渐随着月份增加，有利于植株抗击冻害。

（3）柠条生长季平茬，3月份萌动期，9月份初霜期平茬对柠条根系营养物质影响较大，结合第二年返青、再生长情况，建议4—8月份进行平茬。

（4）针对柠条根系营养物质含量变化研究，今后主要开展以下两方面：一是柠条萌动前后根系营养物质变化研究，探析柠条根系萌动过程中的生理变化；二是越冬前后根系营养物质变化，对照翌年返青率、再生性调查，揭示平茬与可溶性性物质含量及越冬率、再生性之间的关系，有助于对柠条林科学抚育提供理论基础和技术依据。

第八章　柠条生长季最优平茬技术研究

第一节　柠条生长季平茬最佳月份综合评价

柠条作为宁夏优良的防风固沙灌木,自林业重点工程实施以来,作为治沙造林的先锋树种,在宁夏的种植面积更是呈现了前所未有的突破,生态效益明显增强。对柠条定期平茬可促进其稳定生长,从而保持柠条林生态功能的可持续性。但是目前的平茬技术严重制约了灌木业的发展。关于柠条平茬技术,大多数研究成果均是单纯的强调生态保护作用方面的技术, 且均为传统的冷季平茬技术。而对柠条资源的开发利用,大多数以单一地提高生态效益或经济效益,把柠条的平茬复壮和再生、改良土壤、抗风蚀能力、饲用及生态价值等作为割裂的问题进行研究, 单纯的生态治理而无经济效益的技术或单纯的经济发展而破坏生态环境的技术均无法在实际生产中实施。因此,需要对柠条生长季最佳平茬月份进行统一考虑有利于科学抚育柠条林,确定合理的柠条平茬技术,将柠条林保护与开发利用有机的结合起来,为科学、合理地利用柠条灌木地资源,挖掘其潜力,提供可靠的理论依据和适用的关键技术。

一、指标体系构建

(一)评价体系构建

项目建立的柠条生长季平茬最佳月份综合评价体系的框架包括三个层次。第一是目标层,既柠条生长季平茬最佳月份利用综合评价;第二层是准则层,包括生长情况、再生恢复、营养状况、改良土壤、带间群落、抗风蚀、土壤微生物七个影响柠条资源可持续利用及保护的因素;第三个是指标层,包括具体的指标项。

1. 目标层

表达该指标体系的总目标,同时反映柠条资源多功能利用目标。为了定量地反映柠条资源合理平茬依据和整体效果,评价体系综合考虑了柠条资源利用的生态效应和经济效益协调发展综合体现。

2. 影响因素层

评价目标:柠条生长季平茬最佳月份综合评价体系的评价值大小由生态和经济各指标共同作用决定。

3. 指标层

指标层是描述柠条资源多功能可持续利用状态的一组基础性指标,这些指标是指标体系中最小的组成单位。

(二)指标选取

用指标体系测度柠条生长季平茬最佳月份这一综合性目标,其基本目的在于寻求一组具有典型代表意义、能全面反映这一综合性目标各方面的特征指标,这些指标及其组合能够恰当地表达人们对该综合目标的定量判断。因此,指标的选择和设置主要基于两方面的考虑:一是能够基本反映研究的目的;二是数据的可获得性。

根据层次分析方法以及评价对象各组成部分之间的关系,构建了一个包含 34 个指标的柠条生长季平茬最佳月份综合评价体系。该层次结构体系的目标层为综合性指标,总体反映柠条最佳平茬月份需求的程度和水平(见表8-1)。

二、评价指标体系评价模型

建立了综合评价指标体系后,必须对这些指标进行综合评判,评判的方法是从指标层到目标层,直至最后复合成一个具体数值。柠条生长季平茬最佳月份综合评价体系,涉及到众多因素,从层次上来划分有七个层次。在这七种因

表 8-1 柠条生长季最佳平茬月份综合评价基本数据

目标	准则层	指标层	3月	4月	5月	6月	7月	8月	9月	10月
柠条生长季最佳平茬月份综合评价	生长情况 A1	生物量 B1	4.25	4.29	6.40	7.12	8.31	5.79	4.23	3.60
		丛高 B2	136.17	138.72	133.42	141.53	146.02	154.47	139.67	117.73
		地径 B3	9.37	9.71	9.91	10.30	10.93	10.69	10.35	9.86
		冠幅 B4	149.61	153.48	161.18	171.14	181.65	171.13	159.47	145.57
		分枝数 B5	42.17	43.19	39.15	42.17	43.80	43.65	41.52	52.05
	再生恢复情况 A2	丛高 B6	80.08	96.14	93.71	87.01	92.35	81.53	71.20	65.80
		地径 B7	3.43	3.83	4.06	4.95	3.67	4.00	3.85	3.82
		冠幅 B8	79.41	90.95	90.00	78.70	87.50	75.56	66.20	66.67
		分枝数 B9	46.67	65.76	65.88	45.69	39.88	42.81	24.81	24.69
	营养状况 A3	粗蛋白 B10	9.14	9.33	11.26	10.29	13.91	12.66	11.12	9.07
		ADF B11	66.82	69.02	69.60	70.09	48.02	59.66	61.31	71.54
		NDF B12	52.77	59.21	53.28	49.30	43.09	48.37	49.17	58.55
		RFV B13	66.53	57.65	63.35	67.02	107.19	79.86	76.77	56.29
		DDM B14	47.79	42.78	47.39	50.50	55.33	51.22	50.60	43.29
		可食 B15	17.57	23.66	34.95	29.7	25.74	26.05	24.79	19.31
	改良土壤 A4	有机质 B16	2.78	2.89	3.16	3.38	3.03	3.04	2.40	2.69
		全氮 B17	0.22	0.22	0.22	0.21	0.19	0.21	0.19	0.21
		全磷 B18	0.40	0.40	0.42	0.36	0.45	0.40	0.37	0.38
		全钾 B19	17.59	17.84	17.78	17.54	17.86	17.24	17.80	17.06
		速氮 B20	9.56	9.40	12.00	7.80	13.80	13.40	10.60	8.60
		速钾 B21	1.43	1.42	1.13	1.44	1.70	1.53	1.43	1.36
		速磷 B22	70.20	72.40	96.80	59.60	63.20	69.20	73.00	57.60
	带间群落 A5	水分 B23	8.22	7.93	10.05	13.63	14.78	11.16	13.30	7.91
		密度 B24	5.20	5.30	5.23	4.07	3.08	4.50	3.25	3.20
		生物量 B25	5.61	4.11	4.88	5.11	3.58	3.60	3.61	3.11

续表

目标	准则层	指标层	3月	4月	5月	6月	7月	8月	9月	10月
柠条生长季最佳平常月份综合评价	带间群落A5	重要值B26	7.55	6.89	5.49	7.89	3.33	5.80	3.89	3.55
		多样性B27	0.79	0.70	0.65	0.63	0.74	0.70	0.68	0.60
	抗风蚀A6	风速比B28	1.47	1.43	1.57	1.54	1.62	1.62	1.33	1.31
		粗糙度B29	5.13	4.85	5.08	4.78	3.97	4.20	4.08	4.58
		摩阻速B30	0.27	0.25	0.32	0.30	0.28	0.25	0.20	0.27
	土壤微生物A7	物种B31	65.23	67.00	78.67	66.67	67.67	81.33	69.67	67.67
		多样性B32	549.30	585.60	572.53	635.03	618.27	505.25	516.07	515.96
		ShannonB33	3.69	3.76	4.52	4.34	4.09	3.90	3.93	4.32
		Tags B34	26 673.33	18 174.33	15 070.33	16 554.00	15 081.67	14 989.33	14 653.33	16 673.33

素中,特别是生态因素如果想完全准确地进行定量化描述是不可能的,借助于专家长期积累的知识和经验是不可缺少的,指标如果不采用定性与定量结合的办法是无法定量化的,因而不能将其纳入到定量化评价模型之中,导致评价模型的缺损。为了避免此种情况发生,应选择定性、定量的方法有机结合起来,使决策者对复杂对象的决策思维过程条理化。为了使指标权重更能够符合实际情况,本文采取主观赋权法与客观赋权法相结合的方法来确定指标的综合权重(图8-1),即对主观权重用修正系数(客观权重求得)作修正,以评价影响柠条生长季平茬最佳月份综合评价利用的主要影响指标,以及评价期间内生长季内整体变化趋势。

三、层次分析法(AHP)确定主观权重

(一)层次分析法

层次分析法(AHP-Analytic Hierachy process)是多目标决策方法,20世纪70年代由美国运筹学家T·L·Satty提出,是一种定性与定量分析相结合的多目标决策分析方法论。吸收利用行为科学的特点,是将决策者的经验判断给

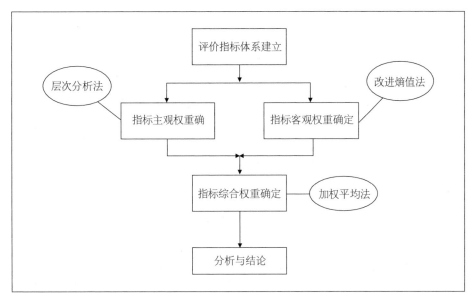

图 8-1　指标体系评价模型

予量化,对目标(因素)结构复杂而且缺乏必要的数据情况下,采用此方法较为实用,是一种在系统科学中常用的一种系统分析方法,因而成为系统分析的数学工具之一。其基本原理是:比较 n 个因素对决策目标的影响,对 n 个指标两两比较。全部比较结果用成对比较矩阵表示,求成对比较矩阵的最大特征值 λ_m、相应于 λ_m 标准化的特征向量 ω 及一致性指标 CI,根据 CI 与随机性指标 CR 值之比,对 CI/CR 值和权重向量 ω 进行分析,将分析结果用于判断和决策。

(二)层次分析法分析过程

构造成对对比矩阵,从第二层开始使用对比矩阵和 1~9 标度方法,确定两两因素/指标比较结果。邀请从事旱地补水农业的专家对各因素之间的相对重要性进行评分,统计平均,采用 Delphi 法得到各因素/指标间的比较标度值,构成判断矩阵。判断矩阵表示针对上一层次的因素,本层次与之有关指标之间相对重要性的两两比较。判断矩阵通常引用 1~9 标度方法,如下表 8-2 所示。

(1)构造判断矩阵,从上述列表比较结果中得到成对比较矩阵。

(2)计算最大特征向量。矩阵的最大特征值 λ_{max}。

(3)计算一致性指标。一致性指标 $CI=(\lambda_{max}-n)/(n-1)$。

表 8-2 相对比较比例标度

wki	1	3	5	7	9	2,4,6,8
同层 Ci 比 Cj 比较等级	1	1/3	1/5	1/7	1/9	
	同等重要	稍微重要	重要	非常重要	绝对重要	判断中值

（4）一致性检验。根据 n 值查表，得到随机性指标 RI 值（见表 8-3），计算 $CR=CI/RI$。若 CR 小于或等 0.1，则认可矩阵的不一致性可接受，既层次总排序通过一致性检验。

表 8-3 随机性指标 RI 值

n 阶	3	4	5	6	7	8	9
RI 值	0.52	0.89	1.12	1.26	1.36	1.41	1.46

（三）主观权重计算

根据指标体系的层次结构，逐层采取两两比较来确定因素间相对重要性的数值。一共建立八个判断矩阵，目标评价判断层 S，准则层 A1~A7。通过以上步骤逐步调整运算，目标层和准则层权重和一致性检验结果如下表 8-4 至表8-11。

表 8-4 准则层对目标层的判断矩阵

S	A1	A2	A3	A4	A5	A6	A7	权重	显著性检验
A1	1.00	5.00	2.00	1.25	2.22	1.67	1.11	23.931%	$\lambda_{max}=7.74$
A2	0.20	1.00	2.50	1.43	2.00	1.00	1.00	14.598%	$CI=0.129$
A3	0.50	0.40	1.00	3.33	2.00	0.50	1.00	14.002%	$RI[7]=1.36$
A4	0.80	0.70	0.30	1.00	2.00	1.11	0.50	11.247%	$CR=0.095<0.1$
A5	0.45	0.50	0.50	0.50	1.00	1.04	1.00	9.114%	—
A6	0.60	1.00	2.00	0.90	0.96	1.00	1.00	13.060%	—
A7	0.90	1.00	1.00	2.00	1.00	1.00	1.00	14.048%	—

表 8-5 生长状况指标对准则层判断矩阵

A1	B1	B2	B3	B4	B5	权重	显著性检验
B1	1.00	3.33	4.00	2.00	1.00	35.403%	$\lambda_{max}=5.442$
B2	0.30	1.00	1.11	3.33	2.00	22.476%	$CI=0.11$
B3	0.25	0.90	1.00	1.11	0.91	12.803%	$RI(5)=1.12$
B4	0.50	0.30	0.90	1.00	0.50	10.459%	$CR=0.099<0.1$
B5	1.00	0.50	1.10	2.00	1.00	18.860%	——

表 8-6 再生恢复情况指标对准则层判断矩阵

A2	B6	B7	B8	B9	权重	显著性检验
B6	1.00	3.33	2.00	5.00	50.530%	$\lambda_{max}=4.18$
B7	0.30	1.00	1.00	0.50	13.826%	$CI=0.06$
B8	0.50	1.00	1.00	1.00	17.992%	$RI(4)=0.89$
B9	0.20	2.00	1.00	1.00	17.652%	$CR=0.067<0.1$

表 8-7 营养动态变化指标对准则层判断矩阵

A3	B10	B11	B12	B13	B14	B15	权重	显著性检验
B10	1.00	1.00	1.00	5.00	3.33	2.00	23.323%	$\lambda_{max}=6.529$
B11	1.00	1.00	5.00	5.00	5.00	2.00	33.365%	$CI=0.106$
B12	1.00	0.20	1.00	5.00	5.00	2.00	20.625%	$RI(4)=1.26$
B13	0.20	0.20	0.20	1.00	2.00	1.00	7.058%	$CR=0.084<0.1$
B14	0.30	0.20	0.20	0.50	1.00	1.00	6.037%	——
B15	0.50	0.50	0.50	1.00	1.00	1.00	9.592%	

表 8-8 改良土壤指标准则层判断矩阵

A4	B16	B17	B18	B19	B20	B21	B22	权重	显著性检验
B16	1.00	1.00	1.00	1.00	2.00	2.00	2.00	16.653%	$\lambda_{max}=7.808$
B17	1.00	1.00	1.00	1.00	5.00	1.00	1.00	17.843%	$CI=0.135$
B18	1.00	1.00	1.00	1.00	1.00	5.00	1.00	17.843%	$RI(7)=1.36$

续表

A4	B16	B17	B18	B19	B20	B21	B22	权重	显著性检验
B19	1.00	1.00	1.00	1.00	1.00	1.00	5.00	17.843%	$CR=0.099<0.1$
B20	0.50	0.20	1.00	1.00	1.00	1.00	1.00	9.939%	——
B21	0.50	1.00	0.20	1.00	1.00	1.00	1.00	9.939%	——
B22	0.50	1.00	1.00	0.20	1.00	1.00	1.00	9.939%	——

表 8-9　带间群落多样性指标对准则层判断矩阵

A5	B23	B24	B25	B26	B27	权重	显著性检验
B23	1.00	1.00	5.00	3.33	2.00	35.215%	$\lambda_{max}=5.419$
B24	1.00	1.00	3.33	1.00	1.00	23.205%	$CI=0.105$
B25	0.20	0.30	1.00	2.00	1.00	12.708%	$RI(5)=1.12$
B26	0.30	1.00	0.50	1.00	1.00	13.308%	$CR=0.093<0.1$
B27	0.50	1.00	1.00	1.00	1.00	15.564%	——

表 8-10　抗风蚀能力指标对准则层判断矩阵

A6	B28	B29	B30	权重	显著性检验
B28	1.00	0.50	0.33	16.984%	$\lambda_{max}=4.215$　$CI=0.072$
B29	2.00	1.00	1.00	38.730%	$RI(4)=0.89$
B30	3.00	1.00	1.00	44.286%	$CR=0.081<0.1$

表 8-11　土壤微生物指标对准则层判断矩阵

A7	B31	B32	B33	B34	权重	显著性检验
B31	1.00	5.00	2.50	2.00	48.187%	$\lambda_{max}=4.215$
B32	0.20	1.00	2.00	1.00	18.407%	$CI=0.072$
B33	0.40	0.50	1.00	1.00	15.275%	$RI(4)=0.89$
B34	0.50	1.00	1.00	1.00	18.132%	$CR=0.081<0.1$

四、熵值法确定客观权重

基本原理:熵值法是利用评价指标的固有信息来判别指标的效应价值。从而在一定程度上避免了主观因素带来的偏差,其基本原理是:熵是对信息不确定性的度量,熵值越小,所蕴含的信息量越大。因此,若某个属性下的熵值越小,则说明该属性在决策时所起的作用越大,应赋予该属性较大的权重。这也就是可以用熵值法来确定评价指标的权重的依据。

(一)数据标准化

为使数据之间具有可比性,需要对初始数据作处理。研究选取的 34 项综合指标中每个指标对于平茬利用所产生的效应均不相同, 对科学利用正向效益的是正向指标,产生负向效益的是负向指标。另一方面,原始数据各个指标因子的计量单位和属性均不相同,不能直接进行实证分析,必须要进行标准化处理。根据已有的研究文献以及结合实际情况, 对原始数据进行无量纲化处理,得到的标准化值方可进行数据分析,其方法如下:

对于评价指标是正向指标:

$T_{ij}=x_{ij}/x_{max}(i=1,2,3,\cdots m;j=1,2,3,\cdots n)$

对于评价指标是负向指标:

$T_{ij}=x_{max}/x_{ij}(i=1,2,3,\cdots m;j=1,2,3,\cdots n)$,见表8-12。

表 8-12　柠条生长季最佳平茬月份综合评价数据无量纲处理

目标	准则层	指标层	3 月	4 月	5 月	6 月	7 月	8 月	9 月	10 月
柠条生长季最佳平常月份综合评价 S	生长情况 A1	生物量 B1	0.511 4	0.516 2	0.770 2	0.856 8	1.000 0	0.696 8	0.509 0	0.433 2
		丛高 B2	0.881 5	0.898 0	0.863 7	0.916 2	0.945 3	1.000 0	0.904 2	0.762 2
		地径 B3	0.876 5	0.908 3	0.927 0	0.963 5	1.022 5	1.000 0	0.968 2	0.922 4
		冠幅 B4	0.823 6	0.844 9	0.887 3	0.942 1	1.000 0	0.942 1	0.877 9	0.801 4
		分枝数 B5	0.810 2	0.829 8	0.752 2	0.810 2	0.841 5	0.838 6	0.797 7	1.000 0
	再生情况 A2	丛高 B6	0.833 0	1.000 0	0.974 7	0.905 0	0.960 6	0.848 0	0.740 6	0.684 4
		地径 B7	0.692 9	0.773 7	0.820 2	1.000 0	0.741 4	0.808 1	0.777 8	0.771 7

续表

目标	准则层	指标层	3 月	4 月	5 月	6 月	7 月	8 月	9 月	10 月
柠条生长季最佳平常月份综合评价 S	再生情况 A2	冠幅 B8	0.873 1	1.000 0	0.989 6	0.865 3	0.962 1	0.830 8	0.727 9	0.733 0
		分枝数 B9	0.708 4	0.998 2	1.000 0	0.693 5	0.605 3	0.649 8	0.376 6	0.374 8
	营养状况 A3	粗蛋白 B10	0.657 1	0.670 7	0.809 5	0.739 8	1.000 0	0.910 1	0.799 4	0.652 0
		ADF B11	0.718 6	0.695 7	0.689 9	0.685 1	1.000 0	0.804 9	0.783 2	0.671 2
		NDF B12	0.816 5	0.727 7	0.808 7	0.874 0	1.000 0	0.890 8	0.876 4	0.736 0
		RFV B13	0.620 7	0.537 8	0.591 0	0.625 2	1.000 0	0.745 0	0.716 2	0.525 1
		DDM B14	0.863 7	0.773 2	0.856 5	0.912 7	1.000 0	0.925 7	0.914 5	0.782 4
		可食 B15	0.502 7	0.677 0	1.000 0	0.849 8	0.736 5	0.745 4	0.709 3	0.552 5
	改良土壤 A4	有机质 B16	0.822 5	0.855 0	0.934 9	1.000 0	0.896 4	0.899 4	0.710 1	0.795 9
		全氮 B17	0.986 5	1.000 0	0.982 0	0.955 0	0.842 3	0.955 0	0.860 4	0.932 4
		全磷 B18	0.882 7	0.893 8	0.938 1	0.796 5	1.000 0	0.876 1	0.827 4	0.849 6
		全钾 B19	0.984 9	0.998 9	0.995 5	0.982 1	1.000 0	0.965 3	0.996 6	0.955 2
		速钾 B20	0.841 2	0.835 3	0.664 7	0.847 1	1.000 0	0.900 0	0.841 2	0.800 0
		速氮 B21	0.692 8	0.681 2	0.869 6	0.565 2	1.000 0	0.971 0	0.768 1	0.623 2
		速磷 B22	0.725 2	0.747 9	1.000 0	0.615 7	0.652 9	0.714 9	0.754 1	0.595 0
	林间群落 A5	水分 B23	0.556 2	0.536 5	0.680 0	0.922 2	1.000 0	0.755 1	0.899 9	0.535 2
		生物量 B24	0.981 1	1.000 0	0.986 8	0.767 9	0.581 1	0.849 1	0.613 2	0.603 8
		密度 B25	1.000 0	0.732 6	0.869 9	0.910 9	0.638 1	0.641 7	0.643 5	0.554 4
		重要值 B26	0.956 9	0.873 3	0.695 8	1.000 0	0.422 1	0.735 1	0.493 0	0.449 9
		多样性 B27	1.000 0	0.886 1	0.822 8	0.797 5	0.936 7	0.886 1	0.860 8	0.759 5
	抗风蚀 A6	风速比 B28	0.910 5	0.885 1	0.969 2	0.951 8	0.999 3	1.000 0	0.819 5	0.811 7
		粗糙度 B29	1.000 0	0.946 5	0.989 8	0.932 6	0.773 3	0.819 3	0.795 8	0.893 9
		摩阻速 B30	0.862 2	0.775 6	1.000 0	0.933 1	0.866 3	0.769 0	0.622 1	0.832 7
	土壤微生物 A7	物种 B31	0.802 0	0.823 8	0.967 3	0.819 7	0.832 0	1.000 0	0.856 6	0.832 0
		多样性 B32	0.865 0	0.922 2	0.901 6	1.000 0	0.973 6	0.795 6	0.812 7	0.812 5
		Shannon B33	0.815 7	0.832 7	1.000 0	0.961 4	0.906 0	0.862 3	0.870 4	0.955 9
		Tags B34	1.000 0	0.681 4	0.565 0	0.620 6	0.565 4	0.562 0	0.549 4	0.625 1

(二)信息熵计算

根据表 8-12，计算第 i 月第 j 项指标占该指标的比重：$D_{ij}=T_{ij}/\Sigma T_{ij}$（表 8-13）。计算第 j 项的指标信息熵和信息效用。第 J 项指标的信息熵值为

$$e_j = -\kappa \sum_{i=1}^{m} D_{ij} \ln D_{ij}$$

其中，$K=1/\ln m$，$0 \leqslant e \leqslant 1$；第 J 项指标的信息效用价值为信息熵与 1 之间的差值，即 $d_j = 1 - e_j$（表 8-14）。

表 8-13　柠条生长季最佳平茬月份综合评价指标比重

目标	准则层	指标层	3月	4月	5月	6月	7月	8月	9月	10月
柠条生长季最佳平茬月份综合评价 S	生长情况 A1	生物量 B1	0.096 6	0.097 5	0.145 5	0.161 9	0.188 9	0.131 6	0.096 2	0.081 8
		丛高 B2	0.122 9	0.125 2	0.120 4	0.127 8	0.131 8	0.139 4	0.126 1	0.106 3
		地径 B3	0.115 5	0.119 7	0.122 2	0.127 0	0.134 7	0.131 8	0.127 6	0.121 6
		冠幅 B4	0.115 7	0.118 7	0.124 6	0.132 3	0.140 5	0.132 3	0.123 3	0.112 6
		分枝数 B5	0.121 3	0.124 2	0.112 6	0.121 3	0.126 0	0.125 5	0.119 4	0.149 7
	再生情况 A2	丛高 B6	0.119 9	0.144 0	0.140 3	0.130 4	0.138 3	0.122 1	0.106 6	0.098 5
		地径 B7	0.108 5	0.121 2	0.128 4	0.156 6	0.116 1	0.126 5	0.121 8	0.120 8
		冠幅 B8	0.125 1	0.143 2	0.141 7	0.123 9	0.137 8	0.119 0	0.104 3	0.105 0
		分枝数 B9	0.131 0	0.184 6	0.185 0	0.128 3	0.112 0	0.120 2	0.069 7	0.069 3
	营养状况 A3	粗蛋白 B10	0.105 3	0.107 5	0.129 8	0.118 6	0.160 3	0.145 9	0.128 1	0.104 5
		ADF B11	0.118 8	0.115 0	0.114 1	0.113 3	0.165 3	0.133 1	0.129 5	0.111 0
		NDF B12	0.121 3	0.108 1	0.120 2	0.129 9	0.148 6	0.132 4	0.130 2	0.109 4
		RFV B13	0.115 8	0.100 3	0.110 2	0.116 6	0.186 5	0.139 0	0.133 6	0.097 9
		DDM B14	0.122 9	0.110 0	0.121 9	0.129 9	0.142 3	0.131 7	0.130 1	0.111 3
		可食 B15	0.087 1	0.117 3	0.173 2	0.147 2	0.127 6	0.129 1	0.122 9	0.095 7
	改良土壤 A4	有机质 B16	0.119 0	0.123 7	0.135 2	0.144 6	0.129 6	0.130 1	0.102 7	0.115 1
		全氮 B17	0.131 3	0.133 1	0.130 7	0.127 1	0.112 1	0.127 1	0.114 5	0.124 1
		全磷 B18	0.125 0	0.126 5	0.132 8	0.112 8	0.141 6	0.124 0	0.117 1	0.120 3

续表

目标	准则层	指标层	3月	4月	5月	6月	7月	8月	9月	10月
柠条生长季最佳平常月份综合评价S	改良土壤A4	全钾 B19	0.125 0	0.126 8	0.126 4	0.124 7	0.126 9	0.122 5	0.126 5	0.121 2
		速钾 B20	0.125 0	0.124 1	0.098 8	0.125 9	0.148 6	0.133 7	0.125 0	0.118 9
		速氮 B21	0.112 3	0.110 4	0.140 9	0.091 6	0.162 0	0.157 3	0.124 5	0.101 0
		速磷 B22	0.124 9	0.128 8	0.172 2	0.106 1	0.112 5	0.123 1	0.129 9	0.102 5
	林间群落A5	水分 B23	0.094 5	0.091 2	0.115 5	0.156 7	0.169 9	0.128 3	0.152 9	0.090 9
		生物量 B24	0.153 7	0.156 7	0.154 6	0.120 3	0.091 0	0.133 0	0.096 1	0.094 6
		密度 B25	0.166 9	0.122 3	0.145 2	0.152 0	0.106 5	0.107 1	0.107 4	0.092 5
		重要值 B26	0.170 1	0.155 2	0.123 7	0.177 7	0.075 0	0.130 7	0.087 6	0.080 0
		多样性 B27	0.143 9	0.127 5	0.118 4	0.114 8	0.134 8	0.127 5	0.123 9	0.109 3
	抗风蚀A6	风速比 B28	0.123 9	0.120 5	0.131 9	0.129 5	0.136 0	0.136 1	0.111 5	0.110 5
		粗糙度 B29	0.139 8	0.132 4	0.138 4	0.130 4	0.108 1	0.114 6	0.111 3	0.125 0
		摩阻速 B30	0.129 4	0.116 4	0.150 1	0.140 1	0.130 1	0.115 4	0.093 4	0.125 0
	土壤微生物A7	物种 B31	0.115 7	0.118 8	0.139 5	0.118 2	0.120 0	0.144 2	0.123 5	0.120 0
		多样性 B32	0.122 1	0.130 2	0.127 3	0.141 2	0.137 5	0.112 3	0.114 7	0.114 7
		ShannonB33	0.113 2	0.115 6	0.138 8	0.133 4	0.125 8	0.119 7	0.120 8	0.132 7
		Tags B34	0.193 5	0.131 8	0.109 3	0.120 1	0.109 4	0.108 7	0.106 3	0.120 9

(三)评价指标的权重

利用熵值法估算各指标的权重，其本质是利用指标信息的价值系数来计算的,其价值系数越高,对评价的重要性就越大。最后得到第 j 项指标的权重为: $W_j = d_j / \sum_{i=1}^{m} d_j$ (表 8-14)。

表8-14　柠条生长季最佳平茬月份综合评价权重

目标	准则层	指标层	E_j	F_j	W_j(客观)	W_ω(主观)
柠条生长季最佳平常月份综合评价 S	生长情况 A1 0.120 4	生物量 B1	0.980 9	0.019 1	0.097 4	0.084 6
		丛高 B2	0.998 8	0.001 2	0.006 1	0.053 8
		地径 B3	0.999 4	0.000 6	0.003 1	0.030 6
		冠幅 B4	0.998 8	0.001 2	0.006 1	0.025 0
		分枝数 B5	0.998 5	0.001 5	0.007 7	0.045 1
	再生情况 A2 0.184 2	丛高 B6	0.996 3	0.003 7	0.018 9	0.073 8
		地径 B7	0.997 4	0.002 6	0.013 3	0.020 2
		冠幅 B8	0.996 8	0.003 2	0.016 3	0.026 3
		分枝数 B9	0.973 4	0.026 6	0.135 7	0.025 8
	营养状况 A3 0.172 0	粗蛋白 B10	0.994 6	0.005 4	0.027 6	0.032 6
		ADF B11	0.995 8	0.004 2	0.021 4	0.046 7
		NDF B12	0.997 7	0.002 3	0.011 7	0.028 8
		RFV B13	0.989 7	0.010 3	0.052 6	0.009 9
		DDM B14	0.998 4	0.001 6	0.008 2	0.008 5
		可食 B15	0.990 1	0.009 9	0.050 5	0.013 4
	改良土壤 A4 0.112 2	有机质 B16	0.997 7	0.002 3	0.011 7	0.018 7
		全氮 B17	0.999 2	0.000 8	0.004 1	0.020 1
		全磷 B18	0.998 9	0.001 1	0.005 6	0.020 1
		全钾 B19	0.999 9	0.000 1	0.000 5	0.020 1
		速钾 B20	0.997 3	0.002 7	0.013 8	0.011 2
		速氮 B21	0.991 0	0.009 0	0.045 9	0.011 2
		速磷 B22	0.994 0	0.006 0	0.030 6	0.011 2
	林间群落 A5 0.299 4	水分 B23	0.986 3	0.013 7	0.069 9	0.032 1
		生物量 B24	0.990 7	0.009 3	0.047 4	0.021 1
		密度 B25	0.988 9	0.011 1	0.056 6	0.011 6

续表

目标	准则层	指标层	E_j	F_j	W_j(客观)	W_ω(主观)
柠条生长季最佳平常月份综合评价 S	林间群落 A5 0.299 4	重要值 B26	0.977 0	0.023 0	0.117 3	0.012 1
		多样性 B27	0.998 4	0.001 6	0.008 2	0.014 2
	抗风蚀 A6 0.038 7	风速比 B28	0.998 6	0.001 4	0.007 1	0.022 2
		粗糙度 B29	0.997 9	0.002 1	0.010 7	0.050 6
		摩阻速 B30	0.995 9	0.004 1	0.020 9	0.057 8
	土壤微生物 A7 0.073 1	物种 B31	0.998 5	0.001 5	0.007 7	0.067 7
		多样性 B32	0.998 4	0.001 6	0.008 2	0.025 9
		Shannon B33	0.998 9	0.001 1	0.005 6	0.021 5
		Tags B34	0.989 9	0.010 1	0.051 6	0.025 5

五、综合权重计算

本文中评价指标综合权重确定的计算公式：

$$W=(1-t)W_\omega + tW_j$$

式中，W_ω 是应用层次分析法计算得到的主观指标权重向量；W_j 是应用熵值法计算得到的客观指标权重向量；t 是修正系数，t 值的选取取决于熵值法确定的指标权重向量的差异程度，可按下式取值：$t=R_{En}n/(n-1)$。根据差异程度系数的原理，可按下式计算其取值：

$$R_{En}=2/n(1p_1+2p_2+3p_3+4p_4+\cdots+np_n)-(n+1)/n$$

式中：n 为指标个数；$P_1,P_2,\cdots,P_n$，W_j 中各指标权重从小到大的重新排序。根据以上公式进行运算后，得到 $R_{En}=0.545\ 9$，$t=0.562\ 4$。

$$R_{En}=2/34(1p_1+2p_2+3p_3+4p_4+\cdots+np_n)-(n+1)/n$$

$$W=0.437\ 6W_\omega+0.562\ 4W_j$$

结果见表 8-15，准则层权重最大为带间群落多样性(0.208 3)，说明不同月份平茬有利于改善带间生物多样性。其次为柠条生长情况为(0.1724)，不同月份平茬可以有效利用柠条生物量，其余为：再生恢复情况(0.167 5)>营养状

表 8-15　柠条生长季最佳平茬月份综合评价权重

目标	准则层	指标层	W_ω(主观)	W_i(客观)	W综合权重	排序
柠条生长季最佳平常月份综合评价 S	生长情况 A1 0.172 4	生物量 B1	0.084 6	0.097 4	0.091 8	1
		丛高 B2	0.053 8	0.006 1	0.027 0	17
		地径 B3	0.030 6	0.003 1	0.015 1	24
		冠幅 B4	0.025 0	0.006 1	0.014 4	26
		分枝数 B5	0.045 1	0.007 7	0.024 1	18
	再生恢复情况 A2 0.167 5	丛高 B6	0.073 8	0.018 9	0.042 9	5
		地径 B7	0.020 2	0.013 3	0.016 3	22
		冠幅 B8	0.026 3	0.016 3	0.020 7	20
		分枝数 B9	0.025 8	0.135 7	0.087 6	2
	营养状况 A3 0.158 0	粗蛋白 B10	0.032 6	0.027 6	0.029 8	15
		ADF B11	0.046 7	0.021 4	0.032 5	13
		NDF B12	0.028 8	0.011 7	0.019 2	21
		RFV B13	0.009 9	0.052 6	0.033 9	12
		DDM B14	0.008 5	0.008 2	0.008 3	34
		可食 B15	0.013 4	0.050 5	0.034 3	10
	改良土壤 A4 0.112 4	有机质 B16	0.018 7	0.011 7	0.014 8	25
		全氮 B17	0.020 1	0.004 1	0.011 1	31
		全磷 B18	0.020 1	0.005 6	0.011 9	30
		全钾 B19	0.020 1	0.000 5	0.009 1	33
		速氮 B20	0.011 2	0.013 8	0.012 7	28
		速钾 B21	0.011 2	0.045 9	0.030 7	14
		速磷 B22	0.011 2	0.030 6	0.022 1	19
	带间群落 A5 0.208 3	土壤水分 B23	0.032 1	0.069 9	0.053 4	4
		密度 B24	0.021 1	0.047 4	0.035 9	9
		生物量 B25	0.011 6	0.056 6	0.036 9	8

续表

目标	准则层	指标层	W_ω(主观)	W_i(客观)	W综合权重	排序
柠条生长季最佳平常月份综合评价 S	带间群落 A5 0.208 3	重要值 B26	0.012 1	0.117 3	0.071 3	3
		多样性 B27	0.014 2	0.008 2	0.010 8	32
	抗风蚀 A6 0.078 8	风速比 B28	0.022 2	0.007 1	0.013 7	27
		粗糙度 B29	0.050 6	0.010 7	0.028 2	16
		摩阻速 B30	0.057 8	0.020 9	0.037 0	7
	土壤微生物 A7 0.102 6	物种 B31	0.067 7	0.007 7	0.034 0	11
		多样性 B32	0.025 9	0.008 2	0.015 9	23
		ShannonB33	0.021 5	0.005 6	0.012 6	29
		Tags B34	0.025 5	0.051 6	0.040 2	6

况(0.158 0)>改良土壤(0.112 4)>土壤微生物多样性(0.102 7)>抗风蚀(0.078 9)。

分指标权重,最高的是生物量(0.091 8),第二为再生恢复分枝数(0.087 6),第三为带间群落重要值(0.071 3),第四为带间群落土壤水分(0.053 4),第五为再生恢复丛高(0.042 9)。其他间表 8-15。

六、综合评价

(一)综合评价计算过程

根据本文建立的柠条平茬最佳月份评价指标体系的结构特点,本文采用加权平均法来对综合评价。根据加权平均法思路,本文的综合评价过程如下。

1. 计算指标层隶属于各因子的评价指标评价值

例如,隶属于生长情况的的第 i 个评价指标的评价值 $f(A_1p_i)$ 为:

$$f(A_1p_i)=W_{pi}\times X_{plk}$$

$f(A_1p_i)$——隶属于生长情况的第 i 个指标的评价值。

X_{plk}——隶属于驱动力类因子的第 i 个指标在第 k 年的原始数据经指标类型一致化处理和指标无量纲化处理后的数值。

W_{pi}——隶属于驱动力类因子的第 i 个指标的综合权重,其中 $0 \leqslant W_{pi} \leqslant$ 1,且 $\sum W_{pi} = 1$。同理,可求得隶属于再生恢复情况、营养状况、改良土壤、带间群落、抗风蚀和土壤微生物的第 i 个指标的评价值 $f(A_2p_i)$、$f(A_3p_i)$、$f(A_4p_i)$、$f(A_5p_i)$、$f(A_6p_i)$、$f(A_7p_i)$。

2. 计算准则层因子指标的评价值

$$f(A_1) = \sum f(A_1p_i), f(A_2) = \sum f(A_2p_i), f(A_3) = \sum f(A_3p_i), f(A_4) = \sum f(A_4p_i), f(A_5) = \sum f(A_5p_i), f(A_6) = \sum f(A_6p_i), f(A_7) = \sum f(A_7p_i)。$$

3. 计算目标层,即水资源可持续利用综合评价值

$$f(S) = f(A_1)W_{A1} + f(A_2)W_{A2} + f(A_3)W_{A3} + f(A_4)W_{A4} + f(A_5)W_{A5} + f(A_6)W_{A6} + f(A_7)W_{A7}$$

(二)综合评价计算及分析

从表8-16中可以看出,生长情况指标得分呈抛物线,随着月份的增加,逐渐增加,到 7 月平茬达到最大值,然后开始下降。再生恢复情况得分随着月份的推迟,逐渐下降,说明生长季平茬越迟,平茬效果越差。营养状况与生长状况得分趋势一致,呈抛物线,最大值为 7 月平茬。改良土壤得分趋势不明显,但以 5 月平茬最大,7 月份平茬为第二,最低为10 月平茬。带间群落多样性得分与再生恢复变化趋势一致,情况得分随着月份的增加,逐渐下降。抗风蚀能力得分

表 8-16　柠条生长季最佳平茬月份综合评价评分

准则层	3 月	4 月	5 月	6 月	7 月	8 月	9 月	10 月
生长情况 A_1	0.018 5	0.018 9	0.023 0	0.025 1	0.027 9	0.022 8	0.018 8	0.017 4
再生情况 A_2	0.021 0	0.027 4	0.027 2	0.022 0	0.020 5	0.020 3	0.014 9	0.014 5
营养状况 A_3	0.017 2	0.017 3	0.020 5	0.019 8	0.025 0	0.021 3	0.020 3	0.016 3
改良土壤 A_4	0.013 7	0.013 8	0.015 7	0.012 6	0.015 4	0.015 1	0.013 7	0.012 5
带间群落 A_5	0.030 4	0.027 5	0.027 3	0.032 2	0.023 1	0.026 4	0.023 1	0.018 6
抗风蚀 A_6	0.010 4	0.009 7	0.011 3	0.010 7	0.009 7	0.009 4	0.008 1	0.009 6
土壤微生物 A_7	0.015 0	0.012 9	0.012 8	0.012 7	0.012 3	0.012 6	0.011 8	0.012 5
综合评分	0.126 2	0.127 5	0.137 8	0.135 1	0.133 9	0.127 9	0.110 7	0.101 4

总体上随着月份的增加,得分呈下降趋势,最大值为5月平茬,最低得分为9月份平茬。土壤微生物多样性得分呈抛物线,随着月份的增加,逐渐增加,到5月平茬达到最大值,然后开始下降。

对表8-16中各准则层指标得分进行回归分析,得到各自的数学模型及显著性(表8-17)。除了改良土壤数学模型外,其他数学模型显著性都在0.54以上,表明数学模型呈显著,可以预测不同月份平茬中准则层的得分。

表8-17　柠条生长季最佳平茬月份综合评价指标评分

准则层	数学模型(y为各单项评分,x月份)	R^2
生长情况 A_1	$y=-0.000\ 7x^2+0.008\ 7x-0.003$	0.785 7
再生情况 A_2	$y=-0.001\ 6x+0.031\ 1$	0.628 3
营养状况 A_3	$y=-0.000\ 5x^2+0.006\ 2x+0.001\ 4$	0.672 6
改良土壤 A_4	$y=-9E-05x+0.014\ 7R^2$	0.035 5
带间群落 A_5	$y=-0.001\ 4x+0.035\ 1$	0.604 4
抗风蚀 A_6	$y=5E-05x^3-0.001x^2+0.005\ 8x-8E-05$	0.617 6
土壤微生物 A_7	$y=-0.000\ 3x+0.014\ 7$	0.549 9
综合评分	$y=-0.001\ 8x^2+0.020\ 6x+0.079R^2$	0.953 2

从图8-2中可以看出,不同月份平茬综合得分呈抛物线,随着月份的增加,逐渐增加,到5月平茬达到最大值,然后开始下降。不同月份平茬综合得分:5月>6月>7月>8月>4月>3月>9月>10月。通过回归分析,得到数学模型为:$y=-0.00\ 18x^2+0.020\ 6x+0.079$($R^2=0.953\ 2$)。根据数学模型得到最佳值为5.72月,即为5月份下旬。所有统计数据多为每月中旬,因此,对数据的延伸15天后,表明6月上旬平茬生态和经济效益比较好。结合宁夏当地情况,由于农业生产等因素,平茬经济生态效益最好的是5月下旬至6月上旬,平茬作业5—8月4个月开展。

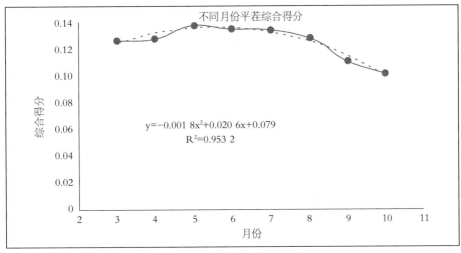

图 8-2　不同月份平茬综合得分

第二节　基于模型对柠条平茬最佳时间的确定

柠条为强旱生落叶灌木,在林业生态、环境治理、畜牧业经济建设等方面发挥着重要的作用。根据柠条的生态、生物学特性,实现柠条灌丛的可持续经营,达到复壮更新与利用协调一致,关键在于确定柠条复壮更新的适宜时期、周期、方式、林龄和强度。

一、柠条林平茬时间的确定

为探讨确定平茬时间的定量方法,黄家荣(1994)根据林分断面积连年生长量曲线的几何特征,提出以林分断面积连年生长量曲线的下降速度与过峰点P_m,和右拐点 P_2 的直线斜率相等的点 P_1 为平茬起点,以右拐点 P_2 为平茬终点。即适宜的平茬年限为 $t_1 \sim t_2$,t_c 为平茬时间中值。林分断面积连年生长量曲线的特征主要决定于三个点:两个拐点、一个峰点。峰点决定了曲线的位置,拐点决定了曲线的形状。根据密度与生长的关系,在峰点前,曲线递增,林分有充足的营养空间,不需间伐。过了峰点,虽然连年生长量开始下降,但因林分生长有一个峰值稳定期,在峰点最近的一段时间内呈缓慢下降,应进行平茬。只有在峰值稳定期结束时,即连年生长量开始明显下降时,才可考虑平茬。快速下降后,接着是缓慢下降,从而形成一个凹凸曲线的交结点(拐点),此处,曲线下降速度最快。拐点后,林分生活空间显著不足,连年生长量很低,此时平茬已经过晚。因此,适宜的平茬应在曲线开始明显下降至拐点出现之前进行。平茬时间上限为拐点时间,主要问题是如何确定平茬时间下限。由图 8-3 可见,曲线快速下降区的始点在峰点与拐点间的凹曲线上。当连结峰点和拐点后,可明显看出,曲线上点到连线(峰拐弦)距离(点弦距)最大的点,就是平茬起点。在该点前,点弦距递增,曲线下降较慢;在该点后,点弦距递减,曲线下降较快。点弦距极值点处的切线平行于峰拐弦,曲线在该点的下降速度等于峰拐弦斜率。峰点和拐点的坐标可求 tj,峰拐弦斜率已知,从而可定平茬时间的下限。上、下限平均作为平茬时间中值。基于以上分析,可导出间伐时间的确定方法。

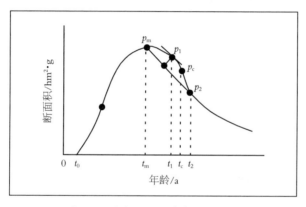

图 8-3　林分段面积连年生长曲线

(一)柠条平茬时间确定方法的推导

设:林分断面总生长模型为

$$Y=F(Q、T),\ T\geq0 \tag{1}$$

式中:Y——林分断面积总生长量;T——林龄;Q——模型参数集

设(1)式中 Y 对 T 的一阶、二阶、三阶导数存在,依次为:

$$Y^{(1)}=f_1(Q、T),\ T\geq0 \tag{2}$$

$$Y^{(2)}=f_1(Q、T),\ T\geq0 \tag{3}$$

$$Y^{(3)}=f_1(Q、T),\ T\geqslant 0 \tag{4}$$

其中(2)表示断面积连年生长模型,令二阶和三阶导数为零,可得:

$$f_2(Q、T_m)=0 \tag{5}$$

$$f_3(Q、T_2)=0 \tag{6}$$

用(5)和(6)可确定连年生长曲线峰值时间和右拐时间。

设过峰点 P_m 和右拐点 P_2 的直线为:

$$Y=A_0+A_1T \tag{7}$$

其斜率 A_1 可由 P_m 和 P_2 两点坐标求得:

$$A_1=(Y_2^{(1)}-Y_m^{(2)})/(T_2-T_m) \tag{8}$$

根据连年生长量曲线的几何特性和中值定理可知,在 $[T_m,T_2]$ 上必有一点满足:

$$Y_1^{(2)}=(Y_2^{(1)}-Y_m^{(1)})/(T_2-T_m) \tag{9}$$

代(9)入(3)得:

$$f_2(Q、T_1)=(Y_2^{(1)}-Y_m^{(1)})/(T_2-T_m) \tag{10}$$

由此可确定平茬时间下限。取 T_1 和 T_2 的平均值,可得平茬中值:

$$T_c=(T_1+T_2)/2 \tag{11}$$

本研究表明,柠条灌木林生长指标符合 Logistic 生长函数,下面就以 Logistic 生长函数为例,说明以上平茬时间确定方法的具体推导过程。假定:柠条灌木林生长过程用 Logistic 生长函数表示:

$$Y=k/(1+e^{a-rt}),\ t\geqslant 0 \tag{12}$$

式中:Y——柠条生长指标;t——树龄;k,a,r——模型参数。

本文根据柠条(Caragana korshinskii)生长的特点,即生长速率随灌木林龄的变化呈近似正态分布的特征曲线,根据曲线的几何特征,提出以柠条生长速率与峰值和右拐点连线的斜率相等的点为平茬始点,以几何曲线的右拐点为平茬终点的平茬方案。

$$Y^{(1)}=kre^{a-rt}/(1+e^{a-rt})2 \tag{13}$$

$$Y^{(2)}=kr^2e^{a-rt}(e^{a-rt}-1)/(1+e^{a-rt})3 \tag{14}$$

$$Y^{(3)}=kr^3e^{a-\tau}t(e^{2(a-\pi)}-4e^{a-\pi}+1)/(1+e^{a-\pi})4 \tag{15}$$

令二阶导数为零,得到:$t_m=a/r$ (16)

令三阶导数为零,得到柠条平茬时间下限:

$$t_2=[a-\ln(0.267\ 95)]/r \tag{17}$$

由(13)得 t_m、t_2 对应的生长速率:

$$Y_m^{(1)}=kr/4 \tag{18}$$

$$Y_2^{(1)}=kr/6 \tag{19}$$

由(14)得柠条生长速率在 t_1 处的变化速率:

$$Y_1^{(2)}=kr^2/[12\ln(2-\sqrt{3})] \tag{20}$$

代(18)、(19)、(20)入(9)、(10)得:

$$kr^2e^{a-\pi}(e^{a-\pi}-1)/(1+e^{a-\pi})^3=kr^2/[12\ln(2-\sqrt{3})] \tag{21}$$

因此,求得 t_1,$t_1=[a-1n(0.570\ 37)]/r$ (22)

所以适宜平茬期为:$t_1\sim t_2$:$[a-1n(0.570\ 37)))/r \sim a-1n(0.267\ 95)]/r$

(二)柠条林首次平茬时间的确定

程杰(2013)在《黄土高原柠条锦鸡儿灌木林生长的时空变异特征》中,将柠条分为三个阶段:幼龄期(1~7 年生)、中龄期(8~15 年生)和老龄期(16~23 年生)。程积民(2009)在原州区河川上黄对柠条生长进行了长期(1985—2002 年)定位研究,以野外观测资料为依据,用定量分析的方法探讨了柠条灌木林的合理平茬时间在 11~15 年之间变化, 在不同环境条件下柠条灌木林的平茬时间存在一定的差异。

盐池县立地类型主要有沙地、覆沙地、梁地、梁坡地等,由于种类多,柠条林地地形一般不规整,土壤水分也不一致。为了便于操作,对多个样地调查数据进行平均处理后(表8-18),对柠条主要观测指标进行 Logistic 生长函数拟合。

根据拟合方程求导后(表 8-19、图 8-4、图 8-5),得到盐池县柠条生长高峰期主要在 6~7 年,正是柠条幼林期末,随后进入成林期。柠条首次平茬适宜期在 8~10 年。随着成林期,柠条连年生长逐渐变小。对柠条成林平茬后,1~8 年是增长较快,8 年以后增长缓慢,一般 8 a 左右柠条生物量 2.3 kg/丛。丛高能达到 1 m。

Logistic 函数的标准形式为: $y=k/[1+e^{a-rx}]$。

表 8-18　柠条生长指标调查

树龄	1 年	2 年	3 年	4 年	5 年	6 年	7 年	8 年	9 年
丛高/cm	25.31	37.59	53.75	63.17	73.28	83.84	94.59	105.2	106.5
生物量/(kg·丛⁻¹)	0.30	0.43	0.62	0.87	1.19	1.57	1.97	2.39	2.65

表 8-19　拟合函数和平茬建议时间

指标	拟合方程	峰值时间	平茬时间	R^2
丛高/cm	$Y=155.418\,8/(1+e^{1.732\,3-0.279\,1t})$	6.21	8.22~10.93	0.995 4
生物量/(kg·丛⁻¹)	$Y=3.673\,5/(1+e^{3.033\,4-0.443\,5t})$	6.84	8.10~9.81	0.995 6

刘建婷(2017)选择 6 年生(幼龄期)、11 年生(中龄期)和柠 19 年生(衰退期)柠条进行平茬处理,11 年生中龄柠条生长效果最好,可提高地上部分生物生长量 326.08%,19 年生衰退柠条效果较差,提高 61.55%;对 6 年生的幼龄柠条,平茬后也可大幅度促进地上部分生长,生长量提高 245.10%倍。认为柠条首

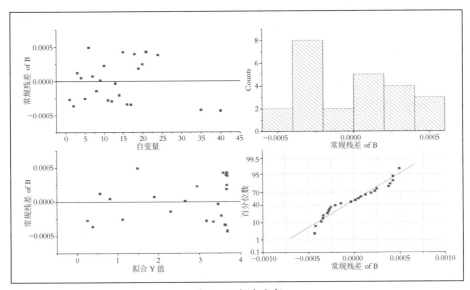

图 8-4　拟合分析

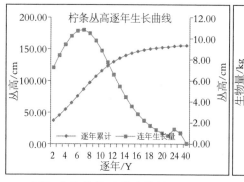
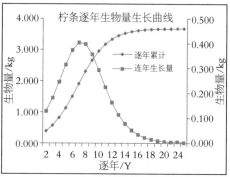

备注:左为丛高,右为生物量。

图 8-5　柠条生长曲线

次最适平茬时期是 10~15 年。

柠条的生长环境复杂多变,特别在盐池县风沙危害比较严重的地区,柠条林的生长过程表现出一定的复杂性。柠条在生长期受气候变化和新陈代谢的影响,使得株高生长在生长期末不再随着时间的推移而单调增加;在休眠期受环境阻力的影响,而且在该时期出现干梢现象,降低株高生长。由不同立地条件和整地方式引起的环境条件的差异造成的。在水分光照较充足的条件下,柠条灌木林个体持续快速生长的时间会长一些,因此,合理平茬时间相对较晚;相反,在水分条件较差的环境下,柠条生长经常受到不同程度的限制,持续快速生长的时间较短,平茬时间相对较早。李生荣(2007)测定,1~6 年柠条生物量随树龄增加生长较快,6~8 年生物量随树龄增加生长缓慢,8 年以后生物量基本不增加,因此 8 年左右平茬最好。黄革新(2015)在晋西观测:柠条枝高连年生长量和平均生长量最大值出现时间均较枝径(8 年)提早,分别出现在第四年和第六年。柠条在前 8 年枝径和枝高生长速率较大。在此时间内进行柠条的人工干预有助于延长柠条灌木林的速生期,保证林地拥有最大的生产力。

(三)平茬年份周期确定

对平茬后柠条主要观测指标（表 8-20）进行 Logistic 生长函数拟合。Logistic 函数的标准形式为:$y=k/[1+e^{a-rx}]$。

对其求前三阶导数及对应的导函数(表 8-21)。

表 8-20　柠条生长指标调查

平茬时间	生物量/(kg·丛⁻¹)	枝条长/cm	丛高/cm	地径/mm	冠幅/cm
1 年	0.70	10.5	21	0.38	8.5
2 年	1.82	29.4	43	0.64	31.0
3 年	3.90	51.3	79	0.81	67.0
4 年	5.25	89.5	114	1.32	93.0
5 年	5.57	106.8	143	1.69	117.0
6 年	5.75	118.8	164	1.82	138.0
7 年	5.88	119.3	165	1.93	

表 8-21　拟合函数和平茬建议时间

指标	拟合方程	峰值时间	平茬时间
生物量	$Y=5.781/(1+e^{3.604-1.442t})$	2.50	2.88~3.41
枝条长	$Y=125.124/(1+e^{3.396-1.05t})$	3.23	3.78~4.48
株高	$Y=180.231/(1+e^{2.282-0.845t})$	2.70	3.26~4.26
地径	$Y=2.215/(1+e^{2.339-0.668t})$	3.50	4.34~5.47
冠幅	$Y=144.675/(1+e^{3.221-0.97t})$	3.32	3.90~4.68

生物量：

$$y=\frac{5.781}{1+e^{3.604-1.442t}}$$

$$y'=\frac{8.336e^{3.604-1.442t}}{(1+e^{3.604-1.442t})^2}$$

$$y''=\frac{12.021e^{7.208-2.884t}-bk^2e^{3.604-1.442t}}{(1+e^{3.604-1.442t})^3}$$

令二阶导数为零，得到

$$t_m=a/r=3.604/1.442=2.50$$

$$y'''=\frac{17.334e^{10.812-4.326t}-69.336e^{7.208-2.884t}-17.334e^{3.604-1.442t}}{(1+e^{3.604-1.442t})^3}$$

$$t_2=(a-\ln(2-\sqrt{3}))/r=0.705\ 0+1.317\ 0=3.41$$

$$t_1=2.88$$

综上所述,花马池镇柠条成林平茬后(图8-6),1~5年是增长较快,5年以后增长缓慢,一般5龄左右柠条单丛生物量5.0 kg/丛。株高能达到1.7 m。盐池县柠条适宜平茬周期以3~4年为佳。

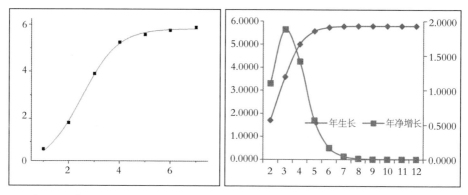

备注:左为多年生长,右为年生长与净生长交叉。横坐标为树龄,单位:时间/年;纵坐标为生物量,单位:kg/丛。

图8-6 柠条多年生长曲线

对王乐井乡调查(表8-22),平茬后1~6年梁地柠条恢复情况与25年未平茬柠条进行对比分析:平茬分枝数比未平茬增加一倍,尽管逐年在减少,但仍比未平茬高,数学回归后,$y=-4.318\ 6x+50.623$($R^2=0.984\ 3$)。3年的柠条丛高达到未平茬的98.48%,冠幅达到92.63%,生物量达到80.08%。4年的柠条丛高达到未平茬的97.22%,冠幅达到94.19%,生物量达到92.48%。说明平茬3~4年作为一个周期是可行的,并且地径较小,柠条木质化程度也相对小,营养成分较好。

郑士光(2009)研究结果:柠条平茬后1~4年株高生长呈明显增高趋势,平茬5年时株高生长(1.73 m)与4年(1.70 m)没有明显差异。地径生长在平茬后1~4年时增长较快,生长5年后地径增长减缓。柠条平茬后生长4年、5年平均地径达到对照柠条(30年)平均地径。柠条平茬后生长5年林分生物量年均增

表 8-22　梁地柠条平茬后恢复情况

平茬时间	丛高/cm	比例/%	冠幅/cm	比例/%	生物量/(kg·丛⁻¹)	比例/%	分枝数/枝	比例/%
1 年	40.10	42.10	45.00	40.06	1.35	50.75	45.42	220.81
2 年	43.60	45.77	71.20	63.38	1.61	60.53	41.90	203.69
3 年	93.80	98.48	104.05	92.63	2.13	80.08	38.96	189.40
4 年	92.60	97.22	105.80	94.19	2.46	92.48	32.31	157.07
5 年	94.70	99.42	108.15	96.28	2.64	99.25	30.56	148.57
6 年	143.00	150.13	154.11	137.19	2.73	102.63	25.33	123.14
25 年	95.25		112.33		2.66		20.57	100.00

长量达134~154 kg/亩,超过对照林 50 倍。由此可见,平茬后林分生长旺盛,有效地促进了老龄林地复壮。

柠条平茬再生行为是植物受多种环境因子综合作用的最终表现,盐池县地貌类型复杂多样,立地条件复杂多变,地形条件的差异对柠条灌木林的再生过程产生重要影响。自然降水量、气温、辐射等气象因子也会对柠条的生长造成一定影响。土壤环境因素也会对柠条再生产生一定影响。多种因子的影响下也造成了柠条再生恢复情况的不同。环境条件相对较好的条件下,柠条灌木林合理平茬时间相对较早;环境条件较差的条件下,柠条灌木林合理平茬时间较迟。在进行柠条灌木林的平茬时,要注意不同立地条件的差异,根据环境条件确定合理的平茬时间,一方面使柠条灌木林的生长潜力得到最大发挥,同时还可避免柠条灌木林地土壤干层的发生。

(四)适宜平茬月份周期确定

为了便于操作,对调查的多个样地 1 200 丛柠条生长指标进行平均处理后(表 8-23),对数据拟合以多项式关系比较合适,采用二次得到柠条平茬最佳时既峰值,可得到最大生物量。

从表 8-24 中可以看出峰值基本集中在 6—7 月期间, 由于柠条生长季平茬正是农业生产正农忙时节,对平茬时间向外分别外推 1 个月,既建议平茬时

表 8-23　盐池县柠条主要生长指标汇总

月份	丛高/cm	生物量/(kg·丛⁻¹)	分枝数/枝	单枝重/(g·枝⁻¹)
3 月	111.45	2.69	35.15	69.76
4 月	114.76	3.51	36.76	95.40
5 月	116.67	4.68	38.88	120.07
6 月	120.40	5.52	38.43	140.80
7 月	122.70	6.24	39.48	154.03
8 月	127.54	4.36	38.05	111.47
9 月	116.37	3.24	34.84	90.73
10 月	104.98	2.40	32.57	52.71
平均	116.86	4.08	36.77	91.23

表 8-24　拟合函数和平茬建议时间

指标	拟合方程	峰值时间	R^2
丛高	$y=-1.202\ 3x^2+15.602x+72.553$	6.48	0.723 3
生物量	$y=-0.259\ 2x^2+3.326\ 1x-5.229$	6.42	0.876 5
分枝数	$y=-0.444\ 6x^2+5.433\ 9x+22.57$	6.11	0.952 1
单枝重	$y=-6.698\ 5x^2+85.232x-131.46$	6.36	0.934 1

间在 5—8 月为好。

第三节　柠条平茬技术

一、柠条平茬时间

(一)首次平茬时间

根据生长曲线拟合方程通过求导后,柠条首次平茬适宜期在 8~10 年。随着成林期,1~8 年是增长较快,8 年以后增长缓慢,一般 8 龄左右柠条单丛生物量 2.3 kg/丛,丛高能达到 1 m。

（二）成林平茬周期

对柠条成林平茬后，1~5 年是增长较快，5 年以后增长缓慢，一般 5 龄左右柠条单丛生物量 5.0 kg/丛，株高能达到 1.7 m。盐池县柠条适宜平茬周期以 3~4 年为佳。立地条件好的地方可以 3 年进行再次平茬。

（三）生长季最佳平茬月份

柠条生长季生长峰值基本集中在 6—7 月期间（表 8-25），7 月份柠条生长到了生物量最大的时间 8.31 kg/丛（沙地），营养价值高，粗蛋白14.78%，NDF含量最低 53.79%，相对饲料价值为 107.19%。第二年再生恢复速度最大6.167 cm/d，耗水系数仅次 8 月，耗水量大，植株蒸腾作用强，生长旺盛。下垫面摩擦增大，有效抵御风蚀。细菌群落多样性大，促进植物的生长。鉴于以上诸多因素，建议平茬时间在 7 月最好，但由于实际生产中由于农户较忙，最佳平茬时间建议 6—8 月。生长季内 8—10 月建议不平茬，主要原因：这一段时间平茬后，第二年柠条分枝数会减少，其次生长速度也会相应较低。具体机理还需要进一步深入研究。

表 8-25　柠条最佳平茬月份指数

月份	生物量/ (kg·丛$^{-1}$)	CP/%	NDF/%	RFV/%	恢复生长速度/ (cm·月$^{-1}$)	耗水系数/ (mm·y^{-1})	抗风蚀 能力	细菌群落 多样性
3 月	4.25	8.44	69.02	66.53	4.215	383.50	6.010 3	—
4 月	4.29	8.53	65.13	57.65	5.341	373.80	7.208 9	6.29
5 月	6.40	13.44	62.57	63.35	5.512	388.60	7.486 7	6.42
6 月	7.12	11.25	71.62	67.02	5.438	396.20	7.103 7	6.40
7 月	8.31	14.78	53.79	107.19	6.167	397.10	7.855 3	6.56
8 月	5.79	12.58	58.89	79.86	5.824	400.40	6.658 3	6.46
9 月	4.23	13.93	64.61	76.77	5.477	387.60	6.373 0	5.70
10 月	3.60	9.43	72.25	56.29	5.483	379.40	6.956 6	6.16

（四）柠条非生长季节平茬

柠条非生长季节平茬——休眠期平茬。成年柠条在整个非生长季节（11 月至次年3月)平茬,造成的植株死亡率非常低。①枝条粗蛋白含量较稳定,在8.26%~10.6%之间;②地面封冻,枝条较脆,人工砍伐工效比在生长季要高,同时又是农闲季节,劳动力充足,平茬成本相对要低些;③春季能尽早萌发生长,当年有效生长期长,生物量大,隔年就可少量结实,两年后就能正常结实。但无营养叶、花,而且嫩枝量小,粗纤维和木质素含量较高,加工的饲料相对质量要差一些。

二、平茬留茬高度

(一)梁地柠条以留茬15 cm为最佳

不同留茬高度第二年恢复效果如下:15 cm(81.88)>5 cm(80.86)>10 cm(78.59)>20 cm(78.55)>25 cm(75.84)。净增长以15 cm最大,为55.22 cm,20 cm最低,为48.78 cm。恢复到平茬百分率依次为:15 cm(57.43)>25 cm(55.97)>5 cm(55.95)>10 cm(54.85)>20 cm(51.28)。不同留茬高度,当年分枝数都比平茬有增加,增加最多的是15 cm为45.24枝,25 cm最低为30.26枝。自地上5 cm处平茬效果最好,可最大限度地促进柠条生长、利于更新,且能有效防止因留茬过低而造成的风蚀现象。

(二)沙地柠条以留茬10 cm为最佳

当年平茬后灌丛丛高恢复到平茬前的43%~48%。留茬高度为10 cm恢复效果最好,为47.66%,留茬高度为20 cm恢复效果最差,为43.02%。第二年留茬10 cm恢复效果仍是最好,为62.89%,5 cm恢复效果最差,为56.27%。平茬后1年,冠幅恢复到第一年的49.10%,以留茬10 cm恢复效果最好,为54.90%,以留茬20 cm效果最差,为44.85%。分枝数都比平茬有增加,当年增加最多的是15 cm,为24.06枝,20 cm最低,为10.45枝。平茬1年后,分枝数与上年相比都有减少,以20 cm减少最多,为22.73枝,10 cm最低,为12.36枝,平均减少为17.32枝。与平差前相比只有留茬高度10 cm、15 cm分枝数有增加。说明平茬留茬高度越高,不利于柠条萌发分枝。地径恢复平茬一年后以15 cm最好,为41.03%,最低为5 cm,为37.28%。

三、平茬强度

根据柠条林的立地条件及经营目的确定具体的平茬强度，如在立地条件好、林下草本盖度大的地块，平茬强度可在 40%~50%；而在沙地及林下草本盖度低的地块，平茬强度应在 20%~25%；但不论何种情况，平茬强度均应低于70%，即平茬后的林地覆盖度不得小于 30%。

隔行隔带轮换平茬：作为饲草料，3~4 年平茬一次，每次平茬比例为 1/4~1/3，最佳的利用季节应为果熟期。人工柠条林在 6~8 年生时，单株生物量达到最大，作为生物质能源林，平茬间隔期不应超过此上限，5~6 年平茬一次，隔行隔带轮换平茬，比例不能超过 1/3，平茬季节可在立冬至早春树叶未发芽前进行。

带状平茬作业：适用于风沙灾害和水土流失严重地区的林地；平茬宽度一般不超过 50 m，保留带宽度 50 m，保留区域的收获在平茬部分恢复 1 年后进行。

柠条平茬后，当年一次年抗风蚀能力较弱，为解决因平茬后削弱柠条林防风效能的矛盾，根据防护林防风长度，林带灌丛高 1.5 m 左右，防护距离 15 m左右。完全可以采取隔行带状平茬，即隔一行或隔两行平茬，2~3 年全部平茬一次，就不会影响防风效果。根据平茬后的观察，平茬后消灭了部分虫源，增强了植株生长势和抗病虫害的能力，大大减轻了蛀干虫害，病虫害明显减轻。

根据朱廷曜(1981)对紧密结构的林带附近风速场的研究结果，有效防护范围按相对风速 80%、柠条林带高按 1.2 m 计算，柠条带的有效防护范围应为18 m。这样也不会增加沙质地表风沙危害或降低柠条带阻沙能力，而且会获得更多的柠条饲料加工原料，加快柠条的复壮更新的力度。但一定根据当地实际情况来决定，不能一概而论。

第九章　柠条资源生产应用

第一节　柠条饲料化利用

柠条的饲用价值柠条的枝、叶、花和种子都是很好的优质饲料,营养丰富,而且柠条的萌蘖力很强,耐家畜啃食,一年四季均可放牧。一般成年的柠条草场,可食枝叶部分产量折成干草为每亩 150~200 kg,加上林间草场地上的其他植物,每亩可生产一个羊单位的饲料。绵羊、山羊和骆驼均乐意采食其嫩枝,尤其在春末喜食其花。羊在夏、秋季采食较少,而秋霜后开始喜食。绵羊在夏、秋季对小叶锦鸡儿的可食系数分别为:5 月份 50.53%,6 月份 31.54%,7 月份 22.75%,8 月份 31.01%,9 月份 19.31%,10 月份 28.42%。

一、柠条资源对养殖的影响

(一)宁夏中部干旱带羊只生产状况

宁夏羊只集中分布在盐池、灵武、利通区、同心、海原、红寺堡、原州区、彭阳、沙坡头区等 12 个县(市、区),2016 年羊只存栏量 481.46 万只,占全区总存栏量(580.73 万只)的 82.91%。宁夏中部干旱带是宁夏中部地区多年平均降水量在 200~400 mm 之间的区域。涉及到盐池县、海原县、同心县、红寺堡区、原陶乐县的全部,固原东八乡和灵武市、利通区、中宁县、中卫的山区部分。土地面积为 30 347 km²。该区域的平均海拔 1 100~1 600 m,处于毛乌素沙地和腾格里沙漠的边缘,为典型荒漠草原带。地形南高北低、东高西低,南部以黄土丘陵沟壑区为主,北部丘陵台地沟壑纵横、梁峁起伏、地形支离破碎。羊只存栏量在300万只,占全区的一半。中部干旱带也是宁夏滩羊主要产区。宁夏滩羊具有典型的生态地理分布特征,生活区域狭窄。其气候特点是温带大陆气候,冬长夏短、春迟秋早、风大沙多、寒暑并烈、日照充足是这个地区的明显特征。

2003年宁夏开始封山禁牧后,羊只生产由放牧、半放牧转变为全舍饲饲养,羊只的生存空间、养殖模式发生了很大变化,饲养成本增加、农户对舍饲养殖的不适应、生产性能下降,导致效益进一步降低,存栏量大幅度下滑。因此宁夏羊只生产,对饲草料的需求提高到前所未有的高度。禁牧前,以放养为主,饲草料投入较少,饲料投入主要以自产玉米为主,投入多少取决于耕地产出量。禁牧后,由于在草原生态保护与畜牧业可持续发展过程中,精力主要放在了生态恢复上,致使饲草料的种植面积及草产量远远不能满足畜牧业对其的需要。在禁牧同时,各级政府借助尽可能的途径和配套措施,调整养殖方式和作物种植结构,推广人工种草,柠条饲料利用等。玉米种植面积由2004年的18.78万hm²增加到2016年的29.69万hm²,增加了10.91万hm²;玉米产量由2004年的117.69万t增加到2016年的221.47万t,增加了103.78万t。青饲料种植由2004年的5.04万hm²增加2016年的8.35万hm²,增加了3.31万hm²。通过多种措施引导,使农民舍饲养技术不断提升,羊只存栏量由2004年的493.49万只增加到2016年的580.73万只,增加了87.24万只。尽管采取多种措施来提高舍饲养殖技术和水平,但饲草料不足的现状,依然存在。肉牛、家禽饲养量不断增加,也增加了与羊只争料的现象越严重。

(二)中部干旱带柠条饲料开发的必要性

柠条由于其枝繁叶茂、营养丰富,富含十多种生物活性物质,尤其是氨基酸含量丰富,因此也是良好的饲用植物合理开发、科学利用柠条这一饲料资源,对于发展草食畜牧业,尤其是解决羊只饲草料紧缺的问题,具有重要的意义。根据表9-1中,柠条林主要集中在中部干旱带:盐池县、同心县、灵武市,存林面积分别为16.21万hm²、5.70万hm²、5.22万hm²,分别占全区天然柠条的36.88%、12.97%、11.88%,三个县市柠条林面积占宁夏总面积的61.73%。因此发展柠条饲料解决饲草不足的问题,势在必行。

表 9-1　宁夏各县市柠条林面积、生物量及羊只存栏

序号	县市	2016 年				2018 年			
		柠条林地/万 hm²	生物量/万 t	羊只存栏/万只	羊只均量/(kg·只⁻¹)	柠条林地/万 hm²	生物量/万 t	羊只存栏/万只	羊只均量/(kg·只⁻¹)
1	银川市	0.027	0.060	8.76	6.85	0.024	0.050	8.12	6.16
2	永宁县	0.006	0.029	14.57	1.99	0.006	0.022	14.99	1.47
3	贺兰县	0.007	0.034	11.01	3.09	0.036	0.075	11.05	6.79
4	灵武市	5.322	17.758	31.75	559.31	5.218	18.009	31.24	576.47
5	平罗县	0.002	0.010	1.04	9.62	0.003	0.008	1.18	6.78
6	惠农区	0.026	0.111	21.69	5.12	0.013	0.037	22.86	1.62
7	利通区	0.622	1.244	30.86	40.31	0.586	1.472	27.52	53.49
8	红寺堡区	4.194	13.085	31.82	411.22	2.959	12.518	31.13	402.12
9	盐池县	16.122	60.650	91.13	665.53	16.209	68.612	83.13	825.36
10	同心县	5.538	19.742	63.11	312.82	5.697	20.620	61.85	333.39
11	青铜峡市	0.002	0.011	18.17	0.61	0.003	0.015	17.66	0.85
12	原州区	4.050	14.314	32.04	446.75	2.911	13.765	29.07	473.51
13	西吉县	0.409	1.811	37.02	48.92	0.927	4.153	34.09	121.82
14	隆德县	0.001	0.006	4.20	1.43	0.002	0.011	3.69	2.98
15	彭阳县	0.968	4.344	25.98	167.21	1.388	6.468	24.34	265.74
16	沙坡头区	4.300	13.447	24.07	558.66	3.539	13.051	24.74	527.53
17	中宁县	0.408	1.622	30.59	53.02	0.507	2.161	30.74	70.30
18	海原县	3.355	13.142	61.40	214.04	3.919	16.111	54.88	293.57
	合计	45.359	161.42	539.21	299.36	43.947	177.162	512.28	345.83

通过表 9-1 可以看出,2016 全区羊只生物量占有量为 299.36 kg/只,2018 年为 345.83 kg/只,增加了 46.47 kg/只。2016 年柠条生物量羊只平均拥有量最高的是盐池县,为 665.53 kg/只,其次为灵武市,为 559.31 kg/只,第三为沙坡头区,为558.66 kg/只,第四为原州区,为 446.75 kg/只,第五为红寺堡区,为

411.22 kg/只，第六为同心县，为312.82 kg/只。也反映出中部干旱带发展柠条饲料优势所在。银川市、永宁县、贺兰县、青铜峡市、平罗县、惠农区羊只平均柠条生物占有量不足10 kg。这几个县市属于引黄灌区，也是宁夏粮食主要产区，因此发展羊只养殖业，主要依靠粮食作物及其副产物来生产。柠条的物种属性，决定其在中部干旱带适生范围广，耗水量低。即使在年降水量70~100 mm的特大旱年，仍能顽强生存，在气温低至-39℃或地表高达74℃时，也能存活下来。

2016年和2018年柠条存林和羊只存栏分别进行平均后，绘制曲线关系图。从图9-1可以看出，宁夏各县市羊只存栏与柠条林面积波动曲线一致。也表明两者之间存在线性关系。

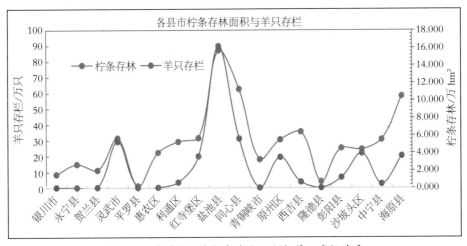

图9-1　宁夏各县市柠条存林面积与羊只存栏关系

对2016年和2018年柠条生物量、柠条存林面积分别与羊只存栏进行线性回归。

通过对柠条生物量、存林面积与羊只存栏进行线性回归后（图9-2）：

$$y_{(羊只存栏)}=1.1718x_{(生物量)}+18.188（R^2=0.708\ 2）$$

$$y_{(羊只存栏)}=4.6193x_{(柠条存林)}+17.749（R^2=0.711\ 5）$$

柠条生物量每增加1万吨，羊只存栏可增加1.171 8万只。柠条存林面积每增加1万 hm²，羊只存栏可增加4.619 3万只。两个数学模型相关系数都在0.71以上，表明数学模型极显著，可以用来预测柠条林与羊只存栏之间的关

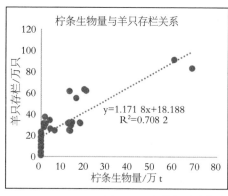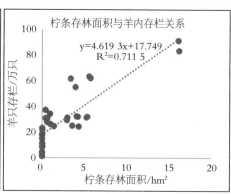

图 9-2　宁夏各县市柠条存林面积与羊只存栏关系

系。也表明柠条林地对促进宁夏中部干旱带羊只舍饲养殖业发挥了重要作用。

（三）盐池县柠条存林与羊只存栏关系研究

从表 9-2 中可以看出，盐池县各乡镇柠条存林面积比例与羊只存栏比例基本一致，也进一步反映出，柠条饲料在当地的重要性和优势所在。

表 9-2　2018 年盐池县各乡镇柠条林面积及羊只存栏

地名	羊只存栏/万只	比例/%	柠条存林/万 hm²	比例/%
花马池镇	29.56	23.46	3.89	23.98
高沙窝镇	12.40	9.84	2.11	13.01
王乐井乡	14.61	11.60	1.84	11.37
冯记沟乡	10.11	8.02	1.82	11.24
青山乡	16.30	12.94	1.55	9.56
惠安堡镇	16.80	13.33	1.75	10.77
大水坑镇	15.30	12.14	2.78	17.16
麻黄山乡	10.92	8.67	0.47	2.92
盐池县	126.00	100.00	16.21	100.00

2018 年柠条存林和羊只存栏关系绘制曲线关系图。从图 9-3 可以看出，盐池县各乡镇羊只存栏与柠条林面积波动曲线一致，也表明两者之间存在线性关系，对 2018 年柠条存林面积与羊只存栏进行线性回归。

通过对柠条生物量、存林面积与羊只存栏进行线性回归后(图9-3):

$$y_{(羊只存栏)} = 4.886\ 6x_{(柠条存林)} + 5.848\ 5\ (R^2 = 0.627\ 5)$$

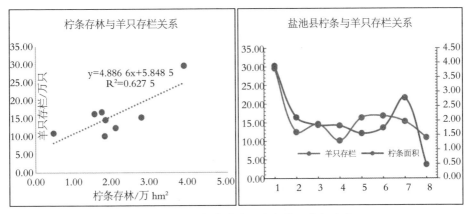

图9-3　盐池县柠条存林面积与羊只存栏关系

柠条存林面积每增加 1 万 hm²,羊只存栏可增加 4.886 6 万只;中部干旱带柠条存林面积每增加 1 万 hm²,羊只存栏可增加 4.619 3 万只,两者之间增加羊只数相差较小。数学模型相关系数 0.627 5 以上,表明数学模型极显著,可以用来预测柠条林与羊只存栏之间的关系。

二、柠条平茬成本调查

(一)柠条机械平茬

柠条适生于严酷的自然环境,由于根基部的积沙使地面高低不平,造成机械化平茬作业难的主要原因,同时还要考虑留茬不易过高。因此,对柠条平茬收割机定型的选择,要求具备安全、轻便、耐用、价廉、耗能低、效率高、操作灵活等特点。目前国内市场便携式林木割灌机械产品按操作方式和机械结构分为背负式和侧挂式两类,通过多次机械性能、平茬试验观测筛选了几种可以用于柠条平茬的割灌机。宁夏农林科学院荒漠化所在《柠条饲料开发利用技术研究》中,筛选出侧挂式(直轴传动)割灌机进行平茬取得了良好的效果,价格在 1 800 元/台左右仅为进口产品的 1/3~1/2,可适合贫困地区农民接受能力和经营需要。

(二)柠条平茬成本调查

2016 年 11 月在盐池县大水坑、苏步井进行平茬,选择柠条的长势和分布均匀,立地类型一致的平滩地,平茬采取隔带平茬,按实际平茬丛数折合成有效面积,以及统计单丛数和生物量等进行平茬效率比较(表 9-3)。

表 9-3　2016 年 11 月不同地区柠条平茬调查

项目 地点	平茬 时间/h	平茬丛 数/丛	折合有效 面积/亩	折合总生 物量/kg	每小时平 茬面积/亩	每小时平茬 生物量/kg	每亩 产量/kg
大水坑	3	1 768	10	1 360	3.3	453.3	137.4
苏步井	3	1 803	11	1 400	3.7	466.7	126.1
平均	3	1 785.5	10.5	1 380	3.5	460.0	131.4

由表 9-4 可知,用侧挂式平茬机进行平茬,每小时平茬面积 3.3 亩,生物量 460 kg,每千克平茬成本在 0.044 元,每顿价格为 44 元。目前盐池县几个加工企业收购柠条原料为 300 元/吨,一次粉碎 500 元/吨。

表 9-4　两种割灌机与人工平茬收割每公顷成本比较

地点	机械耗油/ (元·亩⁻¹)	折旧维修/ (元·亩⁻¹)	人工工资/ (元·亩⁻¹)	合计/ (元·亩⁻¹)	每公斤费用/ (元·kg⁻¹)
大水坑	1.63	1.48	2.80	5.91	0.043
苏步井	1.66	1.50	2.66	5.82	0.046
平均	1.65	1.49	2.73	5.87	0.044

备注:汽油价格 6.95 元/升,人工工资每天 120 元。磨损主要锯片磨损。

三、柠条饲料开发利用

(一)影响柠条饲料消化利用的因素

1. 柠条的物理因素

同一柠条植株中不同部位的消化率不一样, 在不同生育期消化率也不一样。柠条粗枝中主要含有纤维素和木质素,木质素占粗纤维的 40%~75%是影响羊只瘤胃微生物消化降解的主要因素。茎秆坚硬,家畜难以采食,不易被加工利用,因此在畜牧业生产中,通常只是利用一些细枝嫩叶。

2. 柠条所含化学成分的影响

柠条鲜草含有鞣酸和一些挥发性化学物质有较重的苦味,口感差,一般动物采食几口后就不愿继续进食,所以在夏秋很少用柠条鲜草饲喂,并且柠条一般很少用于晒制干草,这就潜在地限制了它的饲用。

3. 柠条形态及木质素的影响

由于柠条复叶及叶基部有小刺,且随生育期的延长木质化程度很快,当年生嫩枝在 5 月所含 ADF 为 31.77%,而 7 月就达 36.64%。并且外形粗硬适口性很差,一般动物也只能采食顶部较嫩部分。晒制干草后变得更加粗硬,必须经过特定的机械加工才能利于饲喂。

4. 饲喂管理技术

饲喂数量的多少都是影响消化的因素,饲喂过多,使食物在消化道流通速度过快,得不到有效吸收。饲喂次数及精料的投喂顺序,对饲料消化也有一定的影响。饲养方式的不同,对饲料消化均有显著的影响。饲料的加工调制技术,能改变柠条的物理性状,有利于消化酶的作用,加工调制还可以改变适口性,从而提高饲料的消化性,但过于粉碎,对反刍动物的消化反而不利。因此,在对柠条饲料加工过程中因根据不同家畜、不同年龄的家畜以及不同育肥阶段,选择日粮配方,为进一步确定柠条在日粮中比例作好准备。

(二)不同间隔粉碎效率

饲料粉碎是饲料生产的一道重要工序,对饲料生产成本、产量、后续加工工序、饲料的营养价值及动物的生长生产性能影响很大。饲料经粉碎后,表面积增大,与肠道消化酶或微生物作用的机会增加,消化利用率提高;粉碎使配方中各组分均匀地混合,减少了混合后的自动,可提高饲料的调质与制粒效果以及适口性等。根据实际情况,采用"一次成粉""粗粉再加工"和"先切段后粉碎"等工艺。对于平茬间隔期为 2 年或 2 年以内的原材料,地径粗度一般在 7 mm 以内,风干后可直接一次成粉,平茬间隔期为 3 年左右长势不太好地径粗度在 9 mm 以内的柠条,可粗粉后再加工,5 年以上未平茬的柠条地径一般都在 10 mm 以上,为有效提高粉碎效率,最好采取先切段后粉碎的加工方式,条件允许时可用揉碎机直接对原料揉碎后再加工成草粉或颗粒,或与其它秸秆后制成混合饲料。为便于机械操作,柠条原料粉碎含水量最好也控制在 15% 以内。

2016 年 4 月对各处理样各采 50 株进行测试,表 9-5 中单株重指鲜重。粉碎效率采用 9FG-42B 型锤片式下出料饲料粉碎机测试,配套动力为 11 KW,粉碎效率和粉碎损失率都指湿粉而言,风干后粉碎效率是湿粉效率的 3~8 倍。从表中可以看出,平茬后 2 年生柠条亩产就可达 313.6 kg,与平茬 3 年即以上相差很小,是对照未平茬 387.1 kg/亩的 81%,而且粉碎效率也较对照 1990 年的高近 1 倍,但粉碎损失率相对较高。由此可见,从柠条产量和加工效率上讲,选择 2 年或 2~3 年为一个平茬周期是完全可行的。

表 9-5　不同平茬间隔期柠条产量及粉碎效率对比表

种植时间	上次平茬时间	丛重/kg	粉碎效率/(kg·分⁻¹)	粉碎损失率/%
1990(对照)	未平茬	5.53	2.88	4.0
1984	1998.4	5.30	3.18	8.1
1984	1999.2	4.60	2.98	5.1
1988	2000.2	4.80	3.27	8.7
1986	2001.4	4.48	5.32	10.2
1988	2002.4	0.41	18.8	10.8

(三)柠条不同月份干鲜比

柠条平茬后,取部分样品自然干燥(表 9-6)。干重比在 7 月最低为 57.04%,干重比呈抛物线:$y=0.954\ 4x^2-11.705x+99.304$($R^2=0.516\ 6$),4—10 月平均干重比为 67.86%。丛干重呈抛物线:$y=-0.110\ 2x^2+1.409\ 8x-2.122\ 9$($R^2=0.957\ 4$),6 月干重最大为 2.39 kg/丛,4—10 月平均鲜重平均为 2.88 kg/丛,干重为 1.90 kg/丛。

表 9-6　不同月份平茬干鲜比

月份	鲜重/kg	干重/kg	干重比/%	丛鲜重/kg	丛干重/kg
4 月	0.79	0.54	68.52	2.73	1.87
5 月	1.61	1.07	66.46	2.96	1.97
6 月	0.82	0.50	61.09	3.91	2.39
7 月	1.35	0.77	57.04	4.16	2.37
8 月	0.90	0.65	72.40	2.93	2.12
9 月	0.86	0.66	76.92	2.24	1.72
10 月	0.71	0.52	73.24	1.20	0.88
均值	1.04	0.70	67.86	2.88	1.90

四、柠条揉丝包膜青贮技术

(一)包膜技术要点

柠条揉丝包膜青贮技术主要设备有柠条揉丝机、打捆机和包膜机。工艺流程为:柠条平茬—晾晒—机械揉搓—添加菌种—打捆压实—裹包存放。

技术要点是:

青贮原料(表 9-7)。该技术则要求秸秆的含水率控制在 45%~60% 之间。柠条枝条平茬收获后一般水分含量较小,则需适当加水以达到湿度。

挤丝揉搓。就是使用机械对柠条枝条进行压扁、挤丝、揉搓的精细加工,变横切为纵切,又通过切揉过程破坏柠条枝条表面的硬质茎节,使柠条枝条成柔软的丝状物。

添加菌种。柠条枝条揉搓成饲草后,保鲜存储是个大问题,一般袋装 70 天后就会发霉变质,而添加了微生物菌种后,可确保饲草营养品质,增加柔韧、膨胀度,并带有浓郁果香。在处理秸秆前,先将菌剂倒入 200 mL 水中充分溶解,然后在常温下放置 1~2 h,使菌种复活。复活好的菌剂一定要当天用完,不可隔夜使用。配置菌液时,要将复活好的菌剂倒入充分溶解的 0.8%~1.0%食盐水中拌匀,然后将其均匀喷洒在秸秆草丝上,充分搅匀即可。喷洒菌液水时,要有计划地掌握应喷洒的数量,使柠条含水率在 45%~60%之间,否则过湿易烂包,过干则效果不佳。

打捆压实。将收获后的鲜柠条用揉丝粉碎机铡短至 3~5 cm,每吨柠条添加 3 kg 有机酸,加入适量水将水分调节至 60%~65%,切碎的原料装入专用饲草打捆机中进行打捆,主要是将物料间的空气排出,最大限度地降低柠条原料的氧化。该工序是由打捆机来完成的,一般草捆容重为 500~600 kg/m(每捆重50~60 kg),压缩率 40%左右。

表 9-7　鲜柠条与柠条包膜青贮营养成分对比

单位:%

项目	粗蛋白	粗脂肪	粗纤维	中性洗涤纤维	酸性洗涤纤维
鲜柠条	11.66	2.28	58.96	69.83	61.97
柠条青贮	11.34	2.25	40.20	57.35	49.05

裹包。打捆结束后,从打捆机中取出草捆,将草捆平稳放到包膜机上,然后启动包膜机专用拉伸膜进行包裹(三层,约二十二圈),包膜完成后,饲料将处于一个最佳的密封发酵环境。经 3~6 周,最终完成乳酸型自然发酵的生物化学过程。上述各道工序应连续进行,尽量缩短秸秆青贮过程的有氧阶段,否则既损失养分,又影响质量。将包膜草捆整齐地堆放在远离火源、鼠害少、避光、牲畜触及不到的地方,堆放不超过三层,发酵 1 个月。

(二)柠条青贮饲料机组生产线

由西安新天地草业有限公司自主研发(表 9-8)的用于柠条的揉丝加工、打捆包膜机组,通过对柠条的揉丝加工,改善了柠条饲料的适口性,提高了柠条饲草的利用率。该机组主要有揉丝加工部分、物料输送机、集料箱、圆捆包膜一体化四部分组成。其中揉丝加工部分又分为第一次揉搓、第二次揉搓、除尘器三部分。

1. 揉丝机

揉丝机在切割技术上,改变传统的横切为纵切,通过切揉过程破坏秸秆表面硬质茎节,提高了家畜消化吸收,挤丝加工后的饲草,宽为 3~5 mm,长度为

表 9-8　揉丝主要主要性能指标、技术参数

型号	9RSZ-6	9RSZ-10	9RSZ-15
生产率	秸秆含水率 55%~65%		
	6 t/h	10 t/h	15 t/h
配套动力	11+1.5 KW	22+3 KW	30+5.5 KW
额定电压	380 V	380 V	380 V
外形尺寸	3 000×900×1 050 mm	3 600×950×1 100 mm	3 600×1 170×1 250 mm
结构质量	600 kg	1 100 kg	1 210 kg
额定转速	2 860 r/min	2 860 r/min	2 100 r/min

3~10 cm,质地柔软,有效保留了秸秆原营养成分及水分,家畜采食速度可提高 40%,秸秆利用率提高 50%,达到了 98% 以上。

第一次揉搓。首先启动揉搓电动机,待运转平稳后,再启动自动喂入机构电动机,自动喂入装置进行工作。将柠条均匀摊平在自动喂入链板上,进入揉搓筒内。物料靠高速运转的锤片、固定揉搓板将物料击打、撕裂、揉丝至丝状。靠离心力将物料抛出机外。

第二次揉搓。第二次揉搓将第一次揉丝后的柠条丝进行再次加工,经高速旋转的锤片、固定揉搓板将物料击打、撕裂、揉丝至丝状。靠离心力将物料抛出揉丝筒,进入到除尘器内。因经离心力抛出的物料带有较大的风力,影响输送机对物料的收集输送,所以必须经过除尘器分解物料混杂的较强的风力。

2. 物料输送机

9QQ-1600-6 型青贮输送机是一款集疏松、输送、装取窖藏青贮饲料为一体的饲草机械产品。该机具有结构合理、性能可靠、动力充足、操作灵活、生产效率高、适应性强的特点。工作原理:取料时通过液压系统控制刨草滚筒的升起,利用操作手柄调节取草过程中滚刀的下降速度。通过滚刀的转动将草料抛入输送架上,然后输送链条将草装入车内。本机有四个轮胎支撑,无减震系统。机器后部为转向桥,由液压系统控制机器的行走和转向。

表 9-9　物料输送机主要性能指标、技术参数

项目	单位		设计值
整机	规格型号	/	9QQ-1600-6 型
	外形尺寸	mm	7 500×2 030×4 000
	输送量	t/h	≥5
	结构质量	kg	3 200
配套动力	型号	/	Y132M-4
	功率	kw	7.5
	转速	r/min	1 440
输送速度	m³		0.4
水平输送距离	m		≥6.2
刮板宽度	m		1.35
有效输送距离	m		6.4
最大输送高度	m		4
倾斜输送距离	m		7.35

备注:数据来自西安新天地草业有限公司官方网站。

3. 集料箱

主要有料箱、输送链板、防护罩、拨料辊、链板减速器和拨料辊电机组成。当圆捆包膜一体机的仓门关闭处于上料状态时,集料箱链板减速机和拨料辊电机处于工作状态,链板将集料箱内的物料不断地输送至拨料辊处,拨料辊通过中速旋转将物料以蓬松状态抛出。当圆捆包膜一体机仓门处于打开状态时,链板减速机和拨料辊电机处于不工作状态,这样可实现在圆捆包膜一体机工作时,揉丝加工部分连续加工物料不受影响,可以持续进行加工,提高了整条线的生产效率。

4. 圆捆包膜机

9YKB-55 型圆捆包膜机是将揉搓后的农作物秸秆或苜蓿进行打捆、压实及包膜的专用设备,有半自动和全自动两种型号。9YKB-55 型圆捆包膜机是

青贮包膜专用设备，可将捆扎机捆扎好的鲜秸秆类和鲜草类圆草捆进行自动包膜。用户可根据需要青贮时间的长短在包膜上设定好决定包膜的层数：贮存期在一年以内可包两层专用膜，贮存期在二年内的一定包四层专用膜。

表 9-10　圆捆包膜机主要性能指标、技术参数

项目	单位	参数
配套动力	KW	0.55
外形尺寸(长×宽×高)	mm	2 100×1 400×1 300
额定转速	r/min	400
生产效率	t/h	3~5
成捆尺寸	mm	520×520
草捆重量	kg	25~70
空气压缩机	M³/min	0.17
总机重量	kg	650

（三）青贮质量实验室评定

实验室评定以化学分析为主(柳家志,2016)，包括测定 pH 值及测定有机酸(乙酸、丙酸、丁酸、乳酸的总量和构成)，以判断发酵情况。测定氨态氮与总氮的比值，是评价蛋白质破坏程度的有效的尺度。氨态氮与总氮的比值是反映青化饲料中蛋白质及氨基酸分解程度，比值越大，说明蛋白质分解越多，意味着青贮质量不佳。根据积分进行判别，本项目最高得分 50 分，最低得分为负 10 分，其得分点数将与下述有机酸得分点合并，进行综合评分。有机酸总量及其构成可以反映青贮发酵过程好坏，其中重要的是乙酸、丁酸和乳酸，乳酸所占比例越大越好。可以按乳酸、乙酸、丁酸所占比例分别评分，再将三项评分加在一起计分。

（四）柠条青贮发酵过程研究

柠条青贮发酵过程见图 9-4，试验采用试验组和对照组(图 9-5)，试验组添加湖南碧野发酵剂，对照为什么也不添加。添加发酵剂的柠条可以快速发

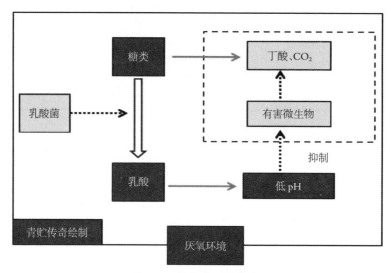

图 9-4　柠条青贮发酵过程

酵,4 天后 pH 由 7.54 下降至 4.11(优质青贮标准),但对照 pH 由 7.54 下降至 5.48。10 天后试验组 pH 由 4.11 下降至 3.68,但对照 pH 由 5.48 下降至 4.97。40 天后青贮发酵至试验组 pH 由 3.68 下降至 3.24,但对照 pH 由 4.97 下降至 4.28,对照还没有达到青贮标准的 4.11 以下。根据方程预测得 70 天后,这和实际大规模生产实践相近。

试验组和对照组柠条青贮饲料 2~3 天,温度升高到 25℃(图 9-6),随后下降到 20℃。逐渐趋于平稳。试验组温度比对照高,特别是第二天高近 1℃。整个过程中始终高 0.5℃。说明试验组中在菌种作用下,比较活跃。

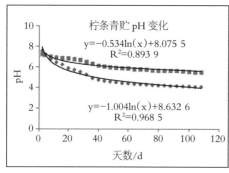

图 9-5　柠条青贮 pH 变化

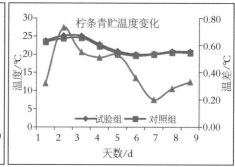

图 9-6　柠条青贮温度变化

对照组体积含水量比试验低(图 9-7),随着发酵活动逐渐活跃,试验组开始耗水,从 20.8%下降到 18.8%。耗水 2 个百分点。对照组水分含量从 20.0%上升到 21.2%上升了 1.2%。主要水分来源原料内部。

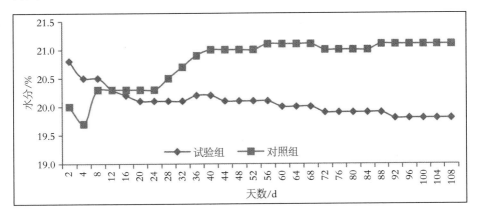

图 9-7　柠条青贮水分变化

良好的柠条青贮呈褐绿色,叶脉清晰,枝叶质地柔软湿润,酸味浓厚,有芳香味。由表可见:柠条经过包膜青贮后,粗蛋白和粗脂肪无明显变化;粗纤维、中性洗涤纤维和酸性洗涤纤维分别比鲜柠条低 18.76%、12.48%和 12.96%。说明柠条经青贮后可以改变营养成分,改善适口性,可提高消化率,有利于家畜消化吸收。柠条青贮的粗蛋白比稻草青贮高 7.56 个百分点;酸性洗涤纤维、中性洗涤纤维分别比稻草青贮降低 3.04 和 6.92 个百分点。

表 9-11　几种粗饲料营养成分对比

项目	干物质	粗灰分	钙	磷	粗脂肪	粗蛋白	粗纤维	酸性洗涤纤维	酸性洗涤木质素	中性洗涤纤维
稻草青贮	94.98	15.58	0.16	0.12	1.04	3.96	38.35	46.57	5.83	63.79
玉米秸秆	90.42	5.63	0.06	0.12	0.77	4.31	40.06	41.10	10.29	67.85
柠条青贮	93.86	5.50	0.95	0.06	2.35	11.52	40.41	43.53	24.43	56.87

(五)柠条青贮机械发酵机械

湖南碧野生态农业科技有限公司生产的 ZF 型生物发酵机是运用新技术、新工艺制造。本机生产安全性好,作业性能稳定、可靠。本设备主要由供热机构、粉碎机、上料机、发酵罐、出料装置和电气控制柜组成。

随着生物科技不断发展,特别是酶工程、基因工程和发酵工程等相关技术的深入研究,很多新型的生物发酵机械在饲料的生产、加工和调制过程中得到广泛应用,饲料资源的利用前景和市场也逐渐广阔,具有高营养,高吸收率的生物饲料被广泛应用,并为畜牧业发展做出较大的贡献。

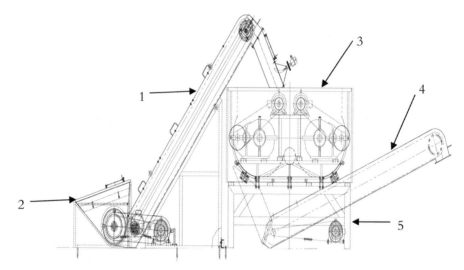

1. 物料运输机;2. 运料车;3. 发酵罐;4. 出料装置;5. 底座

图9-8　Z型柠条饲料发酵机整体布局图

五、柠条饲料应用技术

日粮配合得当,可以提高柠条粗纤维的消化利用,要充分利用柠条资源,还在于混合的方法,营养丰富的精料在羊只的日粮中的比例一般为40%~60%。精料比例过大,不仅经济上浪费,而且往往引起消化不良等肠胃疾病。羊只日粮中粗纤维的适宜水平为20%左右。对成年羊只饲喂时粗饲料应不少于1 kg/天,也不超于2.53 kg/天。将柠条粉碎后与精料、干草混合制成颗粒,用颗粒饲料育肥羊只,比用同种散料的多增重40~60 g/天。在制作颗粒饲料时,一方面从制粒工艺上考虑,另一方面从羊只生活习性上考虑,柠条、其他秸秆与精料在搭配上一般为20%~40%:20%~40%:40%~60%为佳。家畜初次饲喂柠条饲料时必须进行驱虫、防疫,对患有疾病的家畜要对症治疗,使其较好地利用饲料。同时需6~7天适应期,限量饲喂,日投料量逐渐增加,此后每天投料两三次,柠条饲料的日投料量以每天饲槽中有少量剩余为准。

柠条经过两次粉碎后,可以使家畜对柠条采食量和消化率得到了提高,提高柠条资源的利用率。通过柠条饲料滩羊育成羊、羔羊以及山羊饲喂试验,分析柠条饲料育肥增重效果,从而为合理利用柠条资源、开发柠条饲料,提供理论依据。

(一)柠条饲料滩羊育肥技术

1. 试验方法

从在大水坑柳条井村顺庆养殖场选择,体重、体质相近,生长发育正常的成羊组60只,公母比例一致。组间差异不显著($P>0.5$)。预试期2016年5月3~13日,为期10天,预试期内完成驱虫、编号,并试喂试验期饲料,预试期摸索采食量,以逐步增加到试验规定的日喂量。预试期最后一天早晨空腹称重为试验始重,到试验期结束,早晨空腹称重为末重。试验从5月13日到7月6日,试验期53天。饲喂时,全混日粮加水拌湿饲喂。颗粒饲料直接饲喂,每天饲喂两次,为早晨6~7点和下午5~6点,自由采食、饮水。

2. 日粮组成

对照组和试验组采用同一基础日粮,精料配方如下,试验组添加柠条、秸秆混合草粉,对照组只添加秸秆草粉,制成全混日粮。对照组、试验组饲料是草粉与精料混合后拌湿饲喂(表9-12)。

表9-12　配合精料组成

饲料	玉米	麸皮	油饼	小苏打	食盐	料精	合计
比例/%	70	5	10	1	1	13	100
单价/(元·kg⁻¹)	2.30	2.0	2.6	1.0	1.4	3.74	0
总价/元	1.61	0.10	0.26	0.01	0.01	0.49	2.48

3. 称重与观察记录

分别与试验开始和结束时按编号空腹称重（表 9-13）。试验期间仔细观察，详细记录试验羊只生长情况及日采食量。

表 9-13　试验羊只增重统计

组别	只数	始重/kg	末重/kg	净增重/kg	日增重/g
试验组	30	16.92±1.60	24.87±0.63	7.95±0.46	150
对照组	30	16.25±0.56	23.47±0.55	7.22±0.25	136

4. 结果分析

从表 9-14、表 9-15 中可以看出，试验组全期每只滩羊日平均增重为 150 g，比对照组 136 g 多增重 14 g。两个试验组增重料重比分别为 9.62、11.02，其每增重 1 kg 需饲料费用为 13.00 元、13.97 元。饲料报酬分别为 1.68 元、1.72元。试验组每只羊比对照组每天多增收 0.48 元，一个试验期多 25.44 元，30只羊多增收763.2 元。柠条草粉占整个日粮中比重为 25.66%，由此可见柠条饲料的育肥效果较好。

表 9-14　试验饲料成本核算

饲料	试验组				对照组		
	精料	柠条	秸秆	合计	精料	秸秆	合计
日粮/kg	0.5	0.3	0.6	1.40	0.5	1.0	1.50
35 天/kg	17.5	10.5	21.0	49.0	17.5	35.0	52.5
日粮/kg	0.6	0.5	0.4	1.50	0.6	0.9	1.50
18 天/kg	10.8	9.0	7.2	27.0	10.8	16.2	27.0
合计/kg	28.3	19.5	28.2	76.0	28.3	51.2	79.5
30 只总量/kg	849	585	846	2 280	849	1 536	2 385
单价/(元·kg⁻¹)	2.48	1.20	0.6	—	2.48	0.6	—
总价/元	2 105.52	702.0	304.56	3 112.08	2 105.52	921.6	3 027.12

表 9-15　平均经济效益对比

组别	日增重/g	日增重价值/元	日耗料/kg	日耗料成本/元	料重比	每千克增重成本/元	增重收入/元	饲料报酬/(元·元⁻¹)
试验组	150	5.70	1.43	1.95	9.62	13.00	3.75	1.68
对照组	136	5.17	1.50	1.90	11.02	13.97	3.27	1.72

注:料重比=饲料消耗(kg)/畜体增重(kg),饲料报酬=增重金额(元)/饲料消耗金额(元)羊肉价格 54 元/kg,增重部分屠宰率按照 70%计算,每增重 1 千克增值 38 元计算。

(二)柠条配合精饲料渐进式山羊快速育肥试验

1. 试验方法

从在柳杨堡村养殖场选择,体重、体质相近,生长发育正常的成年山羊 52 只,公母比例一致。预试期 2016 年 5 月 8—18 日,为期 10 天,预试期内完成驱虫、编号,并试喂试验期饲料,预试期摸索采食量,以逐步增加到试验规定的日喂量。预试期最后一天早晨空腹称重为试验始重,到试验期结束,早晨空腹称重为末重。试验期从 5 月 18 日到 8 月 2 日,试验期 80 天。饲喂时,全混日粮加水拌湿饲喂。颗粒饲料直接饲喂,每天饲喂两次,早晨 6~7 点和下午 5~6 点,自由采食、饮水。

2. 日粮组成

对照组和试验组采用同一基础日粮(表 9-16),精料配方如下,试验组添加柠条、秸秆混合草粉,对照组只添加秸秆草粉,制成全混日粮。对照组、试验组饲料是草粉与精料混合后拌湿饲喂(表 9-17)。

表 9-16　配合精料组成

饲料	玉米	麸皮	9302 浓缩料	合计
成分/%	65.0	5.00	30.0	100
单价/(元·kg⁻¹)	1.90	1.60	4.30	—
总价/元	1.24	0.08	1.29	2.73

表 9-17　实验组饲养实验统计

实验期	天数/天	精料/kg	柠条/kg	秸秆/kg	青贮/kg	日耗料/kg	总耗料/kg
1	14	0.70	0.3	0.3	0.5	1.80	25.20
2	14	0.75	0.3	0.3	0.5	1.85	25.90
3	14	0.80	0.3	0.3	0.5	1.90	26.60
4	14	0.90	0.3	0.3	0.5	2.00	28.00
5	10	1.00	0.3	0.3	0.5	2.10	21.00
6	14	1.10	0.3	0.3	0.5	2.20	30.80
合计	80	69.50	24.0	24.0	40.0	1.97	157.50
单价/(元·kg^{-1})	—	2.60	1.10	0.60	0.48	—	1.53
金额/元	—	180.7	26.4	14.40	19.20	—	240.70

3. 称重与观察记录

分别与试验开始和结束时按编号空腹称重（表 9-18）。试验期间仔细观察,详细记录试验羊只生长情况及日采食量(表 9-19)。

表 9-18　试验羊只增重统计

组别	只数/只	始重/kg	末重/kg	净增重/kg	日增重/g
试验组	26	21.00±1.60	34.64±3.63	13.64±1.46	170.50
对照组	26	21.00±1.56	32.94±3.55	11.94±1.25	149.13

表 9-19　对照组饲养实验统计

试验期	天数/天	精料/kg	秸秆/kg	青贮/kg	日饲养量/kg	饲养总量/kg
1	14	0.70	0.6	0.25	1.80	25.20
2	14	0.75	0.6	0.25	1.85	25.90
3	14	0.80	0.6	0.25	1.90	26.60
4	14	0.90	0.6	0.25	2.00	28.00
5	10	1.00	0.6	0.25	2.10	21.00
6	14	1.10	0.6	0.25	2.20	30.80

续表

试验期	天数/天	精料/kg	秸秆/kg	青贮/kg	日饲养量/kg	饲养总量/kg
合计	80	69.50	48.00	40.0	1.97	157.50
单价/(元·kg⁻¹)	—	2.60	0.60	0.48	—	1.46
金额/元	—	180.7	28.80	19.20	—	228.70

备注:料重比=饲料消耗(kg)/畜体增重(kg),饲料报酬=增重金额(元)/饲料消耗金额(元)。山羊肉价格 54 元/kg,增重部分屠宰率按照 70%计算,每增重 1 千克增值 40.0 元计算。

4. 结果分析

从表 9-20 中可以看出,试验组全期每只山羊日平均增重为 170.50 g,比对照组 136 g 多增重 14.33%。两个试验组增重料重比分别为 11.55、13.21,其每增重 1 千克需饲料费用为 17.65 元、19.31 元,饲料报酬分别为 2.27、2.09。试验组每只羊比对照组多增收 68.00 元,柠条混合饲料成本比秸秆饲料成本高 12元,所以试验组比对照净收入为 56 元,20 只羊多增收 1120 元。柠条草粉占整个日粮中比重为 15.24%,由此可见柠条饲料的育肥效果较好。

表 9-20　平均经济效益对比

组别	日增重/g	日增重价值/元	日耗料/kg	日耗料成本/元	料重比	每千克增重成本/元	增重收入/元	饲料报酬/(元·元⁻¹)
试验组	170.50	4.77	1.97	3.01	11.55	17.65	545.6	2.27
对照组	149.13	4.18	1.97	2.88	13.21	19.31	477.6	2.09

(三)柠条青贮饲料滩羊快速育肥试验

柠条青贮饲料可以较好地保存营养成分,同时软化针刺,具有质地柔软、气味酸香、适口性好、消化利用率高的特点,而且加工方法简便、成本低、易贮存,能够有效缓解滩羊在冬春季节饲草料不足的问题。通过柠条饲料滩羊饲喂试验,分析柠条青贮饲料与玉米青贮饲料对羊只增重的情况,探讨柠条青贮饲料对羊只育肥增重的影响,从而为合理利用柠条资源、开发柠条饲料,提供理论依据。

1. 试验方法

从在柳杨堡村尤楠养殖场选择,体重、体质相近,生长发育正常的成年山羊 40 只,公母比例一致。预试期 2016 年 7 月 8~18 日,为期 10 天,预试期内完成驱虫、编号,并试喂试验期饲料,预试期摸索采食量,以逐步增加到试验规定的日喂量,预试期最后一天早晨空腹称重为试验始重,到试验期结束,早晨空腹称重为末重。试验期从 7 月 18 日到 9 月 24 日,试验期 70 天。饲喂时,全混日粮加水拌湿饲喂。颗粒饲料直接饲喂,每天饲喂两次,为早晨 6~7 点和下午 5~6 点,自由采食、饮水。

2. 日粮组成

对照组和试验组采用同一基础日粮,精料配方如下(见表 9-21),试验组添加柠条、秸秆混合草粉,对照组只添加秸秆草粉,制成全混日粮。对照组、试验组饲料是草粉与精料混合后拌湿饲喂。试验结束后对饲料成本进行核算(表 9-22)以便计算育肥经济效益。

表 9-21　配合精料组成

饲料	玉米	麸皮	9302 浓缩料	合计
成分/%	60.0	5.00	35.0	100
单价/(元·kg⁻¹)	1.90	1.60	4.30	—
总价/元	1.14	0.08	1.51	2.73

表 9-22　试验饲料成本核算

饲料	试验组				对照组			
	精料	柠条青贮	秸秆	合计	精料	玉米青贮	秸秆	合计
日粮/kg	0.7	0.7	0.4	1.80	0.7	0.7	0.4	1.80
70 天/kg	49.0	49.0	28.0	126.0	49.0	49.0	28.0	126.0
单价/(元·kg⁻¹)	2.80	0.80	0.60	1.53	2.80	0.48	0.60	1.46
合计/元	137.20	39.20	16.80	193.20	137.20	29.40	16.80	183.4

3. 称重与观察记录

分别与试验开始和结束时按编号空腹称重（表9–23）。试验期间仔细观察，详细记录试验羊只生长情况及日采食量。

表9–23 试验羊只增重统计

组别	只数/只	始重/kg	末重/kg	净增重/kg	日增重/g
试验组	20	17.65±1.79	32.63±2.70	14.98±1.19	213.93
对照组	20	17.65±1.79	30.85±0.55	13.20±1.10	188.57

4. 结果分析

料重比=饲料消耗(kg)/畜体增重(kg)，饲料报酬=增重金额(元)/饲料消耗金额(元)。绵羊肉价格52元/kg，增重部分屠宰率按照70%计算，每增重1 kg增值40.0元计算。

从表9–24中可以看出，试验组全期每只滩羊日平均增重为213.93 g，比对照组188.57 g多增重25.36 g。两个试验组增重料重比分别为8.41、9.54，其每增重1 kg需饲料费用为12.85元、13.94元。饲料报酬分别为2.82、2.60。试验组每只羊比对照组多增收64.80元，柠条混合饲料成本比秸秆饲料成本高9.80元，所以试验组比对照净收入为55.0元，20只羊多增收1100元。由此可见柠条青贮饲料的育肥效果较好。

表9–24 平均经济效益对比

组别	日增重/g	日增重价值/元	日耗料/kg	日耗料成本/元	料重比	每千克增重成本/元	增重收入/元	饲料报酬/(元·元⁻¹)
试验组	213.93	11.12	1.80	2.75	8.41	12.85	545.30	2.82
对照组	188.57	9.80	1.80	2.63	9.54	13.94	480.50	2.62

（四）柠条羔羊育肥试验

1. 试验方法

从在石山子赵彦吉羊场选择，体重、体质相近，生长发育正常的羔羊36只，公母比例一致。组间差异不显著($P>0.5$)。预试期2017年5月3—13日，为期 10 天,预试期内完成驱虫、编号,并试喂试验期饲料,预试期摸索采食量,以逐步增加到试验规定的日喂量,预试期最后一天早晨空腹称重为试验始重,到试验期结束,早晨空腹称重为末重。试验期从 5 月 13 日到 7 月 6 日,试验期53天。饲喂时,全混日粮加水拌湿饲喂。颗粒饲料直接饲喂,每天饲喂两次,为早晨 6~7 点和下午 5~6 点,自由采食、饮水。

2. 日粮组成

对照组和试验组采用同一基础日粮,精料配方如下,试验组添加柠条、秸秆、中药渣混合草粉,对照组只添加柠条秸秆混合草粉,制成全混日粮。对照组、试验组饲料是草粉与精料混合后拌湿饲喂(表 9-25)。

表 9-25　配合精料组成

饲料	玉米	麸皮	油饼	小苏打	食盐	料精	合计
比例/%	70	5	10	1	1	13	100
单价/(元·kg^{-1})	2.30	2.0	2.6	1.0	1.4	3.74	—
总价/元	1.61	0.10	0.26	0.01	0.01	0.49	2.48

备注:添加剂为维生素与微量元素。

3. 称重与观察记录

分别与试验开始和结束时按编号空腹称重（表 9-26）。试验期间仔细观察,详细记录试验羊只生长情况及日采食量。试验结束后对饲料成本进行核算(表9-27),以便计算育肥经济效益。

表 9-26　羔羊增重记录

组别	只数/只	始重/kg	末重/kg	净增重/kg	日增重/g
试验组	18	17.79	25.48	7.51	141
对照组	18	17.75	26.33	8.58	161

表 9-27　羔羊饲料成本核算

饲料	试验组					对照组			
	精料	柠条	秸秆	中药渣	合计	精料	柠条	秸秆	合计
日粮/kg	0.4	0.3	0.3	0.03	1.03	0.4	0.3	0.3	1.00
35 天/kg	14.0	10.5	10.5	1.05	36.05	14.0	10.5	10.5	35.0
日粮/kg	0.5	0.2	0.3	0.03	1.03	0.5	0.20	0.30	1.00
18 天/kg	9.0	3.6	5.4	0.54	18.54	9.0	3.6	5.4	18.0
合计/kg	23.0	14.1	15.9	1.59	54.59	23.0	14.10	15.90	53.0
18 只总量/kg	414.0	253.8	286.2	28.6	982.6	414.0	253.8	286.2	954.0
单价/ （元·kg^{-1}）	2.48	1.20	0.60	1.20	——	2.48	1.20	0.60	——
总价/元	1 026.72	304.56	171.72	34.32	1 537.32	1 026.72	304.56	171.72	1 503.0

注:料重比=饲料消耗(kg)/畜体增重(kg),饲料报酬=增重金额(元)/饲料消耗金额(元),羊肉价格 54 元/kg,增重部分屠宰率按照 70% 计算,每增重 1 千克增值 38 元计算。

4. 结果分析

从表 9-28 中可以看出,试验组全期每只滩羊日平均增重为 161 g,比对照组 141 g 多增重 20 g。两个试验组增重料重比分别为 7.09、6.40,其每增重 1 千克需饲料费用为 11.20 元、10.00 元。饲料报酬分别为 2.39、2.80。试验组每只羊比对照组每天多增收 0.73 元,一个试验期多增收 38.69 元,30 只羊多增收 1 160.7 元。柠条草粉占整个日粮中比重为 25.66%,由此可见柠条饲料的育肥效果较好。

表 9-28　羔羊组只平均经济效益对比

组别	日增重/g	日增重价值/元	日耗料/kg	日耗料成本/元	料重比	1 千克增重成本/元	增重收入/元	饲料报酬/（元·元$^{-1}$）
对照组	141	5.36	1.00	1.58	7.09	11.20	3.78	2.39
试验组	161	6.12	1.03	1.61	6.40	10.00	4.51	2.80

六、柠条蒸汽爆破技术

蒸汽爆破最早被应用于人造纤维板的加工行业。在近几十年的生物质转化研究中被发现其做为一种水解预处理技术，可以有效增加酶解可及度并使纤维素降解为小分子。蒸汽爆破一般的处理过程为：先把物料装填入一个压力容器中，通入高温高压蒸汽并保持数分钟，最后以极短的时间将蒸汽与物料一同释放出来。现有的蒸汽爆破实现型式主要包括热喷放技术与螺杆挤压膨化技术。汽爆技术应用于柠条加工处理上，具有改善柠条营养价值、提高动物采食量和柠条消化率的潜力。相比于传统处理方法，汽爆处理适用于所有秸秆，处理过程无试剂添加，便于规模化生产应用。

(一)汽爆技术

蒸汽爆破过程与蒸汽爆破类似，采用高温高压水蒸汽(160~250℃，1.1~4.0 MPa)，将物料维持一段时间后释放压力，实现预处理过程但其在此基础上有所改进，如图在爆破仓部位做了较大改进。传统的爆破过程在压力释放阶段需要用控制阀实现压力释放，而ICSE过程利用压缩气泵控制填料仓的开启和关闭，使得爆破时间缩短为0.087 5 s，更接近于真实汽爆过程。短时间的爆破过程能够保证大量的热能被转化为机械能去撕裂物料达到预处理的目的。

蒸汽爆破的过程可以被分为两个阶段(图9-9)：第一阶段是蒸煮阶段，第

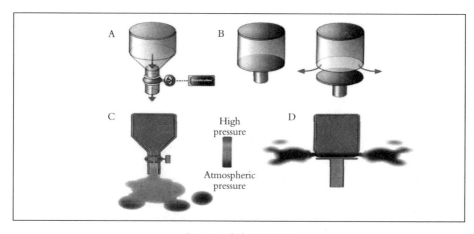

图9-9　蒸汽爆破过程

二阶段是爆破阶段。蒸汽爆破的技术本质为:在第一阶段,生物质首先被蒸汽汽相蒸煮,使得物料细胞内的水分温度升高,并发生多种热化学反应,使木质纤维素结构软化和部分降解,放大爆破过程的效果。第二阶段,将渗进生物质组织内部的蒸汽分子瞬时释放完毕,产生的爆破冲击波作用于生物质,使蒸汽内能转化为机械能并作用于生物质组织细胞层间,从而用较少的能量将原料按目的分解。

(二)工作过程

实现蒸汽弹射原理的核心构件为一套气缸活塞付,其工作过程见下图9-10,包括加料盖、高压缸体、滑动封盖及其拉爆气缸。其工作过程是:在蒸汽蒸煮阶段,滑动封盖在拉爆气缸的推力下与高压缸体紧密密封,成为一个整体。利用压力平衡原理,使滑动封盖两端的蒸汽受压面积相等,保持滑动封盖内部的应力平衡,使其保持在静止状态。当处于爆破阶段时,由于气缸的推力突然解除,使滑动封盖产生了微小位移。这一位移改变了滑动封盖底部的密封部位,从而改变了滑动封盖下端的蒸汽受压面积,打破了原有的压力平衡状态,并最终触发蒸汽弹射爆破,蒸汽、物料急速下移,使滑动封盖高速弹出,实现瞬时爆破的目的。

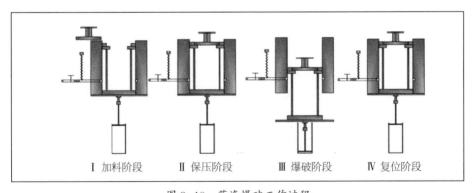

Ⅰ 加料阶段　　Ⅱ 保压阶段　　Ⅲ 爆破阶段　　Ⅳ 复位阶段

图 9-10　蒸汽爆破工作过程

(三)柠条汽爆

表9-29,汽爆处理后,纤维类物质明显降低,NDF降低了24.99%,ADF降低了7.84%,ADL降低了20.35%,粗纤维降低了15.08%。粗灰分增加一倍多。汽

表 9-29 汽爆、膨化柠条营养成分

单位:%

营养指标	汽爆处理	膨化处理	柠条未处理
粗脂肪	2.41	3.61	1.16
粗灰分	5.49	4.27	2.24
钙	1.08	0.67	0.55
磷	0.066	0.371	0.043
粗纤维	49.57	45.43	58.37
蛋白	10.32	13.52	11.14
中性洗涤纤维	57.47	59.23	76.62
酸性洗涤纤维	54.67	45.64	59.32
木质素	19.02	18.06	23.88

爆技术主要通过对物料进行高温高压水蒸汽蒸煮和瞬间释放压力,使柠条的纤维结构受到破坏,从而改变柠条的化学组成和纤维结构。水蒸汽的蒸煮作用能改变秸秆的化学组成。一方面,木质纤维素三大组分发生部分降解。柠条在高温高压蒸汽中,半纤维素组分部分降解,产生一些酸性物质如甲酸、乙酸、乙酰乙酸等,该酸性物质可促使半纤维素进一步降解为可溶性糖,如木糖、阿拉伯糖和低聚糖等。此外,纤维素和木质素也发生少量的降解,产生葡萄糖及其分解物和酚类化合物等。另一方面,高温高压蒸汽对纤维空间结构具有一定影响。渗入纤维分子中的高温水分与纤维分子上的羟基结合以及纤维素降解物的溶解,可部分破坏纤维的内部氢键结构,游离出新的羟基,使亲水性基团增多,降低纤维的聚合度。木质素的降解和高温的蒸煮对木质素的软化,可以降低纤维的连接强度。

(四)微观结构

蒸汽爆破后柠条物料的颜色明显变深,呈浅褐色或深褐色,这主要是由木质素的变化导致。未处理前,柠条纤维较为平滑,表面没有明显的杂质,纤维之间排列较整齐。经爆破处理后,纤维出现大批的裂纹、裂片,纤维壁变薄,纤维素出现空隙,发生原纤化现象。蒸汽爆破压力 1 500 kPa 条件下纤维变小变细,表面出现大量裂纹,比表面积有所增大;蒸汽爆破压力 2 250 kPa 条件下纤维失去原有条状,表面分裂成细条状;蒸汽爆破压力 2 500 kPa 条件下纤维表面全是裂片。宏观上,使得秸秆撕碎如烟丝或发丝状;微观上,使得纤维素内部的氢键,无定形区和部分结晶区遭到破坏。同时,绝热膨胀做功后秸秆物料的温度迅速降低,使得纤维超分子结构被"冻结",抑制了纤维内部的氢键重组。最终,木质素对纤维素表面的包裹减少,纤维素内部有序的结构遭到破坏,该变化有利于微生物和消化酶的附着,进而使秸秆消化率提高。

(五)汽爆对饲料的应用

对汽爆秸秆和天然秸秆进行固态发酵,未处理的秸秆发酵后蛋白和酶活分别为 11.6%和 2.1 U/g·min,汽爆秸秆发酵后蛋白和酶活分别为 16.7%和 9.5 U/g·min,汽爆秸秆经固态发酵后蛋白和酶活均大大提高。汽爆秸秆更有利于微生物的转化利用,这是由于汽爆处理改变了秸秆的天然结构,使微生物和酶作用面积和接触面积增大,处理后的底物为微生物提供更适宜的条件。

通过对秸秆的汽爆过程可以发现,汽爆压力对爆破过程的影响最为明显。高爆破压力能在物料出口时瞬间撕裂并炸开秸秆形体;当保持压力的时间增加时, 在比较高的秸秆水分含量下, 秸秆内外会形成一个持续气液相蒸煮环境,水蒸汽充分渗透到秸秆内部,膨化秸秆,继而在爆破力的作用下破坏秸秆原有组织结构,使交织结构的秸秆纤维成分发生解散和分离,释放出秸秆中的中性洗涤溶解成分(NDS)和半纤维,因而有利于酶解还原糖的产生。

常规秸秆饲料处理方法未能显著提高水稻秸秆酶解还原糖产量,汽爆处理水稻秸秆酶解还原糖产量远高于其他常规处理方法。与目前最常用的热喷处理方法相比,汽爆后水稻秸秆的酶解还原糖产量提高 1.14 倍,而所需的时间仅是其 1/5。因此,用汽爆加工有利于提高作物秸秆饲料的生产效率。

(六)小结

柠条汽爆加工技术利用研究起步较晚,基本上处于试验探索阶段,加工技术也集中在常规研究上,尚未有一项成熟的技术。汽爆技术在秸秆中应用比较广泛,也取得了可喜的成绩。由于柠条不同普通的秸秆,木质素含量较高。由于汽爆处理过程中,所对应的压力和温度等因素制约性。为了更科学地反应汽爆对柠条预处理的效果。通过观测柠条在汽爆过程中的各种变化状态,以及工业化运行参数,确定最适宜的工艺组合,以便后期机械引进及应用做好前期准备工作。

第二节　柠条栽培基质应用

在设施蔬菜生产中,设施土壤质量退化成为影响蔬菜产品质量及土壤可持续利用的瓶颈。造成土壤质量退化的原因有多种,其中连作障碍是主因。随着连作年限的延长,土传病害发生严重,造成了农民收益的直接下降。因此,无土栽培技术是解决这些问题的重要途径之一。无土栽培技术是近年来发展最快的新技术之一,是不用土壤而用基质栽培的方法。现在,许多国家都有无土栽培设施,已广泛用于生产花卉、蔬菜、育苗等。它具有省地、省水、省肥、受环境影响小、作物生长快、高产、优质、病虫害少等诸多优点,是未来农业的理想模式。无土栽培不仅使农作物生产取得了显著的经济效益,还进一步应用到了一些园林观赏植物的栽培中,起到了提高产量、增进品质、减少土传病害、净化栽培环境的效果,并且扩大了观赏植物的栽培范围。随着设施瓜菜种苗需求量急增,进而育苗基质原料—草炭需求量加大,目前宁夏设施农业面积已经突破100 万亩,年需要育苗超过 12 亿株,需基质约 170 万袋,消耗草炭近 6 万 m^3,但草炭是一种资源十分有限的非可再生资源,大量开采会破坏湿地环境,加剧温室效应,而且草炭产地和使用地之间的长途运输也增加了草炭的使用成本,因此必须研究提出替代草炭的新型育苗基质。

固体基质的无土栽培类型由于植物根系生长的环境较为接近天然土壤,缓冲能力强,不存在水分、养分与供氧气之间的矛盾,因此在生产管理中较为方便,且设备较水培和雾培简单,甚至可不需要动力,具有一次性投资少、成本低、性能相对较稳定、经济效益较好等特点,生产中普遍采用。近年来,随着具有良好性能的新型固体基质的开发利用以及在生产上工厂化育苗技术的推广,我国的固体基质栽培的面积不断扩大。从我国现状出发,基质栽培是最有现实意义的一种方式。无土栽培由营养液、基质、设施和设备几部分组成,经过多年的研究和试验,营养液的配方已基本形成,需要时可到相关材料中查找。对于设施和设备来说,可以长途调运。但对于基质,要根据不同条件、不同地区、不同资源因地制宜,应用不同的基质。

一、基质在育苗中的应用

有机基质,是指既不用天然土壤也不使用传统的营养液灌溉植物根系,而是采用农业废弃物等经腐熟发酵沤制和消毒而成的有机固态基质。近年来有机基质得到了较好的发展,与其他基质相比它有以下优点:可再生、节约资源、对环境无污染;各地可寻找适合本地推广的有机基质;废弃的有机基质仍具有丰富的养分,可直接施入田地作为土壤改良剂,恰当使用可减少施肥量,降低种植成本。

轻型育苗基质具有质轻、节约运输费用、提高造林成活率等优点,应用轻型基质育苗已经成为一种趋势。泥炭土作为轻型基质育苗在世界范围已应用广泛。由于我国的泥炭土资源匮乏,随着湿地保护法的出台,泥炭土的开发日益受到制约。目前,开发利用农业、林业废弃物作为育苗基质越来越受到重视,不仅利于保护环境,而且还具有良好的社会效益与经济效益。但是,农林废弃物本身理化性质不稳定,而且还含有酚类等一些有毒物质,不能直接用作育苗基质,需要对其进行预处理,使其易分解的有机物质分解,有毒物质去除,理化性质才能稳定,在育苗过程中才不会产生不良影响,经过处理后的农林废弃物才可以用作育苗基质。目前处理农林废弃物使其稳定的方法就是对其进行腐熟堆沤(compost),也称发酵。堆肥方法处理有机固体废弃物是一种集处理和资源循环再生利用于一体的生物方法,很多经过堆肥处理的有机废弃物可作为良好的无土栽培基质,这也是目前有机废弃物资源化的一个研究热点。农林废弃物也属于有机废弃物范畴,故其堆肥腐化原理也适用于农林废弃物。

(一)柠条草粉作为育苗轻型基质的优势

有机基质栽培因其性能稳定、缓冲能力强、设备简单、投资少、技术容易掌握等优点而成为我国目前推广应用最多的一种无土栽培形式。发展基质无土栽培的关键在于如何开发一种理化性能稳定、原材料来源广泛、价格低廉、对环境无污染和便于规模化商品生产的基质。草炭是现代园艺生产中广泛使用的重要育苗及栽培基质,在自然条件下草炭形成约需上千年时间,过度开采利用,使草炭的消耗速度加快,体现出不可再生资源的特点。很多国家已经开始限制草炭的开采,导致草炭的价格不断上涨。因此,开发和利用来源广泛、性能稳定、价格低廉,又便于规模化商品生产的草炭替代基质的研究已成为热点。国外开发了椰子壳、锯末等替代基质,并应用于商业化生产,国内在以木糖渣、芦苇末、油菜秸秆、蚯蚓粪等工农业废弃物为原料开发草炭替代基质方面也作了较为深入的研究。这些原料主要是农林业副产品,来源比较丰富,各批次质量相对稳定。

另一方面,我国目前经济迅速发展,工农业生产力大大提高,各种固体有机废物急剧增加,废弃物的处理增加了环保的压力。据统计,全国乡镇企业排放的废渣总量达到 $14×10^8t$,工业固体废物累计堆存量达到 $67.5×10^8t$,农作物秸秆年产量约 $8×10^8t$。研究表明,利用这些工农业有机废弃物可以合成优质无土栽培有机基质。近年来,科研工作者利用各种有机废弃物研制合成了环保型无土栽培有机基质,在各种作物上的栽培应用效果良好。这不仅解决了有机废弃物的处理问题,还为无土栽培提供了优质有机基质,提高了自然资源的综合利用水平。由于柠条营林特点,3~5 年需要进行平茬,平茬枝条生物量比较丰富,也富含各种营养成分,成为生物质栽培基质开发利用的一种良好选择。

柠条作为一种粉碎植物基质原料,其质地、粒径和性质等方面受到粉碎程度和腐熟度的影响(尚秀华等,2009),粉碎程度和腐熟度可以影响复合基质的容重、孔隙度、pH 值和 EC 值等。优良的基质在物理性质上固、液、气三相比例适当,容重为 0.1~0.8 g/cm³ 总孔隙度在 75%以上,大小孔隙比在 0.5 左右。化学性质上,阳离子交换量(CEC)大,基质保肥性好。pH 值在 6.5~7.0 之间,并具有一定的缓冲能力，具有一定的 C/N 比以维持栽培过程中基质的生物稳定性。以发酵柠条粉、珍珠岩和蛭石为材料，按照不同比例混配形成柠条粉复合基质，测定了不同配比的基质理化性质，结果表明，添加发酵柠条粉基质，提高了混配基质的总孔隙度和通气孔隙，降低了基质的持水孔隙，部分复合基质完全符合育苗基质要求，且育苗效果明显优于 CK；发酵柠条粉体积比在 50%~60% 之间，总孔隙度在 70%~90% 之间，通气孔隙在 9.5%~11.5% 育苗效果更佳。孙婧(2011)在柠条基质理化性质和育苗效果研究中：在柠条粉碎程度一定的前提下，按照柠条含量为 50.0%、66.7% 和 100.0% 的比例同珍珠岩进行混合，结果发现，随着柠条比例的增加，基质的容重在一定程度上有所增加，充分说明柠条作为植物粉碎原料其比重较大，质地较紧密，因此含量越高混合基质整体的容重就越大；育苗后，柠条含量为 50.0% 和 66.7% 的基质总孔隙度、通气孔隙度和持水孔隙度显著低于柠条含量为 100.0% 的基质，但大小孔隙比差异不显著。

另外，柠条基质由于植物本身有机物和无机物的含量和成分较为复杂，其 pH 值和 EC 值均在适宜根系生长的范围内，出苗情况优于草炭基质，但在育苗前后基质理化性质变化均较大，没有对照稳定。因此，就理化性质方面来说，柠条基质具有一定的优势，作为草炭基质的替代物还有待于进一步研究。

(二)柠条腐熟处理

柠条草粉是较好的栽培基质原料，但必须经过特定的工艺处理后，才能用于作物栽培。目前处理方法以堆制发酵即腐熟堆沤为主，该方法具有操作简单、处理时间短、有毒物质去除彻底、节约成本等优点。

1. 堆肥原理

堆肥化(composting)是一种传统的有机废弃物处理工艺，即在受控的条件下，利用微生物的作用和酶活性加速有机物的生物降解和转化，最终使有机物达到腐熟化和稳定化的过程。堆肥过程不仅可以减少有机固体废弃物的体积、重量、臭味，杀灭病原菌、虫卵、植物种子等，同时会产生大量的腐殖质。堆肥技术应用于柠条草粉的处理，改善其理化性质，使其能作为良好的育苗基质。

堆肥化的基本原理是：有机物依靠自然界广泛分布的细菌、放线菌、真菌等微生物，在一定人工条件下，有控制地促进可被生物降解的有机物向稳定腐殖质转化的生物化学过程，其实质是一种发酵过程。在堆肥过程中，柠条草粉的溶解性有机物质透过微生物的细胞壁和细胞膜为微生物所吸收，固体和胶体的有机物质先附着在微生物体外，由生物所分泌的胞外酶分解为溶解性物质，再渗入细胞。微生物通过自身的生命活动——氧化、还原、合成等过程，把一部分被吸收的有机物氧化成简单的无机物，并放出生物生长活动所需要的能量；把另一部分有机物转化为生物体所必需的营养物质，合成新的细胞物质，于是微生物生长繁殖，产生更多的生物体。根据处理过程中起作用的微生物对氧气要求的不同，有机废弃物处理可分为好氧堆肥法（高温堆肥法）和厌氧堆肥法两种。前者是在通气的条件下借好氧性微生物使有机物得到降解，由于好氧堆肥温度一般在 50~60℃，极限温度可达 80~90℃，故亦称为高温堆肥。后者是利用微生物的发酵造肥。由于好氧堆肥相对于厌氧堆肥有高效性，目前常用的堆肥工艺多为高温好氧堆肥。一般情况下，利用堆肥温度变化来作为（好氧）堆肥过程的评价指标。

2. 堆肥过程

一个完整的堆肥过程一般可分为三个阶段。

（1）中温阶段。这是指堆肥化过程的初期，堆层基本呈 15~45℃的中温，嗜温性微生物较为活跃并利用堆肥中可溶性有机物进行旺盛的生命活动。这些嗜温性微生物包括真菌、细菌和放线菌，主要以糖类和淀粉类为基质。真菌菌丝体能够延伸到堆肥原料的所有部分，并会出现中温真菌的实体。

（2）高温阶段。当堆肥温度升至 45℃以上时即进入高温阶段，在这一阶段，嗜温微生物受到抑制甚至死亡，取而代之的是嗜热微生物。堆肥中残留的和新形成的可溶性有机物质继续被氧化分解，堆肥中复杂的有机物如半纤维素—纤维素和蛋白质也开始被强烈分解。在高温阶段中，各种嗜热微生物的最适宜温度也是不相同的，在温度上升的过程中，嗜热微生物的类群和种群是相互接替的。通常在 50℃左右最活跃的是嗜热真菌和放线菌；当温度上升到60℃时，真菌则几乎完全停止,基于生物表面活性剂的堆肥微环境条件的改良活动,仅为嗜热性放线菌和细菌;温度升到 70℃以上时,对大多数嗜热性微生物已不再适应,从而大批进入死亡和休眠状态。现代化堆肥生产的最佳温度一般为55℃,这是因为大多数微生物在 45~80℃范围内最活跃,最易分解有机物,同时,其中的病原菌及寄生虫大多数可被杀死。

(3)降温阶段。在内源呼吸后期,剩下部分为较难分解的有机物和新形成的腐殖质。此时微生物的活性下降,发热量减少,温度下降,嗜温性微生物又占优势,对残余较难分解的有机物做进一步分解,腐殖质不断增多且稳定化,堆肥进入腐熟阶段,需氧量大大减少,含水率也降低。

从堆肥化原理和发酵过程可以看出经过一系列的微生物反应,经过处理的柠条草粉可以变成一种稳定的物质,在育苗过程中理化性质得到很大的改变,因此,经过腐熟堆沤后的柠条草粉可以作为良好的育苗基质。对柠条进行腐熟只是前期工作,怎样将几种基质混配成优良的复合基质还有待进一步研究。

二、柠条生物堆肥技术研究

堆肥是处理有机肥料的主要方式之一,堆肥过程中,发生大量的生物化学变化,以达到无害化和充分腐熟的目的。传统的堆肥化处理存在着堆制周期长、堆制质量差、腐熟不充分的弊端,如何提高堆肥腐熟效果是堆肥化处理中的关键问题之一。本项目主要研究了不同有机物料腐熟剂对柠条有机肥堆制腐熟指标变化的影响,旨在为合理制备柠条有机肥提供理论依据。

(一)材料与方法(表 9-30)

1. 供试材料

供试堆肥柠条粉购自盐池县城南源丰草产业有限公司,鸡粪取自当地农户家,晒干后过孔径 0.7 cm 筛。

2. 试验设计

堆制前将柠条粗粉晒干后用粉碎机粉碎,将柠条粉和鸡粪按照 4:1 的比

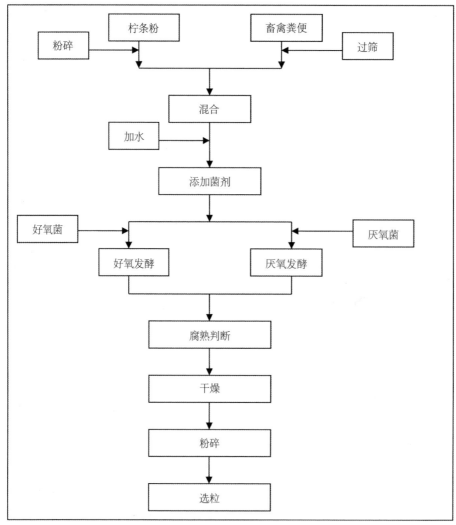

图 9-11 堆肥技术流程图

表 9-30 堆肥原料的主要成分

指标	柠条粉	鸡粪
有机碳/$(g \cdot kg^{-1})$	390.45	108.0
全氮/$(g \cdot kg^{-1})$	16.7	9.98
全磷/$(g \cdot kg^{-1})$	1.00	5.95
全钾/$(g \cdot kg^{-1})$	2.95	12.2

续表

指标	柠条粉	鸡粪
粗纤维/(g·100 g⁻¹)	47.8	—
粗灰分/(g·100 g⁻¹)	3.6	—
粗蛋白/(g·100 g⁻¹)	8.82	—
粗脂肪/(g·100 g⁻¹)	1.5	—
钙/(g·kg⁻¹)	10.0	—
镁/(g·kg⁻¹)	1.9	—
C/N	23.38	10.82

例混合,试验设六个处理(表9-31),每个处理柠条粉50 kg、鸡粪12.5 kg,调整含水量在55%~65%。物料搅拌均匀后,放入塑料棚膜温室中,每个处理均设置成长×宽×高为1.0 m×1.0 m×0.8 m的近圆锥体, 添加EM菌的试验处理用塑料膜包裹密闭进行发酵。堆肥开始第一周每三天翻一次堆,之后每周翻一次,直至堆肥腐熟。

表9-31　试验设计方案

编号	试验处理
处理1	柠条粉+鸡粪+菌剂1
处理2	柠条粉+鸡粪+菌剂2
处理3	柠条粉+鸡粪+菌剂3
处理4	柠条粉+鸡粪+菌剂4
处理5CK1	柠条粉 +菌剂1　不加鸡粪
处理6CK2	柠条粉+鸡粪　不添加菌剂

(二)试验结果及分析

1. 不同菌剂对有机肥腐熟过程中堆体外观性状的影响

在堆肥开始强,所有处理的颜色均为黄色,可以明显看出柠条粉,处理1~4的堆体在颜色、气味、菌丝、堆体松紧情况看,变化趋势基本一致。在堆肥第一天各处理堆体在颜色上没有区别,均为黄色。在堆肥的第七天处理1~4的堆体,颜色变为黄褐色,堆体表现为蓬松,并且可以看到有菌丝,有臭味;在堆肥的第二十五天,堆体的颜色均变为黑褐色,有大量的菌丝,臭味消失;在堆肥的第三十一天,堆体颜色仍为黑褐色,但堆体较松散,无臭味。处理5的发酵效果较差,从堆肥的第七天开始,堆体一直为黄褐色,并且一直有臭味,到第三十一天仍然没有到达黑褐色,从堆体颜色上看未腐熟。处理6在堆肥的第一天也为黄色,堆肥的第七天变为黄褐色,堆体紧实,臭味较浓;在堆肥的第三十一天也达到了黑褐色,堆体蓬松,从堆体的外观上看处理6在堆肥后期也达到了腐熟。

2. 不同菌剂对有机肥腐熟过程中堆体温度的影响

温度是堆肥系统微生物活动的反映,是影响微生物活动和堆肥工艺过程的主要因素。堆肥时温度过高或过低都会减缓反应速度,一般情况下,嗜温菌最适合的温度为30~40℃,嗜热菌发酵最适温度是45~60℃。高温堆肥时,温度上升超过65℃即进入孢子形成阶段,对堆肥不利。因此,高温堆肥温度在45~60℃间较为合理。

棚内外温度变化。从图9-12中可知,在不同处理腐熟期间外界环境温度在-2~15℃之间波动,温度处在5~15℃之间的变化较多,因此,棚外温度较大的波动对试验影响较小。棚内温度的变化可以划分为三个阶段:第一阶段1~4天,为升温阶段,温度由17.5℃上升到31℃;第二阶段5~29天,持续高温

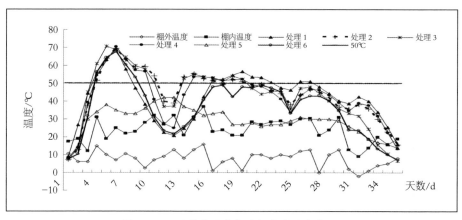

图9-12　不同处理腐熟过程中的温度变化

阶段,温度大概稳定在20~32℃;第三阶段30~35天,为降温阶段,温度下降后,在10~20℃范围内变化,接近于腐熟初期。

不同菌剂处理温度变化。对于堆肥而言,温度是影响微生物活动和堆肥进程的重要因素之一。本试验堆制过程中堆体温度变化见图9-13。一般而言,堆肥过程中堆体温度变化主要有三个阶段,即升温阶段、高温阶段和冷却后熟阶段。高温阶段是堆肥化处理的关键阶段,大部分有机物在此过程中氧化分解,堆肥物料中几乎所有的病原微生物在此过程中被杀死而达到稳定化。

从图9-13可以看出处理1、处理2、处理3、处理4、处理6的温度变化曲线基本相同,大致经历了五个阶段,即第一阶段为升温阶段,第二阶段为降温阶段,第三阶段为再次升温阶段,第四阶段为持续高温阶段,第五阶段为持续降温阶段。

厌氧发酵和好氧发酵的效果比较。结果表明:无论是采用好氧发酵的菌种处理1、处理2、处理3,还是厌氧发酵的菌种处理4,从温度变化的曲线上看没有太大差别,因此,以柠条粉为原料进行生物有机肥的发酵,好氧型的菌种和厌氧型的菌种都可以使用。

3. 不同菌剂对有机肥腐熟过程中pH值的影响

pH值是影响微生物活动的重要因子之一,适宜的pH值有利于微生物有效地发挥作用。从图9-13中可以看出,在所有处理中,处理1和处理2的pH

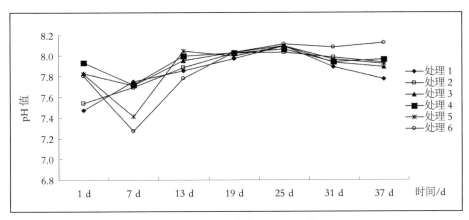

图9-13 不同菌剂腐熟过程中pH值变化

值变化趋势相同,均为先上升后下降,第1~25天pH值逐渐上升,在第25天达到最高值,第25~37天pH值逐渐下降,堆体在整个发酵过程中pH值的变化范围在7.47~8.09之间。处理3和处理4的变化趋势相同,均为先下降后上升再下降的过程,从第7天开始下降,第7~25天逐渐上升,第25天最高,第25~37天逐渐下降,堆体在整个发酵过程中pH值的变化范围在7.41~8.09之间。处理5在整个发酵期间在第7天下降,然后在第13天和第25天出现了两次pH值升高的情况,第25~37天逐渐下降。处理6的pH值大概为逐渐上升的趋势,但从第19~37天pH值均高于8,并且还有继续升高的趋势。pH值是微生物生长的重要因素之一,一般微生物最适宜的pH值是中性或弱碱性,pH值太高或太低都会影响堆肥处理的效果。在试验中pH值变化的范围在7.27~8.09之间,符合微生物生长的适宜范围。

三、柠条基质生产技术研究

孙婧以传统的草炭、珍珠岩混合基质作对照,分析配比不同比例柠条的混合基质的容重、总孔隙度、通气孔隙度、持水孔隙度、大小孔隙比及pH值、EC值等理化性状,并对不同基质培育的黄瓜幼苗生长相关指标进行研究。曲继松等在2009—2013年间以柠条粉作为育苗基质的探索性试验已经取得了初步成功,尤其是在西瓜、甜瓜、茄子、辣椒等育苗上取得较好表现。目前柠条基质配型筛选研究已经基本确定了柠条基质的复混配比类型,进而为丰富的可再生的柠条资源后续产业的开发提供理论基础,提高沙产业的经济效益和生态效益。

(一)材料与方法

1. 堆腐材料

选择柠条修剪枝条、林木废弃枝条和玉米秸秆作为堆腐材料,进行单组份堆腐。原料理化性质如表9-32。堆腐用的菌剂为HM发酵菌,由细菌、丝状真菌、酵母菌、放线菌等组成,菌剂购自河南。

表 9-32　原料理化性质

原料	密度/(kg·m⁻³)	pH	EC/(ms·cm⁻¹)	TOC/%	TN/%	水分/%
柠条枝条	170	8.1	2.11	37.3	1.5	13.5
玉米秸秆	67	7.59	1.93	45.1	0.8	9.4
林木枝条	210	7.82	2.01	47.1	1.2	10.6
鸡粪	420	7.13	3.20	33.8	3.6	21.6

2. 实验方法

(1)堆腐及取样方法。堆腐试验采用高温好氧条垛式堆肥方法。碎料粒径小于 10 mm,初始 C/N 设置为 30,添加 0.2‰的 HM 菌,再用自来水均匀喷洒,调节初始水分达到 65%,堆肥时 pH 值控制在 6.5~8.5 之间,发酵最高温度不超过 68℃。堆体大小为 2 m 宽、大于 3 m 长、0.8 m 高,当料温上升到 68℃时翻堆,以改善料堆各部位发酵条件,调节水分,增加养分,散发废气,增加新鲜空气,促进微生物的继续生长和不断繁殖,使培养料得以充分转化和分解。翻堆时应根据料的干湿情况适当补水。

堆腐过程中, 分别于 0、10、20、30、40、50、58 天时从各堆体不同位置不同深度选 6 个点取样,混匀后缩分至 500 g 左右。部分样品用保鲜袋密封并现场保存于 4℃冰箱中;部分样品风干粉碎后过 0.25 mm 筛,密封保存,备用。

试验处理:T1,玉米秸秆采用鸡粪调节初始 C/N;T2,玉米秸秆采用羊粪调节初始 C/N;T3,柠条枝条采用鸡粪调节初始 C/N;T4,柠条枝条采用羊粪调节初始 C/N;T6,林木枝条采用鸡粪调节初始 C/N;T7,林木枝条采用鸡粪调节初始 C/N。

(2)堆腐初产物理化性质分析。本试验统计的腐熟度指标包括:温度、pH值、EC 值、总孔隙度、大小孔隙比、容重、养分、有机质。堆腐温度测定时间为每天上午 11 点,用玻璃温度计插入离表层 40~50 cm 处测定温度,每个堆体选六个不同位置测定,最后计算平均值。pH、EC 值测定:在距基质材料顶部15 cm处采样,每个基质材料采样六个点,每个点取样约 30 g 左右,将所采六个样品混匀,以去离子水—1:10(W/W)浸泡 24 h 后,双层定性滤纸过滤,用酸度计测定滤液。发酵材料 C/N 比与 T 值的测定每隔 1 个月测定一次。发酵底物含碳量的测定采用重铬酸钾氧化法,含氮量采用凯氏定氮法测定。T 值=最终 C/N 比/初始 C/N 比。T 值下降到 0.53~0.72 之间表示堆肥达腐熟。养分含量测定:碱解 N 采用碱解扩散法测定;速 P 采用碳酸氢钠—分光光度计法测定;速 K 采用醋酸铵—火焰光度计法测定。有机质采用重铬酸钾加热氧化法。

(3)数据处理。采用 DPS、Excel 2003 处理。

(二)结果与分析

1. 堆体指标变化

温度是影响微生物活性和有机物料的转化最显著的因子,是判断堆腐是否达到无害化和腐熟度要求的最重要参数指标。从图 9-14 中可以看出六个处理的温度变化大致都经历了四个阶段:快速升温阶段(常温升至 60℃左右)、持续高温阶段(50~65℃)、降温阶段(基本小于 50℃)和后腐熟阶段(温度稍高于外界温度)。

(1)温度。堆腐初期,堆料中易分解的有机质在微生物的作用下迅速分解产生大量热量,堆温迅速上升,但是不同堆料达到最高温度的时间存在差异,T1、T2、T4 第九天达到最高温度,T3、T6、T7 第六天温度达到最高。第 10~30 天,堆体温度都处于一个较长时间的高温动态平衡阶段;T3、T4、T6、T7 第 30 天后堆体温度呈现先下降然后又升高的趋势,表明堆体进入三次发酵阶段。第 30~54 天,温度逐渐下降,57 天后所有堆体温度降低与环境温度(9℃)相接近,不

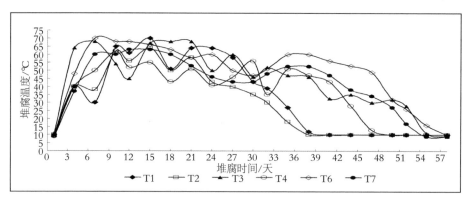

图 9-14　堆腐温度变化

再有明显变化,说明堆料自产热作用已不明显,堆腐产物趋于稳定。

堆料到达最高温度的时间差异很大,可能是因为鸡粪含有较多菌,堆腐后高温菌迅速活动, 所以呈现 T3 升温较 T4 快的现象;T1、T2 升温较慢的原因主要是玉米秸秆疏水性强,不易淋湿。

(2)pH 值。pH 是发酵过程中的重要参数之一,适宜的 pH 值有助于微生物有效发挥作用,保留堆料中的有效元素,如 N。如图 9-15 所示,pH 值变化一直处于碱性环境。堆腐结束时,T1、T2、T3、T4、T6、T7 的 pH 值分别为 8.5、8.6、8.3、9.1.8.6、9.0。在堆腐过程中,初期 pH 呈现上升趋势,是由于高温期产生NH_4气 N 会提高 pH 值,但到后期,NH_4气 N 在较高的 pH 条件下以 NH_3的形式挥发损失,部分被微生物固定以及硝化作用,pH 值保持略微下降的趋势,另外微生物活动产生的大量有机酸也会引起堆腐后期 pH 值的降低。试验堆腐后期,堆体pH 值较高可能是由于植物园自来水偏碱(pH 值为 8.7)引起的。

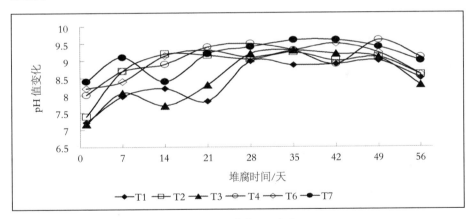

图 9-15　堆腐 pH 变化

(3)EC 值。EC 值指的是堆料浸提液中的离子总浓度,包括各种有机酸盐类和无机盐,即可溶性盐总含量,能够反映堆料对植物产生的毒害作用。从图9-16中可以看出, 六种堆料的 EC 值均表现出先升高后降低的变化趋势。堆腐结束时,T1、T2、T3、T4、T6、T7 的 pH 值分别为 7.21 ms/cm、5.02 ms/cm、3.98 ms/cm、3.30 ms/cm、2.01 ms/cm、2.49 ms/cm。各种材料前期电导率升高的原因可能与

NH₄气 N 的产生等有关,随后电导率下降的部分原因可能与生成的腐植酸类物质结合了部分金属离子有关。

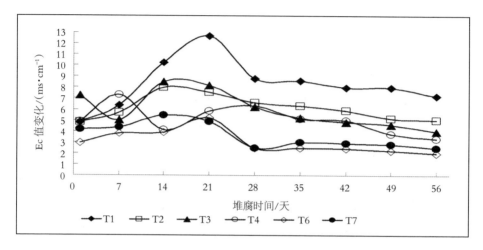

图 9-16　堆腐 EC 变化

2. 堆腐产物理化性质

表 9-33　堆腐产物理化性质

处理	容重/(g·cm⁻³)	孔隙度/%	大小孔隙比	有机质/%	pH	EC/(ms·cm⁻¹)	碱解氮/(mg·kg⁻¹)	速效磷/(mg·kg⁻¹)	速效钾/(mg·kg⁻¹)
T1	0.24c	78b	0.38c	49.6f	8.48b	7.98a	1 093.75b	102.74d	1 750.05a
T2	0.18e	78b	0.22e	49.2g	8.59b	7.02c	697.08c	109.97b	1 348.57b
T3	0.39a	76c	0.11f	51.7d	8.27b	7.46b	1 548.37a	109.82c	294.05f
T4	0.22d	77bc	0.29d	51.2e	9.24a	5.40d	545.42e	57.57f	307.65e
T6	0.29b	71d	0.28d	53.1b	8.57a	2.42f	437.53f	57.08g	798.79c
T7	0.23cd	72d	0.60a	52.2c	9.15a	2.49e	385.27g	57.67e	733.76d
草炭	0.23cd	93a	0.41b	60.1a	5.65c	0.56g	575.52d	136.67a	17.88g

备注:表中同列不同小写字母表示处理间差异显著($P<0.05$)。

表 9-33 是六种堆腐产物基本理化性质测定结果。六种堆腐产物容重在 0.19~0.39 g/cm³ 之间,均处于理想基质的容重范围,T3、T6 显著($P<0.05$)高于草炭,T1、T4、T7 与草炭之间的差异不明显。基质的孔隙度反映基质的透气性

及保水性。如表9-33所示,草炭基质与其他六种基质的总孔隙度达到显著性差异,泥炭基质的总孔隙度最高,为93%,其次是T1、T2基质(78%),而T6基质的总孔隙度仅为71%。单纯的总孔隙度是通气孔隙和持水孔隙的总和,决定其潜在的持水能力,大小孔隙比才能够反映水和空气各自能够容纳的空间,决定基质实际的持水力和灌溉后的通气性,各处理基质大小孔隙比都在理想指标范围内($0.25\sim0.67$),草炭与其他处理存在显著差异($P<0.05$)。

有机质含量>40%的物质即可以做盆栽植物的基质。由表9-27可知,六种基质的有机质水平均较高,其中泥炭基质有机质含量最高,并与其他基质达到显著性差异,T2基质有机质含量最低。

pH值对于基质的影响主要有两个方面:一是pH值会影响到基质中微生物的活性,二是pH值关系到植物对于养分的吸收能力。泥炭基质的pH值最低,为5.68,废弃物各处理pH值均高于最佳值($5.00\sim6.50$),为$8.27\sim9.24$之间,远远高出基质的最佳pH值范围,须处理后使用。

处理EC值存在显著性差异($P<0.05$),草炭最低为0.56 ms/cm,T1处理最高位7.98 ms/cm。由于植物根系直接生长于基质中,作为理想基质应保持较低盐分($0.12\sim1.20$ ms/cm),废弃物基质的EC值远大于植物生长的安全EC值,大多数不耐盐植物会遭受盐害,须进行降盐处理,才能够适宜植物的育苗、栽培。

通过对各处理基质的养分含量对比来看,各处理碱解氮、速效磷、速效钾均存在显著性差异。理想基质中速效氮含量为500 g/m³,速效磷含量为1 000 g/m³,速效钾含量为1 000 g/m³。使用前,各处理基质应添加一定量的氮、磷、钾。

3. 基质复混生产

根据需要,将腐熟枝杆和蛭石、珍珠岩、生物质炭等原料使用搅拌机进行掺混,每方混配好的基质中添加1.5 kg硫酸铵和1.9 kg磷酸二氢钾。采用该方法生产的基质总氮含量为500 g/m³,P_2O_5含量为1 000 g/m³,K_2O含量为1 000 g/m³,理化性质指标如表9-34。

(三)结论

堆腐过程中的温度变化反映了堆料的微生物活性变化和有机物质转化。

表 9-34　基质理化指标

项目	指标
水分含量/%	20
密度/(g·cm⁻³)	0.5
总孔隙度/%	83
大小孔隙比	1：1.4
pH 值	7.5
EC 值/(ms·cm⁻¹)	2.1
N/(g·m⁻³)	500
P₂O₅/(g·m⁻³)	1 000
K₂O/(g·m⁻³)	1 000

温度测定方便,能直接判断堆腐是否达到无害腐熟,腐解开始后,各种材料温度均迅速升高,高温维持较长时间后又较快地下降。不同材料由于内部微生物易利用成分的含量及吸水难易不同等原因, 温度上升的快慢及最高温度差异很大;另外,高温阶段是有机废弃物堆腐处理的关键阶段,堆料温度高,持续时间长,说明微生物发酵产热多,生长快,堆料中几乎所有的致病微生物在此过程中被杀死而达到稳定化。六种处理物料 55℃以上的高温均保持了 20 天左右,达到了美国环境署规定的 55℃以上的高温必须持续 3 天以上的标准,保证了堆腐产物的质量。

一般来说,堆腐初期 pH 为中性,腐熟后 pH 升高,但 pH 受原料影响很大,只能作为堆肥腐熟度判定的必要条件,而不是充分条件。由于组分的差异,三种材料在堆腐过程中的 pH 值变化曲线不一致。EC 值反映了浸提液的离子总浓度,即可溶性盐分含量,主要由有机酸盐类及无机盐组成。与 pH 相同,EC 值受堆肥原料影响很大, 只能作为堆肥腐熟度判定的必要条件, 不是充分条件。电导率(EC 值)的变化趋势一致,均表现为先升高后降低,在好氧性堆肥的高温阶段又迅速降低,降温过程中,由于硝化细菌重新活化,硝酸盐、镁盐及钙盐等迅速增加。

四、林木枝杆腐熟基质在樱桃番茄栽培中的应用效果研究

(一)试验设计

供试品种:地娇樱桃番茄。栽培介质:基质栽培,腐熟枝杆:珍珠岩:蛭石=2:2:1,每方混配好的基质中添加15%腐熟鸡粪、1.5 kg硫酸铵和1.9 kg磷酸二氢钾。定植时间:2018年7月20日。

试验设计:单因素试验,设计四个处理,三垄为一个处理,每处理施用对应有机复合肥60 kg作为底肥,其他水肥管理均相同。处理1,含5%生物质炭的复混基质;处理2,含10%生物质炭的复混基质;处理3,含15%生物质炭的复混基质;空白处理,不含生物质炭的复混基质。

(二)结果与分析

1. 不同含炭复混基质对樱桃番茄株高的影响

如图9-17所示:处理1(含5%生物质炭复混基质)对樱桃番茄株高有明显促进作用,与空白处理比较最高差值达到31.9 cm,其他处理差别较小,说明含5%生物质炭复混基质对促进植株营养生长有明显作用。

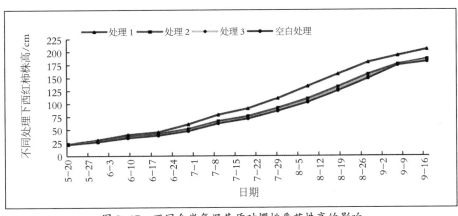

图9-17 不同含炭复混基质对樱桃番茄株高的影响

2. 不同含炭复混基质对樱桃番茄平均节间距的影响

对不同处理下樱桃番茄节间距离进行测定,分析不同含炭复混基质对樱

桃番茄节间的影响。

表 9-35 不同处理下樱桃番茄平均节间距

节间距/cm 不同处理	重复 1	重复 2	重复 3	均值
处理 1	8.192	8.154	8.090	8.145 3Aa
处理 2	6.603	6.615	7.141	6.854 7Bb
处理 3	6.846	6.923	6.795	6.786 3Bb
空白处理	6.385	6.218	7.103	6.568 4Bb

对各处理平均节间距进行方差分析(表 9-35)可知:处理 1(含炭 5% 的复混基质)平均节间最大,并且与其他处理存在显著性差异,说明含炭 5% 的复混基质能够加快樱桃番茄植株的生长,这个结果与图 9-19 中结果一致,说明含炭 5% 复混基质株高生长较快是因为樱桃番茄节间间距变大引起的。

3. 不同含炭复混基质对樱桃番茄单果重与产量的影响

如图 9-18、图 9-19 所示:处理 1(含 5% 炭复混基质)其单果重平均值最大,但总产量没有提高,这与植株营养生长过于茂盛有较大关系;处理 2、处理 3 与空白处理比较平均产量均有提高,说明基质中含炭量在 10%~15% 能很好地促进樱桃西红柿的生殖生长,增加产量。

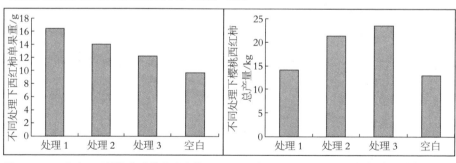

图 9-18 不同处理下樱桃番茄单果重比较 图 9-19 不同处理下樱桃番茄总产量比较

(三)结论

含 5% 生物质炭的复混基质促进樱桃西红柿植株株高、节间生长效果显著,含 10%~15% 生物质炭对樱桃西红柿产量提高显著,综合考虑成本,以含炭

10%复混基质用于樱桃西红柿栽培效果。

五、柠条发酵粉混配基质在茄子上的育苗试验

(一)试验材料

供试茄子(辣椒)品种为"盛园三号(陇椒5号)"来自于山东省华盛农业有限公司,柠条粉中加入有机-无机肥料(1 m³ 柠条粉加入 3.0 kg 尿素)腐熟发酵90天,加入珍珠岩和蛭石(具体比例见表9-36)后作为栽培、育苗基质使用,使用目前宁夏地区应用较为广泛的"壮苗二号"育苗基质为对照(CK)。育苗穴盘采用 72 穴标准苗盘。

表 9-36　各处理复合基质的体积比

处理	柠条发酵粉	珍珠岩	蛭石
1(CK)	壮苗二号		
2	3	1	1
3	4	1	1
4	5	1	1
5	6	1	1
6	5	1	2
7	6	1	2
8	7	1	2

(二)试验结果

复合基质对茄子幼苗生长的影响。

在株高、茎粗方面(表9-37),除处理8外,其他复合基质均高于CK,但无显著差异;各处理茄子幼苗叶片数均相同,无显著差异。复合基质对茄子幼苗地上部分生长的无影响。

(三)复合基质对茄子幼苗根系生长的影响

从表9-38可以发现,复合基质各处理的根容和根鲜重均大于CK,其中

表 9-37　复合基质与壮苗二号基质育苗生长状况

处理	出苗后天数/天	株高/cm	茎粗/mm	叶片数
1（CK）	55	11.67a	2.553a	5a
2	55	12.63a	2.663a	5a
3	55	12.67a	2.973a	5a
4	55	12.83a	2.830a	5a
5	55	12.33a	2.617a	5a
6	55	12.67a	2.583a	5a
7	55	13.50a	2.920a	5a
8	55	11.50a	2.470a	5a

处理 6 的根容为 CK 的 2 倍、根鲜重是 CK 的 1.96 倍，但复合基质各处理之间变化无明显规律性；各处理复合基质根系总吸收面积、活跃吸收面积（m²）均大于 CK；处理 3、处理 5 比表面积均略大于 CK，无显著差异，其他复合基质比表面积均小于 CK，差异显著。通过对茄子幼苗根系活跃吸收面积和壮苗指数比较得出，处理 3、处理 6 更有利于茄子幼苗壮苗的培育。

表 9-38　复合基质与壮苗二号基质对幼苗根系的影响

处理	根体积/mL	根鲜质量/g	总吸收面积/m²	活跃吸收面积/m²	活跃吸收面积占比/%	比表面积/（cm²·cm⁻³）
1（CK）	0.7BC	0.54C	1.265 9a	0.629 2a	0.490 1a	15 824.94A
2	1.0AB	0.71BC	1.262 9a	0.630 3a	0.498 2a	13 259.91B
3	0.8BC	0.65BC	1.318 1a	0.653 6a	0.495 9a	16 476.62A
4	1.0AB	0.87AB	1.296 2a	0.645 8a	0.498 2a	12 962.00B
5	0.8BC	0.63BC	1.287 9a	0.641 2a	0.497 9a	12 099.06B
6	1.4A	1.06A	1.280 4a	0.643 7a	0.502 7a	16 146.26A
7	0.9BC	0.75BC	1.285 8a	0.634 6a	0.493 5a	14 287.29B
8	0.9BC	0.61BC	1.277 5a	0.629 4a	0.492 5a	14 195.34B

（四）复合基质对茄子幼苗干物质积累的影响

表9-39,复合基质处理2和处理3地上部鲜质量显著高于CK,地上部干质量与地上部鲜质量变化趋势相同;在地下部鲜质量方面,处理2显著高于CK,其他处理差异均不显著,且地下部干质量与地下部鲜质量变化趋势相同;而在全株鲜质量方面,处理2、处理3、处理4、处理7均显著高于CK,其差异极显著;处理2、处理3的全株干质量显著高于CK,其他处理与CK差异不显著;在根冠比方面,复合基质与CK无显著差异;壮苗指数是评价幼苗质量的重要形态指标,通过试验得出:柠条粉复合基质(处理3)幼苗壮苗指数高于CK基质幼苗的壮苗指数,在出苗后50天时幼苗壮苗指数为CK基质幼苗1.66倍,达到极显著水平;其他处理复合基质壮苗指数均大于CK,但差异不显著。

表9-39　复合基质与壮苗二号基质对幼苗干物质积累的影响

处理	地上部鲜质量/g	地上部干质量/g	地下部鲜质量/g	地下部干质量/g	全株鲜质量/g	全株干质量/g	根冠比	壮苗指数/g
1（CK）	2.320c	0.223b	0.540c	0.049b	2.860E	0.272C	0.219a	0.065B
2	3.277a	0.318a	0.710bc	0.061ab	3.986AB	0.379AB	0.191a	0.081AB
3	3.263a	0.321a	1.060a	0.079a	4.323A	0.400A	0.247a	0.108A
4	2.983ab	0.274ab	0.873ab	0.058ab	3.856ABC	0.332ABC	0.214a	0.078AB
5	2.643bc	0.255ab	0.626bc	0.052b	3.270CDE	0.307ABC	0.205a	0.069B
6	2.517bc	0.237ab	0.653bc	0.054ab	3.170DE	0.291BC	0.228a	0.092AB
7	2.867ab	0.283ab	0.753bc	0.060ab	3.620BCD	0.343ABC	0.212a	0.081AB
8	2.243c	0.232b	0.610bc	0.055ab	2.853E	0.287BC	0.236a	0.074AB

（五）结论

通过发酵柠条粉、珍珠岩、蛭石混合配制育苗基质,在茄子育苗上的表现得出:混配基质(处理3、处理6)完全符合育苗基质要求,且育苗效果明显优于CK;发酵柠条粉在50%~60%之间,总孔隙度在70%~90%之间,通气孔隙在9.5%~11.5%育苗效果更佳。通过茄子幼苗根系活力和壮苗指数的生理指标确定:柠条粉∶珍珠岩∶蛭石=4∶1∶1或6∶1∶2(体积比)为茄子最佳育苗基质配比比例。

六、柠条发酵粉混配基质在辣椒上的育苗试验

（一）试验材料

表9-40，供试辣椒品种为"陇椒5号"，选自于西夏种业有限公司，1 m³柠条粉加入3.0 kg尿素、20 kg消毒鸡粪，发酵90天，加入珍珠岩和蛭石（具体比例见表1），作为育苗基质使用，以目前宁夏地区较为广泛的"壮苗二号"育苗基质为对照（CK）。育苗穴盘采用72穴标准苗盘。

表9-40　各处理混配基质的体积比

基质	柠条粉	珍珠岩	蛭石
1	4	1	1
2	5	1	1
3	6	1	1
4	7	1	1
5	5	1	2
6	6	1	2
7	7	1	2
CK	"壮苗二号"育苗基质		

（二）试验结果

1. 混配基质对辣椒幼苗生长发育的影响

在株高方面（表9-41），处理7略低于壮苗二号，处理4与CK相同，其他处理均高于CK，而且处理1高出CK17.65%，差异显著，株高大小关系与珍珠岩含量变化关系呈正相关关系，相关系数为0.621 9，而柠条粉和蛭石与株高大小关系的相关系数为-0.456 3和0.096 6；在茎粗方面，处理6、处理2均大于CK，但差异不显著，其他处理则略小于CK，且各个处理之间差异均不显著；除处理6和处理2外，其他处理植株叶片数均相同。

表 9-41　混配基质与壮苗二号基质幼苗生长状况

处理	株高 pH/cm	茎粗 SD/mm	叶片数 LN
1	13.33a	2.48b	6.00c
2	12.00abc	3.02ab	6.33b
3	12.50ab	2.48b	6.00c
4	11.33abc	2.61ab	6.00c
5	13.00ab	2.81ab	6.00c
6	11.67bc	3.24a	6.67a
7	10.83c	2.75ab	6.00c
CK	11.33bc	2.85ab	6.00c

2. 混配基质对辣椒幼苗根系发育的影响

从表 9-42 可以发现，混配基质各个处理的根体积和根重均大于 CK，其中处理 2 的根体积为 CK 的 1.5 倍，根重是 CK 的 1.84 倍，但混配基质各处理之间变化无明显规律性；由于幼苗根体积大小关系，混配基质各处理根系总吸收面积、活跃吸收面积(m^2)均大于 CK；混配基质各处理比表面积均明显小于

表 9-42　混配基质与壮苗二号基质幼苗根系状况

处理	根体积/mL	根鲜质量/g	总吸收面积/m^2	活跃吸收面积/m^2	活跃吸收面积百分比/%	比表面积/($cm^2 \cdot cm^{-3}$)
1	1.1AB	1.09A	1.271 4A	0.632 2A	0.497 2B	11 558.18AB
2	1.2A	1.12A	1.278 0A	0.635 1A	0.496 9B	10 650.00B
3	1.0AB	0.68B	1.264 3A	0.628 0A	0.496 7B	12 643.00AB
4	1.0AB	0.62B	1.268 5A	0.632 2A	0.498 3B	12 685.00AB
5	1.1AB	0.70B	1.261 0A	0.632 6A	0.501 6A	12 744.00AB
6	1.0AB	0.71B	1.274 4A	0.634 2A	0.497 6B	11 463.64AB
7	0.9AB	0.63B	1.252 1A	0.638 0A	0.509 5A	13 912.22AB
CK	0.8B	0.61B	1.249 4A	0.621 8A	0.497 6B	15 617.50A

CK，且大小关系为：CK>处理7>处理5>处理4>处理3>处理1>处理6>处理2。

3. 混配基质对辣椒幼苗干物质积累的影响

从各个处理的单株干质量来看，总体而言（表9-43），与地上部分生长指标变化趋势相一致，从数值上看，辣椒的地上干质量在总干质量的比例要远远大于根系干质量所占比例，因此单株干质量的变化趋势与地上干质量变化趋势是一致的。在根冠比方面，混配基质幼苗根冠比比值均显著高于CK的根冠比比值；壮苗指数是评价幼苗质量的重要形态指标，试验得出：柠条粉混配基质幼苗壮苗指数均高于CK基质幼苗的壮苗指数，在出苗后第50天时混配基质（处理6）幼苗壮苗指数高出CK基质幼苗118.92%，达到极显著水平。

表9-43 混配基质与壮苗二号基质对幼苗干物质积累的影响

处理	地上部鲜质量/g	地上部干质量/g	地下部鲜质量/g	地下部干质量/g	全株鲜质量/g	全株干质量/g	根冠比R/S	壮苗指数/g
1	2.020 0A	0.239 3A	1.090 0A	0.098 3A	3.110 0A	0.337 7A	0.410 9AB	0.103 7AB
2	1.770 0B	0.210 0AB	1.120 0A	0.094 7AB	2.890 0AB	0.304 7AB	0.450 8AB	0.145 0A
3	1.196 7D	0.130 3C	0.680 0B	0.052 7C	1.876 7C	0.183 0B	0.404 1AB	0.077 6AB
4	1.113 3D	0.138 0C	0.620 0B	0.063 7C	1.733 3C	0.201 7AB	0.461 4AB	0.097 7AB
5	1.380 0CD	0.149 3C	0.700 0B	0.060 7C	2.080 0C	0.210 0AB	0.406 3AB	0.089 8AB
6	1.150 0D	0.138 7C	0.706 7B	0.067 0BC	1.856 7C	0.205 7AB	0.483 2A	0.146 9A
7	1.106 7D	0.133 0C	0.626 7B	0.064 0BC	1.733 3C	0.197 0AB	0.481 2A	0.099 8AB
CK	1.633 3BC	0.178 0BC	0.613 3B	0.048 3C	2.246 7BC	0.226 3AB	0.271 5B	0.067 1B

（三）结论

通过发酵柠条粉、珍珠岩、蛭石混合配制辣椒育苗基质，在辣椒育苗上的表现得出：混配基质（处理2为5∶1∶1、处理6为6∶1∶2）完全符合育苗基质要求，且育苗效果明显优于CK；发酵柠条粉在55%~60%之间，总孔隙度在70%~90%之间，通气孔隙在10%~11%育苗效果更佳；对于本次试验结果对辣椒育苗的影响有待于进一步重演性试验研究确定。

七、利用柠条枝栽培菌菇技术

柠条主要由纤维素、半纤维素和木质素三大部分组成,柠条中的有机成分以纤维素、半纤维素为主,其次为木质素、蛋白质、氨基酸、树酯、单宁等。利用微生物以纤维素为基质原料生产单细胞蛋白质是当今利用纤维素最为有效的方法之一,用柠条废物做培养基可栽培多种食用菌就是该原理实际应用,食用菌可以分解纤维素、半纤维素和木质素并合并自身的植物蛋白和氨基酸。利用这一点,每千克柠条可生产平菇 0.5~0.6 kg。王海燕(2017)开展柠条粉栽培平菇的配方筛选,选取三个品种,配方设置添加 23%、40%柠条粉两个处理,比较发菌效果、产量、发病率等。结果表明,基质中添加 40%柠条粉适于栽培平菇。同时,三个供试品种中,引进品种灰美 2 号综合表现最好。刘海潮(2005)开展柠条枝条培养平菇试验,柠条用量提高,满瓶时间延长,同时,出菇量和生物转化率也降低。马俊、赵世伟等 2019 年建立了柠条枝栽培香菇技术规程如下,操作技术比较科学合理。

(一)场地与设施

香菇栽培必要的场地一般包括拌料装袋间、消毒灭菌间、接种室和培养间等,培养间要求通风且保温效果良好。设施一般包括拌料机、装袋机、灭菌灶、接菌器和粉碎机等。

(二)品种选择

香菇根据菇盖大小可以分为大叶、中叶和小叶品种,按照菇盖的厚薄可以分为厚肉、中肉和薄肉品种,按照出菇季节可以分为春栽、夏栽和秋栽品种,按照出菇温度可以分为高温型、中温型和低温型品种。在香菇栽培时,应综合考虑子实体分化的适宜温度和当地情况。宁南地区海拔在 1 200 m 以上,夏季温度较低,选用的香菇品种为适宜反季节栽培的 L-808,以提高经济效益。

(三)菌种制备

香菇菌种分为母种、原种和栽培种。香菇母种也称为一级种,是培养于 PDA 试管斜面的菌种,主要用于香菇品种的保存与原种的制备;原种也称为二级种,是母种在培养基上的一次扩大培养物,主要用于栽培种的制备,也可以用作栽培种;栽培种也称为三级种,主要用来接种香菇栽培袋进行香菇生产。

(四)培养料配方

香菇代料栽培的原料有木屑、柠条粉、玉米芯、秸秆、棉籽壳、麸皮、石膏和石灰等。配方一为木屑 78%、麸皮 20%、石膏 1%、石灰 1%,含水率为 60%;配方二为木屑 39%、柠条粉 39%、麸皮 20%、石膏 1%、石灰 1%,含水率为 60%。

(五)菌棒制作与管理

1. 拌料与装袋

原料与辅料充分混合均匀,干湿搅拌均匀,并调节至适宜酸碱度。培养料配制完成后,应及时装袋,做到当天拌料当天装袋灭菌。栽培筒袋一般采用规格为宽 15 cm、长 55 cm、厚 0.005 cm 的折角聚乙烯筒袋,加水后湿料为 2.5~2.6 kg/袋,装袋后袋口要清理干净并扎紧。

2. 灭菌

将装好栽培料的菌袋分层摆于灭菌灶内,袋与袋之间装实,不能以"品"字形排列,行距为 5 cm,以防空气不流通。灭菌灶"上汽"后,料温达 97~100℃的状态下保持 12~16 h,即可彻底灭菌。灭菌结束后,待锅内温度自然降至 50~60℃时,趁热将菌棒转移至冷却室,冷却 24~48 h 后降至常温即可接种。

(六)接种

接种包括三大过程。一是消毒。选用气雾消毒盒对接种室、接种箱的空间进行消毒,消毒时间为 25~30 min。接种用具、菌袋外表及接种者双手采用 75% 酒精擦洗消毒,菌袋擦完后即放进接种箱。二是打穴接种。用接种打孔棒在菌棒上均匀地打三个接种穴,直径 1.5 cm 左右,深 2.0~2.5 cm。打接种穴要与接种相配合,打一穴接一穴。三是封口。接种后,接种穴采用套袋封口。

(七)养菌

1. 菌袋堆放

春季栽培早期温度较低,应以保温为主,菌袋顺码成堆,高 1.2~1.5 m,排与排之间预留人行道;当温度升高时,改变为"井"字形堆放,高度为5~6层。

2. 培养室条件

一是温度。温度是影响菌丝生长的关键因素,应控制在22~24℃之间。接种20天以后菌丝新陈代谢加强,温度应控制在28℃以下,可通过调节菌袋堆的高低、疏密及采取通风措施进行降温。二是湿度。空气相对湿度应控制在70%以下,湿度过大易引起杂菌污染,阴雨天可用生石灰除湿。三是通风。菌丝萌发期少通风(每天通风0.5小时),生长期每天早晚通风1小时,旺盛期需要全天通风。四是遮光。菌丝生长期间不需要光线,注意不能有直射光照射菌袋。

3. 倒堆

随着菌丝生长发育日趋旺盛和气温逐渐升高,培养场地的温度也不断升高,发菌期间需要适时疏散摆放菌棒以防"烧菌闷堆"。一般发菌7~10天内不要翻动菌袋;第13~15天菌丝生长直径6~8cm时进行第一次翻袋,使菌袋堆放方式由墙式堆放改为"井"字形堆放。

4. 刺孔通气

在发菌过程中,结合翻堆倒垛进行3~4次刺孔通气。第1次是接种后15天左右,当接种孔周围菌丝长到8~10cm时,在接种口四周的菌丝末端2cm处刺4~6个孔,孔深1cm左右;第二次是接种30天左右,当菌丝圈相连后,在接种孔周围刺8~10个孔;第三次是菌丝发白时,用刺孔器在菌棒周围刺30~40个孔。应注意刺孔通气时气温不宜太高,室温25℃以上停止刺孔,28℃以上禁止刺孔;含水量多的可以多刺,污染区域、菌丝未长满区域不应刺孔;刺孔应分批进行,一次以400~500袋为宜,第一次刺孔后,刺孔部位侧放;注意通风降温。

5. 转色

转色期间温度要求为18~22℃,高于28℃或者低于12℃转色较慢,注意通风降温;湿度要求为70%~80%,湿度过大形成菌皮较厚、菌丝呼吸受阻,湿度较小难以转色。同时,在转色期间需要一定的散射光,光线太暗转色较慢;但光线太强时,菇颜色会较深。宁南山区夏季日均温为23℃,越夏管理较容易。

（八）出菇

接种后 70~80 天开始出菇。香菇子实体形成可分成原基形成、子实体分化和生长发育三个阶段。香菇转色后，菌丝体积累大量养分，原基开始分化。

1. 脱袋

脱袋要选择在晴天早上或阴天进行，用刀片划破薄膜，将菌袋薄膜全部扒去。脱袋后可采用层架式排放菌袋，也可立式排放或横卧排放。排棒后，必须盖严塑料薄膜 3~5 天，控制薄膜内温度在 23℃左右、相对湿度在 85%左右，以使菌棒逐渐适应环境；同时，采用石灰水对菇棚进行消毒。要求边脱袋、边排棒、边盖膜。

2. 催菇

催菇温度应在 18℃以下，若气温超过 20℃时催菇，产生的畸形菇较多。催菇方法包括自然出菇法、温差刺激法、蒸汽催菇法、补水法、拍打法，一般以自然出菇为好，除特殊情况外，尽量不采用拍打法。在高温条件下，香菇喷水后应加强通风，以防止污染，同时创造干湿交替条件，促进现蕾。

3. 育蕾

小棚架式栽培香菇主要采用不脱袋栽培，即割袋出菇，有利于保证培养基中的水分，在菇蕾长到 0.5 cm 时，沿小菇四周开口较为适宜。由于温差刺激，可能会出现大量菇蕾，此时需要疏蕾。一般每袋只留下长势有力、朵型粗壮的菇蕾，间距 3~4 cm，最多以 15~20 朵为宜。育蕾最适温度为 15~20℃，恒温条件下子实体生长发育最好；空气相对湿度要求在 85%~90%之间，还要有一定的散射光。

4. 注水

在第一茬菇采收后，菌棒水分和养分消耗很大，需养菌 7 天左右；整个一潮菇全部采收完后，要大通风一次，晴天气候干燥时可通风 2 小时。在此过程之后，菌袋含水率降低，需要进行注水，可采用注水器注水，注水后菌袋重量在 2.5~2.6 kg 之间。

(九)采收及加工

鲜菇销售,应在香菇菌盖长至 6~7 cm 且菌膜呈未开裂时进行采收;干菇销售,应在香菇菌盖长至 7~8 cm 且呈铜锣边时进行采收,天气较好时,可预晒一段时间,菌柄朝上并于当天进行烘干。加工时,选择含水量低、色泽自然、朵型完整的香菇进行除湿排湿,使含水率在 75%~80% 之间,除湿排湿方法包括日晒法和热风烘干法。然后将香菇分成三级:L 级菌盖直径在 6 cm 之上,M 级菌盖直径为 5~6 cm,S 级菌盖直径为 4~5 cm。去除开伞菇、破损菇和不符合规格的香菇后,按照等级过称、包装。

八、总结和讨论

根据试验得出:在外界温度 10~40℃时,在室外进行发酵试验均可,且保持秸秆粉含水量为 55%~65%,发酵时加入尿素 2~5 kg/m³ 和有机肥(消毒鸡粪、猪粪、羊粪等)30~40 kg/m³,使发酵堆体 C/N 比在 20:1~30:1。按菌剂状态进行接种:1. 粉末菌剂按质量比菌剂:麦麸皮/米糠=1:5,按秸秆粉质量加入 1‰ 的菌剂;2. 液体菌剂按质量比菌剂:红糖=1:1,混匀后再与水按质量比为 1:500 稀释后均匀喷雾,按秸秆粉质量加入 4‰ 的菌剂。宜选择能够有效分解物料中木质纤维素和表面蜡质的微生物菌剂。微生物菌剂应符合 GB 20287-2006 农用微生物菌剂标准的规定。粉末菌剂可选择纤维素酶发酵剂或粗纤维降解专用菌种,液体菌剂可选择 EM 菌和 BM 菌。

将调好的 C/N 比、水分、接种菌种后的秸秆粉直接填入发酵池或堆积发酵,上下用塑料膜密封(保湿、提温),温度计插入堆中心。

堆体中心温度高于 65℃时(约 3~5 天)进行翻堆,翻堆过程中用手抓物料,物料松散不成坨时需适当补充水分,使相对含水量始终保持在 60%~65%。整个发酵过程至少要翻堆 4~5 次。草本秸秆发酵堆中温度下降到接近环境温度时就完成发酵,夏季需 30~45 天,冬季需 50~70 天。

利用柠条作为栽培育苗基质不仅可以解决废弃物对环境的污染问题,而且还可以利用有机物中丰富的养分供应植物生长需要。柠条是较好的合成栽培基质的原料，但有机废弃物中含有的不稳定物质及有害物质对苗木生长产生不利影响。作为栽培育苗基质应达到三项标准：易分解的有机物大部分分解，栽培使用中不产生氮的生物固定；通过降解出去酚类等有害化合物；消灭病原菌、虫卵和杂草种籽。由于有些柠条物料堆制时间不够，仍含有许多对植物生长不利的物质，因此，必须充分堆制，完全腐熟分解，有些基质可以明显地促进苗木的生长。基质的颗粒度大小、形状、容重、总孔隙度、大小孔隙度比、pH值、EC值、CEC值等比较重要的理化性质，目前尚没有提出主要作物栽培基质的标准化参数。为适应标准化、规模化、工厂化生产的需要，制订育苗基质的标准参数，并按标准参数要求生产基质，形成标准化成型技术是目前有待解决的问题。

针对宁夏目前设施蔬菜生产体系中由于连作引起的设施土壤质量退化问题和非耕地设施蔬菜的发展需要基质栽培，集约化育苗大量也需求地方资源为基质的生产实际，课题组在承担相关研究课题中，根据宁夏丰富的柠条资源，开展了大量的研究工作。试验研究不仅为无土栽培增添了新的基质种类，为宁夏设施农业乃至工厂化蔬菜生产，打造安全、优质、绿色产品品牌提供了技术支撑，也将通过柠条的开发利用，提高沙产业经济效益，走出一条沙漠治理的良性循环之路。

在前期研究基础上，继续开展针对育苗及栽培不同用途基质配比的区别化研究；基于发酵柠条栽培蔬菜营养生理及施肥体系的研究；蔬菜生长发育及营养代谢与柠条基质养分释放的响应机制；柠条基质多茬栽培养分及理化性质变化情况，通过添加不同有机肥，研究柠条基质多年连续利用方案；研究主要蔬菜栽培和育苗需水需肥规律的灌溉，营养调控技术及机理，提出针对根际环境调控和养分合理补充的栽培模式和技术体系，为柠条基质商品化开发应用提供理论依据和技术支撑。

主要参考文献

[1] 鲍婧婷,王进,苏洁琼.不同林龄柠条(Caragana korshinskii)的光合特性和水分利用特性[J].中国沙漠,36(1):199-205.

[2] 蔡继琨,朱纯广,黄云善,等.EM对柠条生长及天然草场改良的应用研究[J].内蒙古畜牧科学,2001,5(22):9-11.

[3] 陈云明.黄土丘陵区柠条生物量调查研究[J].陕西林业科技,2000,(04):23-26+48.

[4] 陈芸芸.退化草地恢复过程中不同种植密度人工柠条灌丛对植被的影响[J].漳州师范学院院报(自然科学版),2006,(1):88-92.

[5] 程积民,胡相明,等.黄土丘陵区柠条灌木林合理平茬期的研究[J].干旱区资源与环境,2009,23(2):196-200.

[6] 戴海伦,金复鑫,张科利.国内外风蚀监测方法回顾与评述[J].地球科学进展,2011,26(4):401-408.

[7] 董雪,高永,虞毅,等.平茬措施对天然沙冬青生理特性的影响[J].植物科学学报,2015,33(3):388-395.

[8] 方向文,王万鹏,何小琴,等.扰动环境中不同刈割方式对柠条营养生长补偿的影响[J].植物生态学报,2006,30(5):810-816.

[9] 方向文.地上组织去除后柠条补偿生长的生理生态机制[D].兰州:兰州大学,2006:66-67.

[10] 高函.低覆盖度带状人工柠条林防风阻沙效应研究[D].北京:北京林业大学,2010.

[11] 高玉葆,任安芝,王巍,等.科尔沁沙地黄柳再生枝与现存枝形态和光合特征

的比较[J]. 生态学报,2001,22(10):1758-1764.

[12] 弓剑,曹社会. 柠条叶粉与苜蓿草粉瘤胃降解特性比较研究[J]. 饲料工业, 2005,26(11):32-35.

[13] 弓剑,曹社会. 柠条饲料的营养价值评定研究[J]. 饲料博览,2008,(1):53-55.

[14] 弓剑. 柠条叶粉对羊的饲用价值的研究[D]. 陕西:西北农林科技大学,2004.

[15] 公丕涛,杜建华,钟哲科,等. 柠条裂解产品的化学成分和性质[J]. 干旱区资源与环境,2015,29(1):71-76.

[16] 荀俊杰,李俊英,陈建文,等. 幼龄柠条细根现存量与环境因子的关系[J]. 植物生态学报,2009,(4):764-771.

[17] 顾新庆,马增旺,等. 柠条防护林的防风固沙效益研究[J]. 河北林业科技, 1998,(2):8-9.

[18] 国家林业局. 2015年退耕还林工程生态效益监测国家报告[D]. 中国林业出版社,2016.

[19] 国家林业局. 2016年退耕还林工程生态效益监测国家报告[D]. 中国林业出版社,2018.

[20] 郭忠升,邵明安. 人工柠条林地土壤水分补给和消耗动态变化规律[J]. 水土保持学报,2007,(21)4:119-123.

[21] 郭忠升. 半干旱区柠条林利用土壤水分深度和耗水量 [J]. 水土保持通报, 2009,29(5):69-72.

[22] 景宏伟,丁宁,田寅,等. 靖王高速路基南北边坡柠条种群生物量分配与生长的对比研究[J]. 公路工程,2008,(04):169-172.

[23] 何树斌,刘国利,杨惠敏. 不同水分处理下紫花苜蓿刈割后残茬的光合变化及其机制[J]. 草业学报,2009,18(6):192-197.

[24] 胡小龙,薛博,袁立敏,等. 科尔沁沙地人工黄柳林平茬复壮技术研究[J]. 干旱区资源与环境,2012,26(05):135-139.

[25] 贾丽,曲式曾. 豆科锦鸡儿属植物研究进展[J]. 植物研究,2001,21(4):515-518.

[26] 姜丽娜,杨文斌,卢琦,等. 低覆盖度柠条林不同配置对植被修复的影响[J].

干旱区资源与环境,2009,23(2):180-185.

[27] 蒋齐.宁夏干旱风沙区人工柠条林对退化沙地改良和植被恢复的作用[D].北京:中国农业大学,2004.

[28] 李刚,赵祥,张宾宾,等.不同株高的柠条生物量分配格局及其估测模型构建[J].草地学报,2014,22(4):770-775.

[29] 李璐.宁南山区6类退耕植被生态系统碳汇特征研究[D].西安科技大学,2014.

[30] 李生荣.柠条平茬更新的生物量调查及综合利用[J].新农村建设,2007,(4):12-13.

[31] 李欣,郑广芬,陈晓光,等.宁夏灌木碳储量及其价值估算初探[J].宁夏工程技术,2014,13(02):189-192.

[32] 李耀林.黄土丘陵半干旱区多年生柠条林平茬效应研究[D].中国科学院研究生院(教育部水土保持与生态环境研究中心),2017:148-150.

[33] 刘凯.荒漠草原人工柠条林土壤水分动态及其对降水脉动的响应[D].银川:宁夏大学,2013:33-40.

[34] 刘金祥,麦嘉玲,刘家琼.CO_2浓度增强对沿阶草光合生理特性的影响[J].中国草地,2004,26(3):13-18.

[35] 刘强,董宽虎,刘明祥.刈割时期和加工方式对柠条锦鸡儿饲用价值的影响[J].草地学报,2005,13(2):121-125.

[36] 刘志芳.平茬对油蒿光合和生长影响的初步研究[D].呼和浩特:内蒙古师范大学,2017:10-32.

[37] 马海龙.陕北主要植被生态系统碳密度及其分配特征研究[D].陕西:西北农林科技大学,2013.

[38] 马普,陶梦,吕世海,等.库布齐沙地柠条叶生物量及营养估测模型[J].北京林业大学学报,2018,40(08):33-41.

[39] 牛西午.柠条生物学特性研究[J].华北农学报,1998,13(4):122-129.

[40] 牛西午.中国锦鸡儿属植物资源研究——分布及分种描述[J].西北植物学报,1999,19(5):107-133.

[41] 牛西午. 柠条研究[M]. 北京:科学出版社,2003,7:54-55.

[42] 庞琪伟. 晋西北黄土丘陵区柠条能源林适生立地、合理密度及生物量研究[D]. 北京:北京林业大学,2009.

[43] 朴起亨,丁国栋,王炜炜,等. 柠条林带不同行距的防护效果比较研究[J]. 水土保持研究,2008,15(3):207-210.

[44] 曲继松,张丽娟,冯海萍,等. 生物质资源柠条在宁夏地区园艺基质栽培上的开发利用现状[J]. 北方园艺,2013,(23):198-201.

[45] 石嵩. 兴安盟三种灌木林含碳率及碳密度研究[D]. 内蒙古农业大学,2015.

[46] 宋彩荣,赵鹏,王宁. 不同立地类型柠条的效益分析[J]. 上海畜牧兽医通讯,2006,(2):36-37.

[47] 孙清华,蒋京宏. 黑龙江省西部柠条的栽培技术及生态价值[J]. 林业科技情报,2007,(39)4:3-44.

[48] 王聪,刘强,黄应祥,等. 刈割时间与加工方法对柠条营养价值的影响[J]. 中国畜牧杂志(科学版),2006,42(7):54-56.

[49] 王丁. 柠条饲料化开发利用试验研究[J]. 陕西:西北农林科技大学,2007.

[50] 王东清,李国旗,王磊. 干旱胁迫下红麻和大麻状罗布麻水分生理及光合作用特征研究[J]. 西北植物学报,2012,32(6):1198-1205.

[51] 王峰,温学飞,张浩. 柠条饲料化技术及应用[J]. 西北农业学报,2004,(13)2:35-39.

[52] 王海洋,杜国祯,任金吉. 种群密度与施肥对垂穗披碱草刈割后补偿作用的影响. 植物生态学报,2003,27(4):477-483.

[53] 王效科,冯宗炜. 中国森林生态系统中植物固定大气碳的潜力[J]. 生态学杂志,2000,(04):72-74

[54] 王玉魁,闫艳霞,安守芹. 乌兰布和沙漠沙生灌木饲用营养成分的研究[J]. 中国沙漠,1999,19(3):280-284.

[55] 王占军,蒋齐,潘占兵,等. 宁夏干旱风沙区不同密度人工柠条林营建对土壤环境质量的影响[J]. 西北农业学报,2012,21(12):153-157.

[56] 王占军,李生宝. 柠条不同种植密度对植物群落稳定性影响的研究[J]. 草业

与畜牧,2006,10:9-12.

[57] 王志会,夏新莉,尹伟伦.我国柠条抗旱性研究现状 [J]. 河北林果研究,2006,21(4):388-391.

[58] 王震,张利文,虞毅,等.平茬高度对四合木生长及生理特性的影响[J]. 生态学报,2013,33(22):7078-7087.

[59] 温学飞,李明,黎玉琼.柠条微贮处理及饲喂试验[J].中国草食动物,2005,25(1):56-59.

[60] 温学飞,马文智,李红兵,等.几种处理对柠条养分的影响及其在瘤胃内的降解[J].草业科学,2006,23(2):38-42.

[61] 温学飞,王峰,黎玉琼,等.柠条颗粒饲料开发利用技术研究[J].草业科学,2005,22(3):26-29.

[62] 吴林世,廖菊阳,刘艳,等.灌丛植被碳储量及计量方法研究进展 [J].湖南林业科技,2016,43(06):93-100.

[63] 魏江生,乌日古玛拉,周梅,等.基于灌木林碳储量估算的植被含碳率取值[J].草业科学,2016,33(11):2202-2208.

[64] 徐荣.宁夏河东沙地不同密度柠条灌丛草地水分与群落特征的研究 [D].北京:中国农业科学院,2004.

[65] 杨丹怡,吉文丽,杨静萱,等.平茬措施对凤丹生长、光合生理和结实的影响[J].植物资源与环境学报,2019,28(1):43-51.

[66] 杨文斌,丁国栋,王晶莹,等.行带式柠条固沙林防风效果[J].生态学报,2006,26(12):4106-4112.

[67] 杨文斌.柠条固沙林适宜的平茬年限和密度的研究 [J].内蒙古林业科技,1988,(2):21-25.

[68] 杨永胜,卜崇峰,高国雄.平茬措施对柠条生理特征及土壤水分的影响[J].生态学报,2012,32(4):1327-1335.

[69] 于瑞鑫,王磊,蒋齐,等.不同平茬年限人工柠条林光合特性及土壤水分的响应变化[J].西北植物学报,2019,39(3):506-515.

[70] 张建国,李应罡,徐新文,等.平茬对塔里木沙漠公路沙拐枣防护林生长与土

壤水盐分布的影响[J].应用生态学报,2012,23(06):1462-1468.

[71] 张立平,王新平,刘立超,等.沙坡头主要建群植物油蒿和柠条的气体交换特征研究[J].生态学报,1998,18(2):133-137.

[72] 曾伟生,白锦贤,宋连城,等.内蒙古柠条和山杏单株生物量模型研建[J].林业科学研究,2015,28(03):311-316.

[73] 赵一之.内蒙古锦鸡儿属的分类及其生态地理分布[J].内蒙古大学学报(自然科学版),1991:264-273.

[74] 赵一之.中国锦鸡儿属的分类学研究 [J].内蒙古大学学报(自然科学版),1993,24(6):631-653.

[75] 郑朝晖,马春霞,马江林,等.四种灌木树种固碳能力和能量转化效率分析[J].湖北农业科学,2011,50(22):4633-4643.

[76] 郑士光,贾黎明,等.平茬对柠条林地根系数量和分布的影响[J].北京林业大学学报,2010,32(3):65-69.

[77] 中国饲用植物编辑委员会.中国饲用植物志[M].北京:农业出版社,1989.

[78] 周道玮,王爱霞,等.锦鸡儿属锦鸡儿组植物分类与分布的研究[J].东北师大学报自然科学版,1994,(4):64-68.

[79] 周道玮.锦鸡儿属(Crragana Fabr.)植物分类[J].东北师大学报自然科学版,1996,(4):69-76.

[80] 周静静,马红彬,蔡育蓉,等.平茬时期与留茬高度对宁夏荒漠草原柠条营养成分和再生的影响[J].西北农业学报,2017,26(2):287-293.

[81] 左忠,王金莲,张玉萍,等.宁夏柠条资源利用现状及其饲料开发潜力调查——以盐池县为例[J].草业科学,2006,23(3):17-21.

[82] Allen O N, Allen E K. The leguminosae, a source book of characteristics, uses, and nodulation[M]. Madison: University of Wisconsin in Press. 1981.

[83] Asai H, Samson B K, Stephan H M, et al. Biochar amendment techniques for upland rice production in Northern Laos: 1. Soil physical properties, leaf SPAD and grain yield[J]. Field Crops Research, 2009,111(1):81-84.

[84] Bataillon T, Joyce P, Sniegowski P. As it happens: current directions in

experimental evolution[J]. Biology letters,2012,9(1):doi:10.1098/rsbl.0945.

[85] Cao C. Ecological process of vegetation restoration in Caragana mirophylla sand-fixing area. Chinese journal of applied ecology,2000,11:349−354.

[86] Chan KY, Van Zwieten L, Meszaros I, et al. Agronomic values of greenwaste biochar as a soil amendment[J]. Soil Research,2008,45(8):629−634.

[87] Chen W,Wang E,Wang S,et al. Characteristics of Rhizobium tianshanense sp. nov.,a moderately and slowly growing rootnodule bacterium isolated from an arid saline environment in Xinjiang,People's Republic of China [J]. International journal of systematic bacteriology,1995,45(1):153−159.

[88] Dai J X,Liu X M,Wang Y J. Diversity of endophytic bacteria in Caragana microphylla grown in the desert grassland of the Ningxia Hui autonomous region of China[J]. Genetics and molecular research,2014,13(2):2349−2358.

[89] Elliot M A. Chemistry of Coal Utilization [M]. 2nd ed, New York: Wiley Interscience,1981:1025−1100.

[90] FANG X W,LI J H,XIONG Y C,et al. Responses of Caragana korshinskii Kom. to shoot removal mechanisms underlying regrowth [J]. Ecological Research,1984,23(5):863−871.

[91] Gao L F,Hu Z A,Wang H X. Genetic diversity of rhizobia isolated from Caragana intermedia in Maowusu sandland,north of China [J]. Letters in applied microbiology,2002,35(4):347−352.

[92] GORBUNOVA N B. On systematics of the genus Caragana Lam [J]. New System of Vascular Plant,2008,(21):92−101.

[93] Gregory K F,Allen O N. Physiological variations and host plant specificities of rhizobia isolated from Caragana arborescens L [J]. Canadian Journal of Botany, 1953,31(6):730−738.

[94] Guan S H,Chen W F,Wang E T,et al. Mesorhizobium caraganae sp. nov.,a novel and evolutionary microbiology,2008,58(11):2646−2653.

[95] Hossain M K, Strezov V, Yin Chan K, et al. Agronomic properties of

wastewater sludge biochar and bioavailability of metals in production of cherry tomato[J]. Chemosphere, 2010,78(9):1167−1171.

[96] Hou B C,Wang E T,Li Y,et al. Rhizobial resource associated with epidemic legumes in Tibet[J]. Microbial ecology,2009,57(1):69−81.

[97] Ji Z J,Yan H,Cui Q G,et al. Genetic divergence and gene flow among Mesorhizobium strains nodulating the shrub legume Caragana [J]. Systematic and applied microbiology,2015,38(3):176−183.

[98] KOMAROV V L. Generis Caragana monographia [J]. Acta HortiPetrop, 1908,29(2):177−388.

[99] Li M,Li Y,Chen W F,et al. Genetic diversity,community structure and distribution of rhizobia in the root nodules of Caragana spp. from arid and semi−arid alkaline deserts,in the north of China [J]. Systematic and applied microbiology,2012,35(4):239−245.

[100]Lu Y L,Chen W F,Wang E T,et al. Genetic diversity and biogeography of rhizobia associated with Caragana species in three ecological regions of China[J]. Systematic and applied microbiology,2009,32(5):351−361.

[101]Ludwing J A,et al. Stripes, strands or stipples:modeling the influence of three landscape banding patterns on resource capture and productivity in semi−arid woodlands, Australia Catena[J]. 1999,37(1−2):257−273.

[102]Moukoumi J,Hynes R K,Dumonceaux T J,et al. Characterization and genus identification of rhizobial symbionts from Caragana arborescens in western Canada[J].Canadian journal of microbiology,2013,59(6):399−406.

[103]Nie G,Chen W M,Wei G H. Genetic diversity of rhizobia isolated from shrubby and herbaceous legumes in Shenmu arid area,Shaanxi,China [J]. Chinese journal of applied ecology,2014,25(6):1674−1680.

[104]SANCZIR C H. The genus Caragana Lam. in study of flora and vegetation of Mongolia [J].Ulan−Bator Cosizdat,1979,(1):248−388.

[105]Yan H,Xie J B,Ji Z J,et al. Evolutionarily Conserved node,nod O,T1SS,and